Claudia Kemfert
Die andere Klima-Zukunft

Claudia Kemfert

Die andere Klima-Zukunft

Innovation statt Depression

MURMANN

Die bei der Herstellung dieses Buches
entstandenen CO_2-Emissionen wurden durch den Erwerb
von Klimaschutzzertifikaten kompensiert.

Mix
Produktgruppe aus vorbildlich
bewirtschafteten Wäldern, kontrollierten
Herkünften und Recyclingholz oder -fasern
www.fsc.org   Zert.-Nr. SGS-COC-003993
© 1996 Forest Stewardship Council

Die Deutsche Bibliothek – CIP-Einheitsaufnahme
Ein Titelsatz für diese Publikation ist bei
der Deutschen Bibliothek erhältlich.
ISBN 978-3-86774-047-0

2. Auflage, November 2008
Copyright © 2008 by Murmann Verlag GmbH, Hamburg

Umschlaggestaltung: Gaby Hellwig, Hamburg
Herstellung und Gestaltung: Eberhard Delius, Berlin
Satz: Reihs Satzstudio, Köln
Gesetzt aus der Minion und TheMix
Druck: Freiburger Graphische Betriebe, Freiburg
Printed in Germany

Besuchen Sie uns im Internet: www.murmann-verlag.de

Ihre Meinung zu diesem Buch interessiert uns!
Zuschriften bitte an **info@murmann-verlag.de**
Den Newsletter des Murmann Verlages können Sie anfordern unter
newsletter@murmann-verlag.de

Inhalt

Handy: »Wir machen das!« / Klima-Völlerei und
Kyoto-Diät / Der europäische Testballon / Das Geschäft
mit dem Klimaschmutz / Grandfathering und Erbsenzählerei / Mengenrabatt im Welthandel / Spenden mit
Gold-Standard / Klimaschutz im großen Stil

»Kick the habit!« / Kohlenstoffwahrheit im Einkaufskorb /
Verantwortung – »aber bitte mit Sahne!« / Der Staat drückt
auf die Klimatube / »Good Climate in Germany!« / Wie man
sich Konkurrenten vom Leib hält / Kranke Deutsche und
britische Musterschüler / Deutschland in Wechsellaune

Wie sexy ist das Thema Energie? / Energie als Waffe / Das
Ende vom Öl / Das schwarze Gold / Der große Energiedurst
auf der Ölparty / Russlands Energie – Europas Achilles-
ferse / Die gute alte Kohle / Das Ende des fossilen Zeitalters

Kohlekraft im Ostseebad / »Not in my backyard!« /
Energie für die Zukunft / Kreative Saubermänner /
Neubauten ohne Zukunft / Der verzögerte Ausstieg /
Die Zukunft ist erneuerbar

Big Boss auf zwei Rädern / Kalifornien auf Innovationskurs /
Sprit für den Status / Klimaschützer ohne jede Absicht /
Volle Fahrt voraus / Mit Biodiesel zur Grillparty /
Sprit aus Zuckerrohr und Müll / Neue Mobilitätskonzepte
auf dem Vormarsch / Renaissance des Segelschiffs / Effizienz
macht mobil / »Gib Gummi und nicht Gas!« / Forscher,
höret die Signale!

Ausweg aus der Branchenkrise / People, Planet & Profit /
Wer klüger ist, baut vor / Platin-Label mit goldener Zukunft /
Nicht schick, aber streng / Dem Bauherrn auf die Klima-
sprünge helfen / Milchmädchens Heizkostenrechnung

1. Klimaschutz – ein Thema für Ökos, aber auch für Ökonomen

Weltrettung – sofort und hausgemacht

Nichts liegt derzeit stärker im Trend als die Rettung unseres Planeten. In Berlin, Hamburg und anderswo wird man deswegen neuerdings gern mal zu einer Klimaschutz-Party eingeladen. Natürlich fährt man dorthin nicht mit dem Auto, zumindest nicht wieder damit nach Hause zurück. So spart man CO_2 und kann tiefer ins Bierglas blicken. Trinkt man dann noch die richtige Marke, wird für jeden Kasten Bier ein Quadratmeter Regenwald gerettet. Zu Ehren des CO_2-Speichers Baum hat der Gastgeber das Partyzelt mit extra vielen Pflanzen dekoriert. Statt Discokugel und Lightshow ist das Zelt mit solarbetriebenen Taschenlampen illuminiert. Die Musik kommt zwar aus dem Computer, aber der wird mit Ökostrom betrieben. Der persönliche ökologische Fußabdruck darf als Gipsversion mit nach Hause genommen werden, und die coolsten Partygäste tragen T-Shirts, auf denen »Lebe wild und emissionsfrei« steht.

Die einen feiern »Ökostromwechselparty mit Beratung und 1a-Partymucke«, die anderen treffen sich zur »Tschüs-Vattenfall-Stromwechselparty«, und in Leipzig gibt es einen eingetragenen Verein, der »Naturstromwechselpartys« mit selbst gebackenem Kuchen organisiert. Er heißt »Weltrettung – sofort und hausgemacht e.V.«.

Na prima, da können wir ja die Sektkorken knallen lassen. Klimaschutz – konkret und mit Spaß. Damit müsste die Welt doch zu retten sein. Oder?

Eine Menge kluger Köpfe lassen sich sehr erbost über die neue grüne Welle aus – vor allem in den Feuilletons angesehener Printmedien. Vom »Ökologismus«, einer neuen weltlichen Religion, ist dabei die Rede, die sich fanatisch in den Köpfen und Herzen der Massen festgeschrieben habe. Es geht höchst emotional zu in diesen Debatten: Während sich die »Gläubigen« mit allen Kräften um eine CO_2-freie Lebensweise bemühen und voller Leidenschaft und Überzeugung ihre Umgebung »missionieren«, wehren sich die »Ketzer« gegen die »Erlösung« durch Verzicht und jede Form von »Ablasshandel«.

Als Wissenschaftlerin stehe ich manchmal geradezu fassungslos zwischen den Streithähnen und versuche nachzuvollziehen, was hier die Emotionen so hochtreibt. Nüchtern betrachtet, ist die Sache doch ziemlich klar.

Sehr wahrscheinlich gibt es einen Klimawandel. Wenn wir nichts unternehmen, wird die durchschnittliche Erdtemperatur in den nächsten hundert Jahren um 4 bis 5 Grad steigen. Dieser Klimawandel ist menschengemacht oder wird zumindest durch den Menschen verstärkt. Sehr wahrscheinlich gibt es einen direkten Zusammenhang zwischen dem heutigen Niveau der CO_2-Emissionen und der kommenden Erderwärmung. Sehr wahrscheinlich werden in den nächsten Jahren die CO_2-Emissionen und deswegen auch die Temperatur weiter steigen. Und: Sehr wahrscheinlich wird es uns im Wortsinn sehr teuer zu stehen kommen, wenn wir unsere CO_2-Emissionen nicht bald deutlich reduzieren.

Worüber kann man da streiten? Wo ist das Problem?

Eine simple Wenn-dann-Logik

Es ist eine simple Wenn-dann-Logik, die der Klima-Diskussion zugrunde liegt. Wenn a, dann x; wenn b, dann y. In unzähligen Situationen des Alltags fällen wir solche Entscheidungen, ohne uns darüber zu streiten.

Wenn man im Kino einen Logenplatz will, kostet der Eintritt 8 Euro; will man im Parkett sitzen, nur 6 Euro. Will man eine Kugel Eis, zahlt man 70 Cent. Möchte man lieber drei Kugeln, kostet das 2,10 Euro. Noch nie habe ich gesehen, dass sich Menschen vor der Eisdiele wechselseitig als religiöse Fanatiker beschimpfen, obgleich sie sich weder alle für dieselbe Menge noch für dieselben Sorten Eis entscheiden.

Beim Thema Klima jedoch muss man Sorge haben, dass die Leute nicht mit Messern aufeinander losgehen.

Natürlich, der Unterschied ist der, dass die Kinder meines Nachbarn nicht darunter leiden müssen, wenn ich eine Kugel Erdbeereis esse oder im Parkett des Kinosaals sitze. Während mein CO_2-Ausstoß nicht nur die Zukunft der Eisbären, Pinguine und Borkenkäfer verändert, sondern auch die der Nachbarskinder. (Wenn ich es kompliziert machen wollte, dann würde ich jetzt erklären, warum der Kinobesuch und die Kugel Erdbeereis auch CO_2 produzieren und also eben doch etwas mit der Zukunft der Nachbarskinder zu tun haben – aber ehrlich gesagt möchte ich lieber noch eine Weile in Ruhe Eis essen und ohne Furcht ins Kino gehen.)

Anders gesagt: Eis essen nur die, die es mögen. Ins Kino gehen nur die, die wollen. Das Klima trifft alle, ob sie wollen oder nicht. Und da die Freiheit des einen endet, wo die Freiheit des anderen anfängt, gibt es Anlass zu Streit. Eine Art Freiheitskampf. Freiheit für ein lustvolles Leben in der Gegenwart auf der einen Seite und Freiheit für eine lebenswerte Zukunft andererseits.

Wie wäre es, wenn beides ginge?

Aus der Perspektive der – zugegebenermaßen nüchternen – Volkswirtschaft ist es nämlich sehr wohl möglich, das heutige, ausgesprochen komfortable Leben in den Industrienationen weiterzuführen und – im Idealfall gerade dadurch – eine ebenfalls angenehme Lebensweise auf vergleichbar hohem Niveau in der Zukunft zu ermöglichen. Ohne Verzichtsreligion oder Egobrutalismus!

Das kurze Glück des guten Gewissens

Trotzdem ist die Verunsicherung groß. Denn was genau kann man tun? Was genau muss man lassen? Was bedeutet der Klimawandel für unser konkretes Handeln hier und heute? Kann man den Klimawandel überhaupt noch stoppen? Autofahren, Urlaubsreisen, Konsum allgemein – ist das noch erlaubt? Wie soll man leben, wenn doch alles, was man tut, angeblich dem Klima schadet?

Wir kaufen Energiesparlampen und essen Biobananen, fahren aber mit dem Auto zum Supermarkt und lassen währenddessen zu Hause den Wäschetrockner laufen. Wir machen umweltbewusst Wanderurlaub, sind dafür aber tausend Kilometer nach Gomera geflogen. Wir stecken im Klimadilemma, weil wir nicht wissen, wie wir aus dem scheinbar alternativlosen Entweder-oder von Umweltzerstörung und Askese herauskommen sollen.

So schwanken wir auf geradezu selbstquälerische Weise zwischen dem kurzen Glück des guten Gewissens und dem langen Schuldbewusstsein der bösen Tat hin und her. Wir fühlen uns einen Moment lang großartig, weil wir klimabewusst mit der Straßenbahn zu einem Fest gefahren sind, und lassen uns im nächsten Moment davon runterziehen, dass jemand unser Gastgeschenk als Klimasünde entlarvt oder – schlimmer noch – als

Marketing-Gag einer Ökoindustrie, die unser neues Klimabewusstsein ausnutzt, um uns das Geld aus der Tasche zu ziehen.

Und dann sind da noch die Inder und Chinesen. Sie imitieren unseren Lebenswandel, arbeiten und produzieren wie die westlichen Industrieländer, nur schneller und billiger, und stoßen plötzlich viel mehr klimaschädliche Gase aus, mehr, als wir hier reduzieren können. Das neue und ungebremste Wachstum der sogenannten Schwellenländer führt uns auf schmerzhafte Weise vor Augen, wie schädlich unser Lebensstil in den letzten Jahrzehnten war und wie lächerlich unsere Bemühungen um Besserung heutzutage sind. Was sind ein paar deutsche Ökos gegen 1,1 Milliarden Inder? Was ein paar tausend europäische Klimaschützer gegen 1,3 Milliarden Chinesen?

Und schon wird das neue Klimabewusstsein, der Mut, sich der großen Herausforderung zu stellen, durch neue schlechte Nachrichten – nun aus der Wirtschaftswelt – untergraben, ausgehöhlt und in Depression verwandelt. Warum eigentlich? Denn tatsächlich gibt es zum Klima reichlich Gutes zu berichten. Drei Beispiele:

- Klimaschutz spart Geld. Deutschland wird der Klimawandel bis 2050 rund 800 Milliarden Euro kosten – aber nur, wenn wir nichts tun.
- Wir können klimaneutral leben. Wenn wir wollen, sofort! Und das für etwa 70 Cent pro Tag und Person.
- Klimaschutz lohnt sich – nicht nur für die Umwelt und fürs gute Gewissen, sondern auch finanziell. Bei klugen Investitionen bringt Klimaschutz nämlich sogar Gewinn – volkswirtschaftlich sowieso, aber auch für den einzelnen Unternehmer oder Arbeitnehmer.

Klimawandel und Klimaschutz bringen mehr Chancen mit sich als Bedrohungen. Das Thema ist komplex, und es gibt dazu viele irreführende Äußerungen unterschiedlichster Personen und Gruppierungen. Mit diesem Buch will ich Licht ins Dunkel bringen. Ich möchte die Zusammenhänge von Klimaforschung, Umweltökonomie und Energiemärkten, aber auch die Chancen für Deutschland und die Wirtschaft darlegen.

In all den wilden Diskussionen rund um das Thema Klimawandel ist es wichtig, eins frühzeitig zu klären: Wer sagt was und warum? Meist stecken hinter den vermeintlich objektiven Thesen handfeste Interessen. Die Energiebranche verfolgt andere Ziele als Umweltaktivisten. Der rhetorisch versierte Medienprofi, der eine Talkrunde aufmischen soll, hat für seine Thesen andere Motive als der Bundestagsabgeordnete, der auf eine Wiederwahl spekuliert. Auch oder vielleicht gerade beim Thema Klima kommt es also nicht nur darauf an, was gesagt wird, sondern auch von wem mit welcher Absicht. Also werde ich hier mit gutem Beispiel vorangehen.

Nicht Öko, sondern Ökonomin

Ich bin Ökonomin. Ich habe nach dem Abitur 1988 Wirtschaftswissenschaften studiert und bin seit etwa zehn Jahren Professorin, erst an der Universität Oldenburg, jetzt an der Humboldt-Universität in Berlin. Ein Großteil meiner Tätigkeit besteht darin, am unabhängigen Deutschen Institut für Wirtschaftsforschung, DIW, die Fachabteilung Energie, Verkehr, Umwelt mit knapp zwanzig Mitarbeitern zu leiten.

Wenn Sie sich also fragen, welche Interessen ich verfolge, dann kann ich es Ihnen verraten: Ich verdiene mein Geld mit wissenschaftlicher Erkenntnis auf der Suche nach der Wahrheit. Das klingt pathetisch, ist aber die wunderbare Wirklichkeit meines Berufes.

Was Ideologien angeht, bin ich nie das gewesen, was man gemeinhin »Öko« nennt. Ich fahre Auto, ich fliege zu Kongressen um die ganze Welt, ich habe Spaß daran, schöne Dinge zu kaufen, und freue mich an manchem Luxus, den die europäische Welt zu bieten hat. Askese ist nicht meine Sache, wenngleich ich seit Jahren kein Fleisch mehr esse, weil es mir nicht bekommt. Ich bin kein Apostel, weder der Gesundheit noch der Gerechtigkeit, ich bin Wissenschaftlerin – aber das mit Leib und Seele!

Mich treibt die Begeisterung für Zahlen und für Mathematik, für übergeordnete Zusammenhänge und für die ungewisse Zukunft. Wirtschaftswissenschaftler rechnen: Manche addieren die Arbeitslosenzahlen, dividieren sie durch Konjunkturdaten und ermitteln so Basisdaten für politische Entscheidungen. Andere entwickeln Modelle, wie sich die Gesundheitsversorgung einer alternden Gesellschaft gewährleisten lässt, auch wenn die Kosten der medizinischen Versorgung ebenso steigen wie das Durchschnittsalter der Bevölkerung. Wieder andere kalkulieren anhand statistischer Daten die Höhe der heutigen Rentenbeiträge, damit in einigen Jahrzehnten, wenn die derzeitigen Lehrlinge in den Ruhestand gehen, genügend Geld für die Rentenauszahlung da ist.

Meine Abteilung am Deutschen Institut für Wirtschaftsforschung heißt »Energie, Verkehr und Umwelt«. Das klingt nach drei Themen, gehört aber alles eng zusammen. Knapp 30 Prozent des heutigen Energiebedarfs sind mobilitätsbedingt, entstehen also durch Verkehr, sei es der Autoverkehr, der durch die deutschen Städte rollt, sei es der Gütertransport mit Lkws und Schiffen rund um den Globus oder der Flugverkehr, der Menschen und Waren in kürzester Zeit von einem Ort zum anderen bringt.

Wer über Verkehr redet, redet über Energie – und redet zunehmend auch über Umwelt. Mehr Verkehr heißt mehr Energie, heutzutage vor allem fossile Energie, also Öl, Gas und Kohle. Wird die verbrannt, entsteht CO_2. Waren es vor dreißig Jahren noch die Müllberge, die der Menschheit Sorgen machten, so ist es heute der CO_2-Ausstoß. Der ist in den letzten Jahren weltweit angestiegen, genauso rasant wie der Verkehr, genauso stark wie der Energiebedarf – und zwar insbesondere in Ländern, die derzeit extrem wachsen. Da das Wachstum dieser Länder gerade erst begonnen hat, ist damit zu rechnen, dass sich die Emissionen bis zur Mitte des Jahrhunderts weiter verdoppeln werden.

Dass mir mein Beruf Spaß macht und ich wohlgemut in die Zukunft schaue, obwohl oder gerade weil ich mich seit Jahren intensiv mit dem Thema Klimawandel beschäftige, liegt daran, dass ich nicht Öko, sondern Ökonomin bin.

Der nächste Sommer kommt bestimmt

Was hat Klimawandel mit Wirtschaft zu tun? Ist das nicht Sache der Politik? Oder der Naturwissenschaft? Auf jedem Kongress, auf jeder Messe, die ich besuche, treffe ich auf Unternehmer, die sich verwundert erklären lassen, dass das Thema Klima nicht bloß ein Talkshow-Thema über ein in ferner Zukunft möglicherweise auftretendes Problem, sondern ein handfestes unternehmerisches Thema von heute ist.

Die Experten sprechen von beängstigenden Temperaturen im Jahr 2050 oder von Energieengpässen 2030, was zugegebenermaßen aus der Perspektive eines Managers, der auf den nächsten Quartalsbericht oder den kommenden Jahresabschluss hinarbeitet, weit weg ist. Selbst wer weit über den kurzfristigen Erfolg hinausdenkt und langfristige Investitionen plant, denkt selten weiter voraus als die nächsten fünf oder zehn Jahre. Die vermeintlichen Auswirkungen des Klimawandels, so winkt mancher Manager deswegen ab, sind für einen Betriebswirtschaftler von heute nicht relevant, denn selbst bei größter Weitsicht geraten die drohenden Szenarien eines Klimakollapses nicht ins unternehmerische Visier. Doch Obacht! Wer so denkt, sollte am

Rädchen seines Fernglases schrauben und den Blick auf die Klima-Zukunft scharf stellen. Vielleicht ergeben sich dann ganz neue Perspektiven!

Sicher, die schlimmsten Auswirkungen des Klimawandels stehen erst (oder schon?) der nächsten Generation ins Haus. Doch ich will in Kürze skizzieren, warum Wirtschaft und Gesellschaft bereits heute das Thema Klimawandel auf die Agenda setzen sollten.

Schon in fünf bis zehn Jahren werden die sogenannten Anpassungskosten an den Klimawandel so stark gestiegen sein, dass man sie nicht länger ignorieren kann. Wie hoch die wirtschaftlichen Kosten sein werden, habe ich in den letzten Jahren gründlich erforscht und werde sie Ihnen in einem späteren Kapitel ausführlich aufzeigen. Ob häufigere Gebäudeschäden durch Hagelschlag, Hochwasser und Sturmböen oder erhöhte Kühlungskosten für Mensch und Maschinen durch stetig steigende Temperaturen im Sommer – bereits jetzt spüren wir immer häufiger, was Klimawandel – jenseits von schmelzenden Polarkappen und Hollywood-Eiszeit-Fantasien – im konkreten Wirtschaftsleben bedeuten kann. Zudem werden in den nächsten Jahren die Preise für fossile Energien so stark gestiegen sein, dass sich immer weniger Betriebe eine energieintensive Produktion leisten können. Erneuerbare Energien sind vermutlich schon bald die preisgünstigere Alternative. In jedem Fall sollte man sich überlegen, ob man heute noch in ein konventionell angetriebenes Fahrzeug oder eine Immobilie mit herkömmlicher Klimatechnik wie Öl- oder Gasheizung investieren will.

Schon in den nächsten zwei bis drei Jahren werden Politik und Gesetzgeber aus Verantwortung für die zukünftigen Generationen, aber auch aus Gründen globaler Gerechtigkeit Regelungen festschreiben, die den ungebremsten Ressourcenverbrauch des letzten Jahrhunderts stoppen oder zumindest verschärft regulieren. Ähnlich wie wir es bereits in der Vergangenheit beim

»Ozonkiller« FCKW erlebt haben, werden die Gesetzgeber der ganzen Welt sich auch in Bezug auf CO_2 und andere Klimagase auf Regularien und Verbote einigen. Bereits Ende 2007 war zum Beispiel europaweit die Diskussion um Emissionsgrenzwerte für Pkws voll entbrannt, und die deutsche Automobilindustrie ist noch einmal mit einem blauen Auge davongekommen. Über kurz oder lang wird es jedoch sehr viel strengere Werte geben als heute, und darauf sollte man sich rechtzeitig einstellen. Spätestens 2012 steht das Post-Kyoto-Protokoll, das ich noch erklären werde, auf der Tagesordnung.

Aber selbst in Bezug auf den nächsten Jahresabschluss könnte es sinnvoll sein zu wissen, was ein »Carbon Footprint« ist und ob die eigenen Produkte, die man seinen Kunden anbietet, klimaneutral hergestellt werden (können) oder nicht. Denn die Verbraucher sind kritischer geworden. Marktforscher sprechen von einer völlig neuen Kundengruppe. Es wächst die Zahl der Konsumenten, die Gesundheit und Nachhaltigkeit zu ihrer Lebensmaxime erhoben haben, englisch: Lifestyle of Health and Sustainability, kurz Lohas. Auch dazu später mehr.

Manchmal ernte ich empörte Zwischenrufe, wenn ich erkläre, dass man mit Klimaschutz sehr viel Geld verdienen kann. Darf man, wenn es irgendwo brennt, rund ums Feuer Geld verdienen? Zum Beispiel als Feuerwehrmann mit Feuerlöschen? Oder als Berater mit Brandschutzmaßnahmen? Oder als Finanzdienstleister mit einer Feuerversicherung? Ja, wieso denn nicht?!

Klimawandel und Klimaschutz, nachhaltige Energieversorgung und Mobilität sind Wirtschaftsthemen. Mein langjähriger Mentor, der Stanford-Professor Alan Manne, hat immer gesagt: »Climate, energy and economy cannot be devided – don't *have to be* devided« – Klimaschutz, Energieversorgung und die Wirtschaft müssen als Einheit gesehen werden. Ich habe viel von ihm gelernt, er hat in mir das Interesse und die Begeisterung für diese Themen geweckt.

Professor Alan Manne entwickelte als einer der Ersten computerunterstützte quantitative Modelle zur Bewertung wirtschaftlicher Auswirkungen von Ölknappheit und Klimawandel. Er hat an den renommierten Universitäten Harvard und Yale und zuletzt dreißig Jahre an der Stanford-University gelehrt. Die Universitäten Göteborg und Genf verliehen ihm für sein wissenschaftliches Werk die Ehrendoktorwürde. Als ich den Ökonomen Anfang der 1990er Jahre kennenlernte, fand ich seine Forschungsmethoden und -ergebnisse so spannend, dass es mich nicht mehr losgelassen hat. Seine Modelle nutze ich im Kern heute noch – teilweise erweitert, neu formuliert oder konsequent weiterentwickelt. Mit dem Wissenschaftler verband mich bis zu seinem Tod 2005 eine intensive Freundschaft, die auch durch eine etwas skurrile Überschneidung entstand: Manne, der schon fast siebzig Jahre alt war, als ich ihn kennenlernte, hatte gerade erst seine Leidenschaft fürs Reiten und Polospiel entdeckt. Als er hörte, dass ich aus Oldenburg kam, assoziierte er natürlich sofort die berühmten Pferde. Zufällig arbeitete zu dieser Zeit der Neffe meines Mannes auf dem Pferdegestüt der weltberühmten Reiterfamilie Beerbaum in Thedinghausen bei Bremen. So konnte ich dem Pferdenarr Alan Manne, als er auf meine Einladung zu einem Gastvortrag an die Universität Oldenburg kam, mit einem Besuch auf dem Beerbaum-Hof eine Riesenfreude bereiten, von der bald die ganze Wissenschaftsgemeinde sprach. Zwei Jahre später starb Alan Manne genau so, wie er es sich gewünscht hat, nämlich beim Reiten.

Alan Manne war auch derjenige, der mir, im Gegensatz zu vielen meiner deutschen Kollegen, nicht abgeraten, sondern gezielt zugeraten hat, mich weiterhin mit den Themen Energie und Klimawandel zu beschäftigen. Und vor allem hat er mich motiviert, die richtigen Fragen zu stellen, nämlich »Was, wenn«-Fragen. So frage ich heute: Was passiert mit der Welt, mit Europa und Deutschland, wenn die Energiepreise steigen? Was passiert, wenn politische Unruhen oder Marktveränderungen ganze Volkswirtschaften lahmlegen? Was passiert, wenn nur Deutschland Klimaschutz betreibt, alle anderen Länder aber so weitermachen wie bisher? Warum können manche Marktspieler als Monopolisten auftreten – und was heißt das für den Preis? Was kostet uns die Umstellung von Öl auf alternative Energien?

Und ich frage: Welche nachhaltigen Mobilitätskonzepte rechnen sich wirklich? Ist es schädlich, den Markt sich selbst zu überlassen? Ich berechne somit anhand mathematischer Verfahren die Kosten des Klimawandels und des Klimaschutzes. Ich berechne, welche Auswirkungen hohe Energiepreise auf die Volkswirtschaft haben und was uns eine nachhaltige Mobilität kostet. Wenn mich heute beispielsweise der EU-Präsident oder der Bundeswirtschaftsminister fragen, ob und warum es volkswirtschaftlich nützlich oder schädlich sein kann, Klimaschutz zu betreiben, brauche ich keine gläserne Glaskugel zu befragen, sondern ich kann sehr genau errechnen, welche wirtschaftlichen Chancen und Risiken auftreten können.

Genau wie ein Klimaforscher, der anhand der Temperaturen und Niederschläge der Vergangenheit Werte ermittelt, die ihn das Klima von morgen wissen lassen, können wir Ökonomen anhand von Daten in mathematischen Verfahren Szenarien und Prognosen für die Wirtschaft erstellen. Mag sein, dass wir die eine oder andere Wolke nicht vorhersehen und es womöglich ein paar Grad wärmer oder kälter wird als prophezeit, aber im Kern können wir mit ziemlicher Sicherheit – und, liebe Moralisten, guten Gewissens! – vorhersagen, wie das Wirtschaftsklima von morgen aussehen wird.

Der nächste Sommer kommt bestimmt. Vielleicht ein bisschen heißer, vielleicht ein wenig staubiger als in den vergangenen Jahren, aber er kommt. Und Politiker, Verbraucher und Unternehmer sollten sich nicht nur rechtzeitig überlegen, wie sie über den nächsten Winter kommen, sondern auch, wie sie das Land voranbringen, die Haushaltskasse füllen und womit sie dann Geschäfte machen.

Wer die wirtschaftlichen Aspekte des Klimawandels betrachtet und die Grundregel der Wirtschaft kennt, weiß: Wo es Verlierer gibt, gibt es immer auch Gewinner. Klimaschutz ist keine Last, sondern der Wirtschaftsmotor der Zukunft, wenn Investition und Innovation auch weiterhin Deutschlands Markenzeichen bleiben.

2. Klimaforschung – wie wahrscheinlich ist die Zukunft?

Die Wissenschaft hat festgestellt ...

Stellen Sie sich vor, Sie wollen zusammen mit etwa hundert anderen Passagieren ins Flugzeug einsteigen, als der Pilot an die Gangway kommt und Ihnen das Ergebnis der letzten technischen Prüfung mitteilt: Das Flugzeug wird mit 90-prozentiger Wahrscheinlichkeit abstürzen. Was tun Sie? Steigen Sie ein?

Stellen Sie sich weiter vor, dass einer Ihrer Mitreisenden achselzuckend bemerkt: Schon letzten Monat habe es geheißen, dass das Flugzeug irgendwann abzustürzen drohe, der tatsächliche Zustand aber wegen unzureichender Nachforschungen noch nicht abschließend zu beurteilen sei. Er selbst sei seitdem schon neun Mal geflogen, ohne dass irgendwelche Probleme aufgetreten wären. Was tun Sie? Steigen Sie jetzt ein?

Was werden Ihrer Meinung nach die anderen Passagiere tun? Wenn jeder Zweite von ihnen einsteigt, würden Sie sich dann auch ins Flugzeug setzen? Wären Sie beruhigt, wenn der Copilot käme und mit Bestimmtheit verkünden würde: Die Maschine ist sicher, die Chancen, dass der Flug ein Vergnügen wird, stehen zehn zu eins?

Sie merken schon, es geht um Wahrscheinlichkeitsrechnung. Und vermutlich haben Sie die schon in der Schule nicht gemocht. Denn Wahrscheinlichkeitsrechnung ist die Abteilung der Mathematik, in der schnell Irritationen entstehen. Hier wird mathematisch hergeleitet, was streng genommen gar nicht berechenbar ist: Es geht um zufällige Ereignisse. Und das Ergebnis sieht immer vollkommen anders aus, als man erwartet. Jeder Mathelehrer macht sich einen Spaß daraus, seine Schüler mit Wahrscheinlichkeitsrechnungen zu überraschen. Erst soll die Klasse intuitiv eine Antwort geben, dann wird Mathematik betrieben, und am Ende stellt sich heraus, dass sich alle geirrt haben. Insofern erfreuen sich Wahrscheinlichkeitsrechnungen im Allgemeinen keiner großen Beliebtheit – oft widersprechen sie dem gesunden Menschenverstand, und meistens hinterlassen sie Skepsis.

Ganz ähnlich ist es mit den Daten und Zahlen zum Klimawandel – auch sie beschreiben etwas, was mit einer gewissen Wahrscheinlichkeit irgendwann in der Zukunft passieren wird, was heute aber kaum vorstellbar erscheint. Wozu also darüber nachdenken? Am Ende wird wahrscheinlich sowieso etwas passieren, was niemand erwartet hat. Von diesem Phänomen profitieren die sogenannten Klimaskeptiker. Sie stellen zwar mittlerweile nur noch äußerst selten den Klimawandel selbst in Frage, bezweifeln aber den Einfluss des Menschen auf das Klima, also den sogenannten »anthropogenen Klimawandel«. Klimaskeptiker kommen aus den unterschiedlichsten Disziplinen und begründen ihre Ansichten zwar meistens außerhalb der international anerkannten Fachzeitschriften, dafür aber mit einer Fülle an beeindruckendem Zahlenmaterial. Sie werfen mit schwer nachvollziehbaren, mehr oder weniger wahrscheinlichen Zahlen um sich, bis jegliche Orientierung verloren geht. Und sie haben leichtes Spiel: Denn in der Tat kann man den Klimawandel, seine Folgen und vor allem den menschlichen Einfluss darauf nicht hundertprozentig vorhersagen bzw. bestimmen. Das Klima ist das Ergebnis eines komplexen Zusammenspiels von unzähligen

Faktoren, so dass nur schwer zu entschlüsseln ist, was welchen Einfluss hat.

Es ist vergleichbar mit dem Rauchen. Wissenschaftler wissen längst, dass Rauchen gesundheitsschädlich ist. Trotzdem lässt sich im Einzelfall kaum nachweisen, dass eine Lungenkrebserkrankung eindeutig auf jahrzehntelangen Zigarettenkonsum zurückgeht, weil die theoretische Möglichkeit besteht, dass der Krebs auch ohne das schwarze Gift aufgetreten wäre. Man kann nur aus der Masse der Untersuchungen ableiten, dass die Wahrscheinlichkeit, an Krebs zu erkranken, durch Rauchen signifikant steigt. Doch wer ohne Gewissensbisse weiterrauchen will, wird immer irgendwo einen neunzigjährigen Kettenraucher auftreiben, der sich bester Gesundheit erfreut. Aber ändert das etwas an der Wahrscheinlichkeit, als Raucher an Krebs zu erkranken? Der kerngesunde Kettenraucher ist kein Gegenbeweis für die Behauptung, dass Rauchen sehr wahrscheinlich krank macht, genauso wie der Lottogewinner nicht die Tatsache widerlegt, dass die allermeisten Menschen beim Lottospielen verlieren.

Wenn die Wissenschaftler also schreiben, es trete, wenn wir so weitermachen wie bisher, bis zum Jahr 2100 mit 80-prozentiger Wahrscheinlichkeit eine Erderwärmung von 3,5 Grad ein, dann besteht rein rechnerisch die Möglichkeit, dass es nicht passieren wird. Allerdings muss selbst der größte Skeptiker zugeben, dass diese Chance relativ klein ist. Und in der Tat: Seit kurzer, allerdings erstaunlich kurzer Zeit bestreitet kein Wissenschaftler mehr, dass unser Klima kippt. Sind wir also am Ende der Diskussion? Natürlich nicht! Es wird auch immer noch geraucht. Das kann jeder für sich entscheiden, genauso wie die Frage, ob er Lotto spielen möchte. Viele tun es, denn sie könnten vielleicht gewinnen und müssten dann nie wieder arbeiten. Die Wahrscheinlichkeit, sechs Richtige im Lotto zu haben, beträgt 0,00000007. Möglich ist das.

Der Kampf gegen die Klima-Windmühlen

Es gibt beim Thema Klimawandel keine gesicherten Wahrheiten – dafür aber sehr viele Meinungen, die vehement und häufig gefühlsbetont vertreten werden. Gern stellen sich die Klimaskeptiker auch als die letzte Bastion der Vernunft in einem Meer von irrationalen Klimahysterikern dar. Tapfer verteidigen sie ihr kritisches Denken gegenüber der neuen Ökoreligion, den Weltuntergangssekten und den fanatischen grünen Heilslehren. Kritik an ihren Äußerungen weisen sie als Angriff auf die Meinungsfreiheit zurück, oder sie drehen den Spieß um, indem sie Klimaforschern vorwerfen, sich vernünftigen Argumenten zu verweigern.

Das Problem daran ist, dass hier mit einer Absolutheit über ein Zukunftsereignis gestritten wird, das wir erst hundertprozentig beschreiben können, wenn es eingetreten ist. Wir werden erst im Jahre 2050 wissen, um wie viel Grad die Durchschnittstemperatur der Erde angestiegen sein wird, ob die Polkappen abgeschmolzen sind oder der Meeresspiegel gestiegen ist. Alles andere ist Spekulation. Deswegen ist es müßig, darüber zu streiten, ob und wie und wann der Klimawandel kommt. Es ist genauso, als ob man darüber streiten würde, was mit dem Flugzeug sein wird, von dem der Pilot sagt, dass es mit 90-prozentiger Wahrscheinlichkeit abstürzen wird, der Passagier aber sagt, dass es in der Vergangenheit noch nie abgestürzt ist, und der Copilot behauptet, dass es mit 10-prozentiger Wahrscheinlichkeit sicher ankommen wird. Jeder von ihnen hat recht. Die Frage ist bloß, ob man in das Flugzeug einsteigt oder nicht.

Die Klimaskeptiker sind zwar in der Minderheit, aber sie könnten am Ende ebenso recht haben wie die große Mehrheit der Klimaforscher – nur ist die Wahrscheinlichkeit dafür wesentlich geringer. Paradoxerweise führt genau dieser Zweifel der Skeptiker dazu, dass der UN-Klimarat, also die höchste Klima-

Instanz der Welt, die Sicherheit der Klimaforschung nur bei 96 und nicht bei 100 Prozent ansiedelt. Um das zu verstehen, muss man wissen, wie der Klimarat arbeitet und zu seinen Ergebnissen kommt.

Als 1988 die World Meteorological Organisation und das Umweltprogramm der Vereinten Nationen das »Intergovernmental Panel on Climate Change«, kurz das IPCC, gründeten, ging es darum, die Vielzahl von einzelnen Forschungsprojekten rund um den Globus zum Thema Klimawandel zu bündeln und die Forschungsergebnisse so allgemein verständlich aufzubereiten, dass sie eine Grundlage für politische Entscheidungen sein können.

Bis dahin hatten die Wissenschaftler mehr oder weniger isoliert geforscht und ihre Arbeitsergebnisse hier und da publiziert. Forschungsteam A meldete diese Zahlen, Forschungsteam B jene und Forschungsteam C wieder andere. Jedes Team zählte seine Beobachtungen auf, nannte mögliche Ursachen, beschrieb die möglichen Auswirkungen rund ums Klima und wartete mit mal mehr, mal weniger spektakulären Ergebnissen auf.

Meeresbiologen meldeten in den 1990er Jahren vom Great Barrier Reef, einem 2000 Kilometer langen Korallenriff vor der Ostküste Australiens, ein plötzliches Korallensterben. Geologen konnten am Mississippi-Delta im Südosten des US-Bundesstaates Louisiana feststellen, dass zwischen 1978 und 2000 mehr als 1500 Quadratkilometer Marschland verloren gegangen waren. 2008 beobachteten Vogelkundler in Südafrika ein Massensterben von mehreren Zehntausend Schwalben, die auf ihrem Rückzug nach Europa am Rande des Kruger-Nationalparks von einem plötzlichen Temperatursturz, ausgelöst durch eine Kaltfront, überrascht wurden.

Solche Ergebnisse wären ohne das IPCC im schwarzen Loch der Wissenschaft verschollen und nicht miteinander in Zusammenhang gebracht worden. Jahr für Jahr kommen Tausende von

Beobachtungen und Forschungsergebnissen dieser Art zusammen und werden nun durch das IPCC gebündelt, weil sie möglicherweise alle miteinander zu tun haben. Denn immer wieder benennen die Forscher als Ursache der von ihnen beobachteten Phänomene den Klimawandel.

Was ist wahr, was nur wahrscheinlich?

Mit der Einrichtung des IPCC wollte man herausfinden, ob es den Klimawandel wirklich gab, wie es einige Wissenschaftler schon seit Jahrzehnten behaupteten. Man wollte wissen, welche Forschungsergebnisse relevant sind und wie gesichert die vereinzelt behaupteten Zusammenhänge und Ursachen sind. Dazu musste man beurteilen können, welches Forschungsteam allgemeingültige Zusammenhänge und welches nur Ausnahmephänomene beschreibt. Also vernetzte man weltweit die Wissenschaftler miteinander, sammelte die Ergebnisse aller Forscher und filterte heraus, welche Schlüsse sich unterm Strich daraus ziehen ließen. Wenn sich heute ein neuer Wissenschaftler mit irgendeiner Facette der Klimaforschung beschäftigt, findet dieses einzelne Projekt über kurz oder lang beim IPCC seinen Niederschlag. Das IPCC selbst betreibt keinerlei Forschung, sondern fasst lediglich die Ergebnisse der internationalen klimarelevanten Forschung zusammen.

Man muss sich das vorstellen wie ein riesiges Sieb: Die Forschungsergebnisse von Tausenden von Wissenschaftlern aus aller Welt, die in den üblichen wissenschaftlichen Zeitschriften publiziert sind, werden zusammengetragen und ausgewertet – und zwar aus allen möglichen Disziplinen.

Stellt zum Beispiel ein Biologe, dessen Spezialgebiet die Spring- und Grasfrösche in Nordhessen sind, fest, dass an den beobachteten Fröschen neuerdings gehäuft eine Pilzkrankheit auftritt, die bislang lediglich in Australien und Zentralafrika beobachtet wurde, dann wird er einen wissenschaftlichen Beitrag in einer Fachzeitschrift veröffentlichen. Der Forscher vermutet, dass der krankheitsübertragende Pilz wahrscheinlich als »blinder Passagier« in irgendeinem Schiffscontainer um die halbe Erdkugel gereist ist und in Hessen einen attraktiven Lebensraum gefunden hat, was – und dies macht das Ganze interessant für das IPCC – möglicherweise daran liegt, dass es dort neuerdings keine eiskalten Winter mehr gibt.

Als das IPCC 1988 seine Arbeit aufnahm, waren es weltweit nur einige Hundert Wissenschaftler, die sich mit klimarelevanten Themen auseinandersetzten. Damals interessierte sich kaum jemand für das Thema, auch ich fing im Laufe meines Wirtschaftsstudiums gerade erst an, mich damit zu beschäftigen. Heute ist das Thema in aller Munde, und weltweit forschen über 7000 Wissenschaftler dazu. Ihre Arbeiten werden von etwa 800 unabhängigen Gutachtern kritisch aus- und bewertet und dem IPCC vorgelegt. Die Ergebnisse dieser wissenschaftlichen Fleißarbeit wiederum werden in den mehr als tausend Seiten starken IPCC-Sachstandsberichten publiziert, die wir als »UN-Klimaberichte« aus den Nachrichten kennen. In der Öffentlichkeit bekannt ist lediglich die rund zwanzig Seiten lange Essenz, die *Summaries for Policymakers* oder *Zusammenfassung für politische Entscheidungsträger*, wie es in der deutschen Übersetzung heißt. Bis diese Arbeitsberichte ihre endgültige Form erhalten und an die Öffentlichkeit gehen, versammeln sich noch einmal etwa 450 Wissenschaftler aus mehr als 130 Ländern, setzen sich über mehrere Tage in drei Arbeitsgruppen zusammen und diskutieren die Ergebnisse bis in die letzte kleine Formulierung.

Um den Flugzeugvergleich noch einmal heranzuziehen: Stellen Sie sich vor, dass nicht nur der Pilot von einer Absturzwahrscheinlichkeit von 90 Prozent spricht, sondern dass sich ausnahmslos auch das technische Expertenteam der Fluggesellschaft, der Technische Überwachungsverein des Flughafens und ein unabhängiges Gutachterteam einer staatlichen technischen Hochschule seiner Meinung anschließen. Was tun Sie? Steigen Sie ein?

Zweifel ist der Motor der Wissenschaft

Alle Wissenschaftler leben in dem Bewusstsein, dass ihre Erkenntnisse gerade so lange »wahr« sein werden, bis andere sie widerlegen. Die meisten wissenschaftlichen Wahrheiten haben keine besonders lange Haltbarkeitsdauer. Was auch ganz richtig ist, denn der Zweifel ist der Motor der Wissenschaft. Genau das ist das Grundprinzip unserer Arbeit. Die Wissenschaft wäre nicht wissenschaftlich, wenn sie sich nicht permanent selbst hinterfragen würde. Selbstverständlich gilt das auch für all jene Erkenntnisse, die in den IPCC-Bericht einfließen. Auch sie werden wieder verworfen, korrigiert oder revidiert. Wenn es also immer wieder Kritik an den Arbeitsmethoden des IPCC gibt, dann ist diese teilweise sogar berechtigt.

Einerseits kann man dem Verfahren sicher vorwerfen, wie aufwendig es ist und wie viel Zeit es in Anspruch nimmt: Von der ursprünglichen Forschung und Ergebnisveröffentlichung über die Arbeit der Gutachter, die nach Prüfung der Publikationen einen Bericht für das IPCC fertigen, bis schließlich zur formulierten und veröffentlichten Zusammenfassung der darin enthaltenen Ergebnisse vergehen Jahre. Bisher sind die Sachstandsberichte 1990, 1995, 2001 und 2007 erschienen. Die topaktuellen Forschungsergebnisse aus dem Jahr 2008 wird die Weltöffentlichkeit in der Zusammenfassung des IPCC also erst in einigen Jahren erfahren. Allerdings gelangen spektakuläre Entdeckungen der Klimaforschung ja auch auf den traditionellen Wegen in die öffentliche Diskussion.

Andererseits sichert das langwierige Verfahren die Qualität, und es bietet den unschlagbaren Vorteil, dass nicht nur kurzfristige Messschwankungen dokumentiert werden. Das Verfahren garantiert, dass ausschließlich wiederkehrende Ereignisse und vielfach bestätigte Erkenntnisse renommierter Wissenschaftler berücksichtigt werden, so dass die Sachstandsberichte des IPCC die großen Trends abbilden.

Die Wissenschaftler des IPCC gehen nicht nur sehr akkurat vor, wenn sie das Material, das ihnen aus aller Welt zugeht, filtern, auch bei der abschließenden Auswertung der Ergebnisse sind sie sehr streng. Aus der Fülle der Informationen wird den Aus- oder Vorhersagen in acht Stufen ein »Wahrscheinlichkeitsfaktor« zugeordnet:

IPCC-Bewertungsraster

	Wahrscheinlichkeit
Praktisch sicher	>99 %
Sehr wahrscheinlich	90 – 99 %
Wahrscheinlich	66 – 90 %
Eher wahrscheinlich	33 – 66 %
Unwahrscheinlich	10 – 33 %
Sehr unwahrscheinlich	1 – 10 %
Extrem unwahrscheinlich	<1 %

Quelle: IPCC, 2007: Summary for Policymakers. In: *Climate Change 2007: Impacts, Adaptation and Vulnerability. Contribution of Working Group II to the Fourth Assessment Report of the Intergovernmental Panel on Climate Change*, M. L. Parry, O. F. Canziani, J. P. Palutikof, P. J. van der Linden and C. E. Hanson, Eds., Cambridge University Press, Cambridge, UK, 7–22, S. 21

Hundert Prozent kommen in dem Raster des IPCC gar nicht vor, wird mancher staunend feststellen. Das heißt nicht, dass sie rein wissenschaftlich betrachtet nicht möglich wären. Doch 100 Prozent würden nicht mehr den wissenschaftlichen Wahrscheinlichkeitsgrad eines Ereignisses beschreiben – es hieße, dass es mit absoluter Sicherheit eintritt.

Wenn es also im Klimabericht des IPCC heißt, dass es »sehr wahrscheinlich« ist, »dass der größte Anteil der beobachteten Erwärmung seit Mitte des zwanzigsten Jahrhunderts von der von Menschen ausgelösten verstärkten Freisetzung von Treibhausgasen verursacht wird«, dann trifft diese Aussage mit einer Wahrscheinlichkeit von 90 bis 95 Prozent zu. Und sehr bis äußerst wahrscheinlich trifft demnach die Aussage zu, dass bis zum Jahr 2100 eine Erderwärmung von 3,5 Grad im Vergleich zum vorindustriellen Niveau eintritt, wenn wir weitermachen wie bisher.

Nobelpreis für die Klimaforschung

Bei den Wissenschaftlern des IPCC handelt es sich keineswegs um verschrobene Pedanten, die ein seltenes Faible für Wahrscheinlichkeitsrechnung mitbringen. Sie arbeiten deshalb besonders sorgfältig, weil sie sehr genau um die Brisanz ihrer Arbeit wissen. Denn die Folgen des Klimawandels bergen großen politischen Sprengstoff, sei es, weil sich einzelne Staaten veranlasst sehen, gesetzliche Maßnahmen zu ergreifen, die von der Wirtschaft oder der Bevölkerung nicht gutgeheißen werden, sei es, weil sich Konflikte zwischen Staaten entwickeln, die in unterschiedlichem Maße von den Folgen betroffen sind.

Insofern war es zwar eine Überraschung, aber auch sehr einleuchtend, dass die Wissenschaftler des IPCC den Friedensnobelpreis 2007 erhielten, und zwar zusammen mit dem amerikanischen Politiker Al Gore, der sich bekanntlich ebenfalls für das Thema Klimawandel engagiert. Das Nobelpreiskomitee wollte damit die Arbeit in der Klimaforschung würdigen, zugleich aber auch verdeutlichen, dass Klimapolitik heute gleichzeitig Friedenspolitik ist – denn der Kampf um die schwindenden Ressourcen der Erde führt schlimmstenfalls zu Kriegen. Im Wortlaut des Nobelpreiskomitees:

»Ausgedehnte Klimaveränderungen können die Lebensbedingungen für einen großen Teil der Menschheit ändern und bedrohen. Sie könnten Migrationsbewegungen in großem Maßstab und eine schärfere Konkurrenz um die Ressourcen der Erde auslösen. [...] Es könnte eine stärkere Gefahr von gewalttätigen Konflikten und Kriegen zwischen oder innerhalb von Staaten geben.«

Gerade weil die Ergebnisse der Klimaforschung eine solche politische Brisanz haben, werden sie im Klimabericht so zurückhaltend und vorsichtig formuliert. Jeder Satz wird gründlich diskutiert, vor allem wenn es an die *Zusammenfassung für politische Entscheidungsträger* geht, streiten die beteiligten Regierungsdelegationen unerbittlich um die Formulierungen in den für sie wesentlichen Passagen. Zu scharfe Töne könnten beispielsweise die jeweilige nationale Umweltpolitik in Frage stellen. Vor allem aber die Forderungen und Maßnahmen, die aus der Fülle an Fakten abgeleitet werden, sind oftmals Grund für lange Debatten – auch wenn der wissenschaftliche Kern davon unberührt bleibt: Der steht gar nicht zur Disposition.

Endlich schönes Wetter in Deutschland

Laut IPCC hat sich die Welt in den letzten Jahren im Schnitt bereits um 0,74 Grad Celsius erwärmt. Damit einher ging ein Anstieg der Meeresspiegel um insgesamt 17 Zentimeter im letzten Jahrhundert, der aber seit 1993 bei 3,1 Millimeter pro Jahr liegt. Dazu kommt der nachweisliche Rückgang der Schneebedeckung auf der nördlichen Erdhalbkugel. Selbst für den Laien ist das Schmelzen der Gletscher anhand des Vergleichs von aktuellen und historischen Fotos leicht erkennbar. Strittig ist nur noch die Frage nach dem Ausmaß, nach den Ursachen und nach den Folgen des Klimawandels.

Zentrale Ursache für den Klimawandel ist nach Ansicht des IPCC mit über 90 Prozent Wahrscheinlichkeit der Mensch durch seine Emissionen, allen voran das sogenannte Treibhausgas Kohlendioxid (CO_2), gefolgt von anderen Gasen wie Methan, Distickstoffoxid (Lachgas), perfluorierten Fluorkohlenwasserstoffen und Schwefelhexalfluorid. Diese Emissionen erhöhen den Treibhauseffekt und führen zu einer weiteren Erwärmung der Erde, wenn es nicht gelingt, die Emissionen zu reduzieren.

Der Klimabericht hat aus den aktuellen Forschungsergebnissen sechs Szenarien entwickelt, die alle davon ausgehen, dass keine Klimapolitik betrieben wird, also keinerlei Maßnahmen zum Klimaschutz und zur Verringerung der Emissionen ergriffen werden.

Im schlimmsten Fall kann es bis 2100 zu einer Erderwärmung von bis zu 6,4 Grad kommen. Im besten Fall steigt die Temperatur nur um 1,1 Grad. Als am wahrscheinlichsten gilt laut IPCC eine Erderwärmung um 1,7 bis 4 Grad. Im günstigsten Szenario ist damit zu rechnen, dass der Meeresspiegel bis 2100 um 19 bis 37 Zentimeter steigt, schlimmstenfalls sind es 26 bis 57 Zentimeter.

Das klingt weniger schlimm, als es ist. Wie naiv es ist, sorglos mit diesen Zahlen umzugehen oder sich gar über das bisschen Klimawandel zu freuen, weil es nun endlich auch in diesen Breitengraden wärmer wird, führte das TV-Satiremagazin »Extra drei« des NDR vor: Bejubelt wurde das endlich schöne Wetter in Deutschland, gezeigt die norddeutsche Küste, vom steigenden Meer überspült, Osnabrück als pulsierende Hafenstadt und – sehr niedlich – Pinguine, die von den schmelzenden Polarkappen nach Norddeutschland geflüchtet waren, als neue beste Freunde der Norddeutschen. Amüsante Satire, leider weniger übertrieben, als es scheint.

Eine Erhöhung der Erdtemperatur um unscheinbare 2 Grad ist keineswegs so unbedeutend, wie es klingt. Sie führt zu erheblichen Veränderungen überall auf der Welt. Auch diese Folgen beschreibt der Klimabericht. Zu den zahlreichen direkten Auswirkungen der globalen Erderwärmung gehören zum Beispiel die zunehmende Meerwasserversauerung, veränderte ozeanische Strömungen, eine Zunahme von Wetterextremen wie Dürren und Starkregen sowie Veränderungen in Flora und Fauna. Auch die indirekten Folgen des Klimawandels auf die Land- und Forstwirtschaft, auf das Gesundheitswesen und auf unsere Kultur werden im Klimabericht dargestellt. So ist in bestimmten Regionen verstärkt mit Waldbränden oder mit Schädlingsbefall zu rechnen. Wir müssen uns darauf einstellen, dass es in Europa mehr Hitzetote geben wird und bislang hier unbekannte Infektionskrankheiten auftreten werden. Auch werden wir vermutlich einige Gewohnheiten wie zum Beispiel den Wintersport in den Alpen aufgeben müssen. In Afrika werden die Menschen aufgrund kürzerer Vegetationszeiten und geringerer Niederschläge schlechtere Ernten einfahren, und an den Küsten werden infolge von Überflutungen Feuchtgebiete, Salzmarschen und Mangroven eventuell ganz verloren gehen.

Besonders betroffen, obwohl an den klimaschädlichen Emissionen der Vergangenheit nur in geringem Maße beteiligt, werden Afrika und Asien sein. Gerade die armen Länder verfügen nicht über ausreichende finanzielle Mittel, um sich gegen die Auswirkungen des Klimawandels zu schützen. So fehlt beispielsweise das Geld für technische Bauten zum Küstenschutz oder für Aufklärung und die Bereitstellung von Infrastruktur für umfassende Verhaltensänderungen.

Das mediale Stille-Post-Spiel

Die Liste der wahrscheinlichen Klimawandelfolgen ist lang und wurde in zahlreichen Publikationen beschrieben. Die Medien haben sich – jeweils auf ihre Weise – darangemacht, die oft sehr nüchternen Daten des Klimaberichts durch eingängige Berichte und Reportagen zu veranschaulichen. Vor allem die Boulevardmedien spielen dabei souverän die emotionale Klaviatur des Journalismus, zeigen herzzerreißende Bilder von ertrinkenden Eisbären, Pinguinen ohne Nachwuchs oder verhungernden Walen und schildern die dramatischen Folgen möglicher Naturkatastrophen.

Das wiederum gibt den Klimaskeptikern Wasser auf ihre Mühlen, die Berichterstattung – zum Teil durchaus berechtigterweise – der Übertreibung und im gleichen Aufwasch die Klimaforschung der Panikmache und Hysterie zu überführen. Wenn die streng ermittelten, vorsichtig formulierten und deshalb kompliziert klingenden Ergebnisse des IPCC durch die Medienmangel gedreht werden, kommt, wen wundert's, etwas dabei heraus, was zwar sehr viel verständlicher, aber auch sehr viel weniger präzise ist – eine wunderbare Angriffsfläche für alle, die der Klimaforschung Lücken, Fehler oder Irrtümer nachweisen wollen. Am Ende des medialen Stille-Post-Spiels bleibt von der eigentlichen Klimaforschung oft nicht mehr viel übrig.

Doch wer die Originaltexte liest, weiß: Das IPCC ist so weit von Hysterie und Panikmache entfernt, dass man genauso gut umgekehrt argumentieren könnte, wie bedenklich diese äußerst zurückhaltende und diplomatische Art im Sinne des Klimaschutzes ist. Tatsächlich diskutiert der letzte Klimabericht zum Entsetzen engagierter Umweltschützer in großer Ausführlichkeit auch solche klimatischen Faktoren, die unverändert geblieben sind. Das kann bedeuten, dass für diese Bereiche zwar Daten über Veränderungen vorliegen, aber, gemessen an dem anspruchsvollen wissenschaftlichen Standard des IPCC, in nur unzureichendem Umfang: Über die möglichen Ursachen des Klimawandels können keine sicheren Aussagen gemacht werden. Der letzte Bericht zieht sogar in Erwägung, dass die Klimaänderung der letzten fünfzig Jahre ohne äußeren (menschlichen) Antrieb erklärt werden kann, hält es aber für »extrem unwahrscheinlich« (unter 5 Prozent).

Nun stehen die Skeptiker zwar im medialen Rampenlicht, nehmen aber selbst nicht an dem strengen wissenschaftlichen Verfahren teil, was die Vermutung nahelegt, dass es ihnen nicht so sehr um Wahrheitsfindung geht. Sie treten besonders laut auf und tragen ihre Argumente besonders massiv vor, und verdienen im Allgemeinen – mit ihren Schlagzeilen und in Talkshows – Geld damit, dagegen zu sein und zu polarisieren. Ohne sie gäbe es abends im Fernsehen keine erhitzten Diskussionen über unser Klima. Auch Klimaskeptiker, die keine Journalisten oder Publizisten sind, haben meist handfeste finanzielle Interessen, gegen die Klimaforschung anzutreten. Häufig sind es finanzstarke Interessengruppen, die bei einer ökologischen Wende zu den Verlierern gehören würden und die deswegen versuchen, politische Initiativen zum Klimaschutz möglichst lange zu behindern. So ist es leider kein der Fantasie von Verschwörungstheoretikern entsprungenes Klischee, dass Energieunternehmen klimaskeptische Forschung finanzieren und Kohleverbände Publikationen mit zweifelhaftem wissenschaftlichem Wert herausbringen, um die Diskussion wieder und wieder mit neuen Gegenargumenten zu unterfüttern und den Beschluss von Maßnahmen immer weiter hinauszuzögern.

In der öffentlichen Wahrnehmung hingegen entsteht daraus zuweilen noch immer das Bild, dass der Klimawandel längst nicht bewiesen sei. Er kommt zwar seltener, aber doch höre ich immer wieder den Einwand, dass man sich den Kopf schließlich nicht über Dinge zerbrechen könne, die noch gar nicht belegt sind.

Dabei geht es längst nicht mehr um die Frage, ob der Klimawandel stattfindet oder nicht oder ob man ihn beweisen kann oder nicht. Spätestens seit dem letzten Bericht des IPCC lautet die Frage vielmehr: Wie weit folgen wir den wissenschaftlichen Erkenntnissen unserer Zeit? Welche Entscheidungen leiten wir daraus ab, dass sich die Erde »sehr wahrscheinlich« weiter erwärmen wird und dass diese Erwärmung »sehr wahrscheinlich« eine Menge Folgen haben wird?

Mit dem Klimawandel rechnen

In puncto Klimawandel ist mein Vertrauen in die Erkenntnisse des vierten UN-Klimaberichts sehr groß, nicht zuletzt, weil ich als eine der wissenschaftlichen Gutachterinnen des IPCC aus eigener Praxis weiß, wie streng die Wissenschaftler mit sich und ihresgleichen umgehen. Darüber hinaus wird derzeit schon am nächsten Bericht mit den aktuellsten Forschungsergebnissen und Messungsdaten gearbeitet, der in einigen Jahren erscheinen wird. Bei einem meiner letzten Besuche in Washington habe ich erfahren, dass alle bisherigen Zukunftsszenarien deutlich hinter den tatsächlichen Entwicklungen zurückbleiben. Es scheint alles noch viel schlimmer zu werden als befürchtet.

Auch der britische Ökonom Nicholas Stern, dessen Prognosen anfangs als übertrieben kritisiert wurden, musste ein Jahr nach Erscheinen seines Berichts über die wirtschaftlichen Aspekte des Klimawandels, den er im Auftrag der britischen Regierung erarbeitet und 2006 veröffentlicht hatte, gegenüber der *Financial Times* zugeben: »Wir haben die Risiken unterschätzt, wir haben die Schäden, die mit der Erderwärmung zusammenhängen, unterschätzt, und wir haben die Wahrscheinlichkeit unterschätzt.«

Aber einmal abgesehen von der mehr oder weniger großen Wahrscheinlichkeit einzelner Folgen, die die Klimaforschung prognostiziert, bin ich als Ökonomin natürlich auch – im eigentlichen Wortsinn – ein wenig berechnend, was die Entwicklung des Klimas angeht. Im Prinzip halte ich es mit dem Mathematiker Blaise Pascal und seiner wahrhaft ökonomisch gehaltenen Antwort auf die Frage, ob er an Gott glaubt oder nicht. Verstehen Sie mich bitte richtig: Es geht hier nicht um Religion oder darum, an den Klimawandel zu *glauben*. Es geht hier um die sehr philosophische Frage, wie wir mit dem Klimawandel umgehen, von dem wir nicht hundertprozentig sicher wissen, dass es ihn gibt. Blaise Pascal jedenfalls ging die Frage nach Gott sehr ökonomisch an. Im Gegensatz zu vielen Philosophen vor und nach ihm trat Pascal nicht den Gottesbeweis an, sondern wog nur die beiden Möglichkeiten ab: Gott existiert oder Gott existiert nicht – die eine so wahrscheinlich wie die andere. Die Lösung dieses prinzipiell nicht zu lösenden Gegensatzes liegt in der Frage: Wie stünde man am Ende besser da? Welche Konsequenzen hat meine Entscheidung? Angenommen, Gott existiert und man glaubt nicht an ihn, käme man nach dem Tod in die Hölle. Angenommen, er existiert nicht und man glaubt an ihn, bliebe der Irrtum folgenlos. Insofern, folgerte Pascal, ist es in jedem Fall schlauer, an Gott zu glauben. Etwa so halte ich es mit dem Klimawandel. Ich richte mein Leben nach dem sehr wahrscheinlich eintretenden Klimawandel aus, selbst für den unwahrscheinlichen Fall, dass er nicht oder nicht in dem erwarteten Ausmaß eintritt – was mir klüger scheint, als nicht mit ihm zu rechnen, und er kommt dann doch. Lieber ergreife ich Maßnahmen zum Klimaschutz, die sich eventuell als unnötig herausstellen, als nichts zu tun und dann festzustellen, dass die Klimaforscher doch recht haben. Ich schließe ja auch meine Haustür ab, selbst wenn ich nicht mit Sicherheit weiß, dass Diebe in der Stadt sind.

Das Thema Klimawandel ist keine Glaubensfrage, bei der es um Himmel und Hölle geht. Und natürlich geht es auch nicht um Leben und Tod wie bei einem Flugzeugabsturz, jedenfalls nicht für Sie und mich und nicht hier und heute! Das macht die Sache vielleicht ein bisschen einfacher. Gleichzeitig ist die Entscheidungssituation beim Thema Klimawandel viel komplexer als die an der Gangway, weil so viel mehr Kriterien eine Rolle spielen.

Zunächst einmal ist es zum Beispiel wichtig zu verstehen, wie der Klimawandel im Einzelnen zustande kommt, inwiefern der Mensch dazu beiträgt und ob es möglich ist, diesen Beitrag und die Wahrscheinlichkeit einer extrem hohen Erderwärmung auf einen vertretbaren Prozentsatz zu senken. Nichts anderes versucht die Wissenschaft, wenn sie die wahrscheinlichen Ursachen des Klimawandels benennt – die Treibhausgase – und Vorschläge macht, wie man die Emission dieser Klimakiller reduziert.

Im dritten Teil des Klimaberichts listet das IPCC eine Vielzahl möglicher Maßnahmen auf, die den Klimawandel zwar mit ziemlicher Sicherheit nicht mehr stoppen können, aber wenigstens das Ausmaß der Erwärmung begrenzen. Denn es macht durchaus einen Unterschied, ob die Temperatur um 1 Grad, 2 oder um ganze 6 Grad steigt. Dabei geht es nicht allein um den richtigen Sonnenschutzfaktor beim nächsten Strandurlaub, sondern um sehr viel Geld.

Um beim Flugzeugbeispiel zu bleiben: Einmal angenommen, man wird sich darüber einig, dass es besser wäre, Sicherheitsmaßnahmen zu ergreifen, bevor das Flugzeug startet. Sofort ginge der nächste Streit los, denn die Überprüfung des Flugzeuges und der Austausch unsicherer Teile kostet sehr viel Geld. Mit ziemlich großer Wahrscheinlichkeit bräche zwischen Ihnen und den anderen Passagieren, der Fluggesellschaft, den Piloten und allen anderen Beteiligten ein Streit darüber aus, wer die Kosten für diese Sicherheitsmaßnahmen tragen sollte. Jeder würde auf den anderen zeigen, schließlich fliegt der eine viel öfter als der andere, hat der eine mehr Geld und kann sich die Reparatur eher leisten, der andere ist schon sehr viel geflogen und hat deswegen das alte Flugzeug abgenutzt, der dritte Passagier will aber in Zukunft öfter damit fliegen und hat eben Pech gehabt, dass es jetzt teurer wird, und so weiter und so fort. Aber wenn man wirklich eines Tages losfliegen will, sollte man sehen, dass man sich einig wird.

Und wer bezahlt die Rechnung?

Etwa so funktionieren die Verhandlungen um Klimaschutzmaßnahmen, die auf den zahlreichen nationalen und internationalen Konferenzen stattfinden. Alle wollen Klimaschutz, aber keiner will ihn bezahlen.

Deswegen ist es wichtig, möglichst genau einschätzen zu können, wie hoch die Kosten sind. Was kostet der Klimawandel? Was kostet die Anpassung an die Klimafolgen? Und was kostet Klimaschutz?

Genau das ist das Herzstück meiner Arbeit als Ökonomin. Auf Basis derselben Daten und Erkenntnisse wie das IPCC rechne auch ich mit dem Klimawandel – im wahrsten Sinne des Wortes. Denn mein Job als Professorin besteht darin, die Kosten von Klimaschutz und Klimawandel zu kalkulieren, was wiederum sehr eng mit den Kosten für nachhaltige Energieversorgung und Mobilität zusammenhängt – aber dazu später.

Im Klimabericht finden sich nur solche Szenarien, die davon ausgehen, dass wir alle weitermachen wie bisher. Dass das so sein wird, damit rechnet niemand, und in der Politik versuchen zahlreiche Initiativen und Projekte Verhaltensänderungen rund um den Globus zu bewirken und die Emission von Treibhausgasen zu verringern. Es liegt an uns, die Wahrscheinlichkeit der Szenarien des IPCC zu reduzieren.

In meine Szenarien rechne ich deshalb auch mit ein, was

passiert, wenn wir Klimaschutz betreiben, wofür ich zunächst berechnen muss, was uns die Umsetzung von Klimaschutzmaßnahmen kosten wird. Und so weiß ich auch ganz genau, dass wir nicht nur sehr viel billiger davonkommen, wenn wir Klimaschutz betreiben, statt ihn zu unterlassen – ich weiß auch, dass wir vom Klimaschutz sogar profitieren können, wenn wir früh genug damit anfangen!

3. Klimaskepsis – alles halb so schlimm?

Neuer Wein in neuen Schläuchen

Den Wildschweinen geht es gut. Ihre Bestände in Mitteleuropa sind in den letzten Jahren gestiegen wie nie zuvor. Die Wildschweine sind Gewinner des Klimawandels. Seitdem die Winter nicht mehr so kalt sind, überleben auch schwache Tiere, so dass im Frühjahr insgesamt mehr Nachwuchs kommt. Zugleich machen die heißen und trockenen Sommer den Pflanzen zu schaffen. Buchen und Eichen reagieren in einer Art Panikreaktion und tragen – quasi als letztes Aufbäumen gegen das Sterben – besonders viele Früchte. Die Masse an Bucheckern und Eicheln, dazu die Fülle an Mais auf den landwirtschaftlichen Flächen, das alles ist für die Wildschweine ein geradezu paradiesisches Nahrungsangebot. Gut genährte Sauen erreichen ein Jahr früher als gewöhnlich das Gewicht für eine Mutterschaft, und sie werfen gesunden, kräftigen Nachwuchs, der wiederum besser überlebensfähig ist. Und schließlich profitieren die Tiere sogar von den starken Winden und Sturmböen. Auf den sogenannten Sturmwurfflächen mit den umgeknickten Bäumen und abgerissenen, ineinander verkeilten Ästen finden die Tiere guten Schutz – auch vor Jägern, die den Bestand eigentlich wieder reduzieren sollen. Die gezielte Bejagung wird zusätzlich erschwert, weil im Winter aufgrund von Schneemangel die Spuren der Tiere nur noch schwer zu finden sind.

Auch der Bienenfresser, ein naher Verwandter von Eisvogel und Wiedehopf, fühlt sich in Deutschland immer wohler. Seine ursprüngliche Heimat ist der Mittelmeerraum, er ist also auf Wärme angewiesen. Nun entdecken Ornithologen die amselgroßen Tiere vermehrt in unseren Breitengraden. Die Erwärmung verhilft vielen Tierarten zu verbesserten Lebensbedingungen, was auch für zahlreiche Insektenarten gilt, über deren Artensterben die meisten Menschen vielleicht ganz froh gewesen wären. Der Borkenkäfer zum Beispiel konnte sich im warmen Sommer 2006 geradezu explosionsartig vermehren. Und den Dornfinger, eine Giftspinne, die als Krankheitsüberträger gefürchtet ist, entdecken Zoologen zunehmend auch in Deutschland. Sogar im Wasser gibt es eine tierische Völkerwanderung. Meeresbiologen zählten unlängst vor Italiens Küste 59 Fischarten, die aus dem Roten Meer stammen, darunter Barrakudas und Hammerhaie, auch tropische Quallen und Seepferdchen sind zu finden. Star, Stieglitz und Kiebitz machen sich inzwischen nicht mehr die Mühe, zum Überwintern nach Südfrankreich zu fliegen, sie bleiben in Norddeutschland, wo neuerdings die Temperaturen für die Ansprüche der Vögel offenbar ausreichen.

Aber nicht nur Wildschweine, Vögel und Käfer entwickeln sich prächtig – auch in der Wirtschaftswelt gibt es Gewinner, Unternehmen, Branchen und Bereiche, die sich über den Klimawandel freuen können. Auf der Internationalen Tourismusbörse ITB in Berlin im März 2008 präsentierte sich die gesamte Tourismusbranche optimistisch, schließlich gab es ein neues Rekordhoch zu feiern: 900 Millionen »Ankünfte«, sprich Reisen, habe es im Jahr 2007 weltweit gegeben, und damit 6 Prozent mehr als im Vorjahr. Auch die deutsche Reisebranche profitierte von der globalen Reiselust: Die Zahl der ausländischen Gäste war um 3 Prozent gestiegen. Doch nicht nur die Welt ist zu Gast bei deutschen Freunden, auch die Deutschen selbst machen zunehmend Urlaub im eigenen Land. Seitdem sich die Jahrhundertsommer aneinanderreihen, ist der sonnensichere Strandurlaub auch an Nord- und Ostsee möglich – wozu dann in die Ferne schweifen?

Von den wärmeren Sommern und einer längeren Saison im Frühjahr und Spätsommer profitieren vor allem die Küstenregionen. Dafür entdecken die Bergdörfer ihr Potenzial als Zentren des Sommersports und bieten Bergtouren, Wanderkurse und Paragliding-Kurse an – inklusive Schönwettergarantie.

In England und Norddeutschland können sich die Menschen bald auf heimische Weine freuen. Galt bislang das Saale-Unstrut-Gebiet als das nördlichste Weinanbaugebiet Europas, so reklamieren neuerdings Bauern aus Mecklenburg-Vorpommern diesen Titel für sich. Inzwischen ist es sogar in der deutschen Weinbauverordnung mit Zustimmung des Bundesrates festgehalten, dass das »Stargarder Land« die sonnenhungrigen Nutzpflanzen anbauen und den »Mecklenburger Landwein« offiziell vermarkten darf. Noch weiter nördlich, nämlich in Stralsund und in der Uckermark, aber auch im niedersächsischen Hitzacker, in Hamburg und Berlin wird bereits Wein angebaut. Man munkelt deswegen in Winzerkreisen, es gäbe demnächst ein weiteres deutsches Weinbaugebiet – und zwar in Norddeutschland.

In Sibirien, Kanada und Argentinien, in Nordeuropa und der Mongolei wird es – nach der großen Schneeschmelze an den Polarkappen – bald neue landwirtschaftliche Nutzflächen geben, und in Skandinavien frohlocken die Bauern obendrein, weil sich aufgrund der kürzeren und wärmeren Winter die Vegetationszeiten verlängern. Kanada darf sich gleich doppelt freuen: Es könnten bald nicht nur sehr viel mehr landwirtschaftliche Anbauflächen für Lebensmittel vorhanden sein, sondern mit 16 Grad Celsius jährlicher Durchschnittstemperatur könnte bald die Marke des »optimalen Urlaubszieles« erreicht sein, wie sie heute beispielsweise Barcelona verzeichnet. Auch Kanada könnte also in Zukunft weitaus mehr Touristen anlocken als bisher. Und noch von einem dritten Punkt profitiert das Land: Durch die steigenden Ölpreise ist der aufwendig und deshalb sehr teure Abbau der Sandölvorkommen des Landes lukrativ geworden. Andernorts ist nicht einmal das nötig. In Russland wird mit den steigenden Temperaturen auch die Erschließung bisher unzugänglicher Erdölvorkommen möglich sein.

Für die Schifffahrt bedeutet es eine erhebliche Ersparnis, dass die nur 5760 Kilometer lange Nordwestpassage, die nördlich von Amerika den Atlantik mit dem Pazifik verbindet, erstmals wieder vollständig schiffbar ist. Damit verkürzt sich der Seeweg von Europa nach Ostasien gegenüber der klassischen Route um mehrere tausend Kilometer. Das spart Zeit und Energie.

Klima-Darwinisten –
zynisch, arrogant und kurzsichtig

So könnte ich jetzt seitenlang weiterschreiben und Beispiel um Beispiel bringen, wer wo wie vom Klimawandel profitiert. Klimaskeptiker warten mit vielerlei positiven Effekten auf, um zu belegen, dass die derzeit herrschende Angst vor dem Klimawandel künstlich herbeigeredet werde. Haben Sie recht? Stimmt das Stammtischgerede, das allerorten zu hören ist, das Klagen über den Klimawandel sei selbstmitleidiges Gejammer derjenigen, die sich nicht umstellen wollen und unflexibel zeigen? Man müsse eben, statt Pullover zu stricken, T-Shirts nähen, wenn es wärmer wird.

Es sei doch unterm Strich besser, wie so mancher Klimaskeptiker allen Ernstes vorrechnet, wenn 35 000 Menschen in Europa den Hitzetod sterben – so geschehen während der Hitzewelle 2003 –, dafür aber im Winter so viel weniger Menschen erfrieren müssten. Denn allein in Großbritannien, wo es im Sommer 2003 rund 2000 Hitzetote gab, habe sich die Zahl der Kältetoten bereits dramatisch reduziert.

Das Leben sei nun mal kein Ponyhof, und in der Natur überlebten auch nur die Starken und Flexiblen. Gewinner und Verlierer gäbe es überall, also auch beim Klimawandel. Hamburg zum Beispiel könnte zu den Gewinnern im Wettbewerb der europäischen Hafenstädte gehören, wenn der Meeresspiegel um 5 Meter steigt! Kleiner Wermutstropfen für die Nichthamburger: Bremen, Rotterdam und Antwerpen wären allesamt komplett verschwunden. Hamburg würde also sozusagen durch die Hand der Natur und nicht aus besonderer Wirtschaftsleistung heraus zur wichtigsten Hafenstadt Europas aufsteigen.

Die Argumente dieser »Klima-Darwinisten« sind so einfach wie kurzsichtig. Abgesehen davon, dass es ausgesprochen zynisch ist, wenn ausgerechnet die glücklichen Gewinner im Klimaroulette arrogant-kaltschnäuzig auf die unglücklichen Klimaverlierer herabblicken, ist es überaus dumm zu glauben, man gehöre automatisch zu den Begünstigten, nur weil man zufällig am richtigen Zipfel der Welt lebt. Jeder Gewinner kann im nächsten Augenblick zum Verlierer werden: Was nützt es, wenn jemand dank der Erderwärmung in Mecklenburg-Vorpommern Wein anbauen kann, wenn seine Weinstöcke zweimal pro Jahr von golfballgroßen Hagelkörnern zerschlagen werden? Was nützen die langen Vegetationszeiten in Schleswig-Holstein, wenn die Böden vom salzigen Meerwasser unfruchtbar gemacht werden, weil die Deiche den gewaltigen Sturmfluten nicht mehr standhalten? Und wer mag an der Ostseeküste in der Sonne am Strand liegen, wenn man zur Abkühlung in ein algengrünes Meer voller ekliger Quallen springen muss?

Der Klimawandel kennt eben nicht nur Gewinner, sondern auch jede Menge Verlierer. Und die Wahrscheinlichkeit steigt – und zwar für jeden von uns –, auf der Verliererseite des Klimawandels zu stehen. Denn selbst wenn man sich flexibel und tat-kräftig den Herausforderungen einer sich ändernden Umwelt stellen will, muss man zunächst die Kosten für die erforderliche Anpassung tragen.

Zahlreiche Wintersportorte in den Alpen und Mittelgebirgen sind heute schon dabei, sich auf weniger Schneefall einzurichten. Die wichtigste technische Anschaffung neben dem Skilift ist dort inzwischen die Schneekanone. Wenn der Schnee nicht von allein fällt, muss man ihn notgedrungen künstlich herstellen. Das hat seinen Preis: Um einen Kilometer Skipiste dauerhaft mit Kunstschnee zu versorgen, so erfuhr die *Frankfurter Rundschau* beim Schweizer Tourismusverband, muss man 630 000 Euro für die Anfangsinvestitionen plus 40 000 Euro jährlich für den Betrieb aufbringen.

Die Betreiber der Andermatter Bergbahnen versuchen einen anderen Weg, indem sie im Sommer die Skigebiete im Gurschen-gletscher mit einer PVC-Spezialfolie abdecken. Die Folie soll die Sonne reflektieren, damit die Schneedecke nicht schmilzt. Diese innovative Pistenkühldecke kostet für ein 2500 Quadratmeter großes Stück Gletscher umgerechnet 64 000 Euro.

Während die höher gelegenen Orte noch mit halbwegs sicherem Schnee rechnen können, müssen die tiefer gelegenen Wintersportorte sich auf erhebliche ökonomische Einbußen einstellen.

Und dann gibt es Klimaschäden, von denen zwar nur vom Klimaschicksal zufällig ausgewählte Katastrophenopfer getroffen werden, deren Kosten aber letztlich von der nationalen Gemeinschaft – also auch vom klimabegünstigten Bauern in der sonnigen Provinz – zu tragen sind. Selbst wenn es am anderen Ende der Welt passiert – bei extremen Katastrophen ist die internationale Staatengemeinschaft aufgerufen zu helfen. Was sie zum Glück auch tut, meistens aus reiner Menschlichkeit, oft aber auch aus wirtschaftlichem Eigennutz. Denn Wirbelstürme, Waldbrände oder Erdbeben am anderen Ende der Welt haben auch Auswirkungen auf die Industrie in Europa. Als im Herbst 2007 starke Brände in Kalifornien wüteten, erschütterte das die gesamte Weltwirtschaft. Die Auswirkungen des Hurrikans Katrina im August 2005 schlugen sich in rasant gestiegenen Ölpreisen nieder. Der Hurrikan hatte im Golf von Mexiko zahlreiche Ölplattformen beschädigt, wodurch es zu einem Angebotsengpass auf dem amerikanischen Markt kam.

... und immer ist der Klimawandel schuld

Mit solchen Ereignissen kann niemand rechnen – aber sie werden infolge des Klimawandels mit Sicherheit immer häufiger eintreten, und damit sind hohe, sehr hohe finanzielle Belastungen vorprogrammiert. Wie hoch die Kosten sein werden, hängt davon ab, um wie viel Grad die Durchschnittstemperatur der Erde steigen und wie sich die Erderwärmung auf Wetter, Geologie, Vegetation und Bevölkerung auswirken wird. Eine Erwärmung von 2 Grad sei gerade noch zu bewältigen, sagt die Mehrheit der Klimaforscher. Aber kaum einer rechnet noch damit, dass es dabei bleiben wird. Denn so wie wir leben, wird sich die Erdtemperatur vermutlich um 4,5 Grad erhöhen. Was das in letzter Konsequenz bedeutet, versuchen Wissenschaftler in unterschiedlichsten Szenarien vorherzusehen. Aber leider kennt niemand die Zukunft.

Die aktuelle Häufung von Extremwetterereignissen und die damit einhergehenden Katastrophen in verschiedenen Ballungszentren der Erde geben uns aber möglicherweise ein Gefühl dafür, was uns erwartet.

Dem Hurrikan Katrina fiel die Jazz-Metropole New Orleans zum Opfer; bei der Katastrophe starben 1322 Menschen, eine viertel Million Einwohner wurde obdachlos, und die Schäden summierten sich nach Angaben der amerikanischen Regierung auf eine Höhe von 200 Milliarden Dollar.

Der Traumstadt Venedig steht – so formulieren es die Journalisten – schon jetzt das Wasser bis zum Hals, und der Meeresspiegel steigt zehnmal schneller als andernorts. Mit einem gigantischen Staudammprojekt will man durch mobile Fluttore die Stadt vom Mittelmeer abschotten. Bis 2014 soll der Bau beendet sein. Wenn alles klappt, wäre die Stadt dann durch ein Investment von etwa 4,3 Milliarden Euro vorerst gerettet.

Solche extremen Beispiele werden von den Medien gern aufgegriffen, wort- und bildreich verbreitet und nicht selten pauschal mit dem Klimawandel in Zusammenhang gebracht – tatsächlich können aber zum Beispiel der Tsunami in Indonesien 2006 und das Erdbeben in China 2008 natürlich nicht auf die Klimaveränderungen zurückgeführt werden. Für Laien ist es kaum mehr auseinanderzuhalten, welche Schäden klimabedingt sind und welche nicht.

Städte wie New York, Amsterdam oder Tokio seien dem Untergang geweiht, lesen wir in Magazinen, kleine Inseln und ganze Landstriche würden bald von der Landkarte verschwinden. Mindestens ein Fünftel aller Tier- und Pflanzenarten sei vom Aussterben bedroht, und große Teile der Weltbevölkerung würden einen Hungertod sterben. Und an alldem ist immer nur einer Schuld: der Klimawandel.

Der Hollywood-Film »The Day After Tomorrow« des deutschen Regisseurs Roland Emmerich zeigt in drastischen Bildern, wie die nördliche Erdhalbkugel binnen weniger Tage von einer Klimakatastrophe heimgesucht wird. New York geht in einer gewaltigen Flutwelle unter, Europa versinkt in einer neuen Eiszeit. Millionen Amerikaner sterben, ebenso viele flüchten sich mit letzter Kraft nach Mexiko. Die Bilder sind computeranimiert und so eindrucksvoll, dass sie den Menschen wie Reportagen und Berichte über reale Katastrophen im Gedächtnis bleiben.

Solche Inszenierungen und die fortlaufenden Schreckensnachrichten schockieren und rütteln auf und erzeugen zusätzliche Aufmerksamkeit für das Thema. Namhafte Experten warten mit klaren, verständlichen Zahlen auf, Fernseh- und Zeitungsredaktionen führen ihren Lesern bzw. Zuschauern in Text und Bild – einfach und schnell – vor, was der Klimawandel bedeuten kann und bedeuten wird. Nur leider hat der mediale Dauerbeschuss letztlich einen ganz anderen Effekt als erhofft: Die massiv vor Augen geführten Schreckensszenarien schockieren eine Zeitlang und führen dann zur Lähmung: Wenn die Apokalypse kommt, warum dann noch etwas unternehmen? Womit ein altbekanntes Muster wiederholt wäre: Erst wird ein Problem geleugnet, dann wird es verharmlost, und wenn es denn erkannt wird, folgt schnell die allgemeine Resignation.

Als Mitte der 1980er Jahre die ersten wissenschaftlichen Klimaforschungsberichte in Deutschland publiziert wurden, glaubte man, dem trockenen Fachthema durch anschauliche Illustrationen zu mehr Popularität verhelfen zu können. Schließlich wollte man im allgemeinen Medienlärm nicht untergehen. Man wollte einer hochkomplexen Wissenschaft zu breiter Bekanntheit verhelfen, um eine wichtige Botschaft, die dringend notwendige Energiewende, zu verkünden.

Das Nachrichtenmagazin *Der Spiegel* machte im August 1986 aus diesen ersten Klimaprognosen eine Titelgeschichte: »Die Klima-Katastrophe – Ozon-Loch, Pol-Schmelze, Treibhaus-Effekt: Forscher warnen«. Illustriert wurde die Schlagzeile mit einer Fotomontage vom Kölner Dom, der von Meerwasser umspült wird. Das brachte enormen Aufruhr, dem *Spiegel* eine hohe Auflage und den Forschern großen Ärger. Das sensationelle Bild vom Dom in der Nordsee entbehrte nämlich jeglicher wissenschaftlichen Grundlage, und damit war die Tür für all jene Skeptiker aufgestoßen, die die Panikmache kritisierten – zu Recht!

Die Wissenschaftler haben aus diesem kommunikativen Crashkurs vom Elfenbeinturm zum Boulevard gelernt und halten sich seither in ihren Äußerungen bewusst zurück; und auch die Medien haben dazugelernt, zumal die Realität inzwischen ausreichend dramatische Fakten liefert, so dass reißerische Fotomontagen gar nicht mehr nötig sind, um die Öffentlichkeit zu beeindrucken.

Jetzt sind es nur noch Künstler, die ihre kreative Freiheit nutzen, um die oft so vorsichtig formulierten wissenschaftlichen Erkenntnisse in drastische Bilder zu übersetzen. Der französische Student Yannick Monget illustriert per Computeranimation, wie zum Beispiel eine Hitzewelle den grünen Rasen vor dem Berliner Reichstag in staubigen, rissigen Lehmboden verwandelt. Auch er thematisiert den Anstieg der Meeresspiegel, nur ist es nicht der Kölner Dom, sondern der Schiefe Turm von Pisa, der in der Meeresbrandung steht – was nicht ganz aus der Luft gegriffen ist. Dass auch der Eiffelturm im Atlantikwasser steht, wirkt bizarr, ist aber ebenfalls keine wahnwitzige Science-Fiction-Fantasie. Zwar ist die Bedrohung derzeit nicht akut, aber theoretisch könnte das Pariser Becken tatsächlich von Atlantikwasser geflutet werden.

Sieht harmlos aus, wird aber richtig teuer

Die wissenschaftliche Realität ist weitaus weniger spektakulär. Hier gibt es keine zerstörten Häuser und schwimmenden Lastwagen, keine untergegangenen Traumstädte, sondern Zahlen, Daten und Rechenergebnisse. Leider alles sehr komplex und für den Laien schwer verständlich, aber leider klingt alles auch ausgesprochen harmlos. Zur Verdeutlichung:

In seinem dritten Klimabericht hat das IPCC eine Liste extremer Klimaereignisse zusammengestellt und drei von ihnen mit »sehr hoher Wahrscheinlichkeit«, also mehr als 90 Prozent, kategorisiert:

1. Es wird höhere maximale Tagestemperaturen und mehr heiße Tage und Hitzewellen geben.
2. Es wird weniger kalte Tage und die Reduktion von Kältewellen geben.
3. Es wird eine höhere Anzahl extremer Regenfälle geben.

Diesen drei Klimaereignissen ordnet das IPCC 15 Folgen zu, und keine von ihnen klingt nach Weltuntergang (siehe Tabelle Seiten 54/55).

Nur wer genauer hinsieht, erkennt, dass in den Folgen dieser undramatischen Klimaereignisse durchaus dramatische Kosten stecken, nämlich an Tausenden von Orten unzählige kleine oder große Schäden, die sich zu gewaltigen Beträgen summieren. Um es an einigen wenigen Beispielen vorzuführen:

■ Mehr heiße Tage und Hitzewellen führen beispielsweise zu einer höheren Belastung vor allem älterer Menschen. In Regionen, in denen man sich nicht in vollklimatisierte Supermärkte oder Büros – für die sehr viel teure Energie gebraucht wird – zurückziehen kann, wird es darum häufiger zu hitzebedingten Todesfällen oder ernsthaften Erkrankungen kommen.

■ Mehr heiße Tage und Hitzewellen sind nicht nur für Menschen ein Problem, auch Tiere können nur bedingt hohen Temperaturen ausgesetzt werden. Viehzüchter müssen sich darauf einstellen, dass ihre Tiere mit Hitzestress zu kämpfen haben. Landwirte, die sich keine gekühlten Ställe leisten können, müssen mit vermehrten Todesfällen bei ihren Kühen, Schweinen, Hühnern oder Schafen rechnen. Und es mag vielleicht volkswirtschaftlich nicht relevant sein, aber für das einzelne Herrchen dürfte auch der Hitzetod des geliebten Cockerspaniels nicht ohne Bedeutung sein.

- Mehr heiße Tage und Hitzewellen bedeutet für Landwirte drohende Ernteausfälle, was vor allem die Farmer in ohnehin schwer zu bewirtschaftenden Regionen Afrikas treffen dürfte. Am Horn von Afrika, wo man in gewisser Weise geübt darin ist, mit langen Dürreperioden zurechtzukommen, verkürzen sich durch den Klimawandel jedoch die Abstände von einer Dürre zur nächsten, so dass sich Viehbestände und Vegetation nicht mehr erholen können. In der letzten großen Dürrekatastrophe 2006 drohten laut Welternährungsprogramm allein in Kenia 2,5 Millionen Menschen zu verhungern. Weil der Regen in der gesamten Region ausblieb, litten in Kenia, Somalia, Dschibuti und Äthiopien insgesamt mehr als 11 Millionen Menschen an Hunger. Die internationale Gemeinschaft brachte, als der kenianische Präsident den Notstand ausrief und um Hilfe bat, 150 Millionen US-Dollar für Nahrung, Medikamente und andere Hilfen auf.

- Mehr heiße Tage und Hitzewellen bringen auch in Deutschland zwar nicht so dramatische, aber für den einzelnen Forst- oder Landwirt doch außer erhöhter Waldbrandgefahr ebenfalls spürbare Ernteausfälle: Worüber die Fußballfans sich während der Weltmeisterschaft 2006 in Deutschland gefreut hatten, war dem Deutschen Bauernverband Grund zur Klage: lang anhaltender Sonnenschein, der die Erntebilanz zur Enttäuschung machte. Bei der Gerste hatte man aufgrund der langen Trockenzeit ein Viertel weniger Ertrag eingefahren, und beim wichtigsten Getreide, dem Weizen, war die Ernte um 13 Prozent geringer ausgefallen. Auch die Kartoffelernte ließ zu wünschen übrig. Da die Knollen nicht genug Wasser bekommen hatten, fielen sie kleiner aus, weswegen es zu einem Engpass bei Pommes-frites-Lieferungen kam. Keine Hungersnot, aber doch spürbar im Portemonnaie: 200 Millionen Euro kostete der heiße Sommer die deutsche Landwirtschaft. Zum Glück glichen sich die Defizite volkswirtschaftlich durch eine

Beispiele extremer Klimaereignisse und die Auswirkungen (positiv und negativ)

Extremes Klimaereignis	Wahrschein-lichkeit	Auswirkungen
Höhere maximale Temperaturen. Mehr heiße Tage und Hitzewellen	sehr hoch	■ Ansteigende Zahl der Todesfälle und ernsthafter Erkrankungen älterer Personen, vor allem in armen Regionen ■ Anstieg von Hitzestress bei Tieren ■ Verschiebung der Touristengebiete ■ Anstieg des Risikos von Ernteschäden ■ Reduktion der Energieversorgungs-sicherheit ■ Anstieg der Energienachfrage für Kühlung
Weniger kalte Tage und Reduktion von Kältewellen	sehr hoch	■ Verminderte Sterbewahrscheinlich-keit durch weniger kalte Tage ■ Verminderte Risiken der Ernteausfälle ■ Anstieg der Ausbreitung »tropischer« Krankheiten ■ Vermehrte Ausbreitung von Schädlingen ■ Reduzierte Energienachfrage für Heizen
Höhere extreme Regenfälle	sehr hoch	■ Anstieg der Schäden durch Überflutungen, Erdrutsche, Lawinen ■ Anstieg der Bodenerosion ■ Erhöhte Entschädigungszahlungen des Staates ■ Anstieg des ökonomischen Risikos für Versicherungsunternehmen
Anstieg der Sommer-trockenheit und Risiken von Dürren	hoch	■ Reduzierte Ernteerträge ■ Anstieg der Gebäudeschäden durch Bodenbeschaffenheits-änderungen und -verminderungen ■ Reduzierte Wasserressourcen und verschlechterte Wasserqualität ■ Anstieg des Risikos durch Waldbrände

Extremes Klimaereignis	Wahrschein-lichkeit	Auswirkungen
Anstieg der Windintensitäten von Wirbelstürmen Anstieg der mittleren und höchsten Regenfälle (in manchen Regionen)	hoch	■ Erhöhtes Risiko für das Menschenleben ■ Anstieg der Risiken für Krankheiten und Epidemien ■ Anstieg der Küstenerosion und Schäden an Gebäuden und Infrastruktur in Küstennähe ■ Anstieg der Schäden der Ökosysteme an der Küste (wie Korallenriffe und Mangroven)
Im Zusammenhang mit El-Niño-Effekten intensivierte Fluten und Dürren	hoch	■ Reduzierte landwirtschaftliche Produktivität in Dürreregionen und Überschwemmungsgebieten ■ Anstieg der Schäden in Mittelasien ■ Reduzierte Wasserressourcen in Dürreregionen
Anstieg der Monsunregenschwankungen in Asien	hoch	■ Anstieg der Überflutungen und Dürren
Anstieg der Intensität der Stürme am mittleren Breitengrad	niedrig	■ Anstieg des Risikos für Leben und Gesundheit ■ Anstieg der Wohlfahrtseinbußen und Anstieg der Infrastrukturschäden ■ Anstieg der Schäden in Küstenzonengebieten

Quelle: IPCC, 2007

gute Apfel- und Birnenernte aus, auch die Winzer waren zufrieden, so dass das Gejammer nicht allzu groß war.

Bei alledem geht es nicht um Leben und Tod, um Weltuntergang oder Weltrettung, sondern um Geld. Je nachdem, wie der Klimawandel verläuft, kommt am Ende und unterm Strich mehr oder weniger heraus – nur wie viel? Und was muss man tun, um zu den Gewinnern zu gehören statt zu den Verlierern?

Klimazahlen für die Schlagzeilen

Mehr als die Frage, ob wir auf eine Apokalypse zusteuern oder nicht und welche moralischen Implikationen eine solche Frage hat, beschäftigt uns Volkswirte die nüchterne Kosten-Nutzen-Kalkulation. Was kostet und was bringt der Klimawandel? Ist ein Szenario denkbar, in dem wir am Ende mehr profitieren, als wir bezahlen?

Um diese Fragen zu beantworten, beauftragte im Juli 2005 die britische Regierung den Wissenschaftler Sir Nicholas Stern, die volkswirtschaftlichen Auswirkungen des Klimawandels zu berechnen – für Großbritannien und die ganze Welt.

Stern war über zwanzig Jahre als Professor der Volkswirtschaftslehre an verschiedenen Universitäten tätig, dann Mitte der 1990er Jahre Chefökonom der Europäischen Bank für Wiederaufbau und Entwicklung und von 2000 bis 2003 Chefökonom der Weltbank. Der damalige Premierminister Tony Blair und der Schatzkanzler der britischen Regierung, Gordon Brown, beauftragten also nicht irgendwen, sondern einen ausgewiesenen Experten, dessen Urteil man nicht einfach vom Tisch wischen konnte. Stern scharte ein Team von gut zwei Dutzend Wissenschaftlern um sich, die wiederum Gespräche mit Volkswirten rund um den Globus führten. Stern wollte möglichst aktuelles und möglichst umfassendes Datenmaterial aus der ganzen Welt verarbeiten. Auch ich saß in einem seiner vielen Workshops und ließ meine aktuellen Forschungsergebnisse in Sterns Bericht einfließen.

Am 30. Oktober 2006 veröffentlichte Stern seine Ergebnisse in einem siebenhundert Seiten starken Bericht. Sein Fazit: Der Klimawandel wird erhebliche volkswirtschaftliche Kosten verursachen, bis zum Jahre 2100 zwischen 5 und 20 Prozent des Bruttosozialprodukts. Das heißt, schlimmstenfalls würde ein Fünftel des Welteinkommens, ein Fünftel dessen, was in der Welt insgesamt verdient wird, in den hundert Jahren gebraucht, um die Folgekosten des Klimawandels zu bezahlen.

Um die Zahl zu verdeutlichen, sei daran erinnert, dass die Weltwirtschaftskrise von 1929 mit einem Ausmaß von lediglich 1 Prozent des damaligen Bruttosozialprodukts die Zeit der »Goldenen Zwanziger« beendete und die Industrienationen mehr als erschütterte. Damit einher gingen Unternehmenspleiten, massive Arbeitslosigkeit und ein Wertverfall des Geldes. Was diese Deflation für die einzelnen Familien bedeutete, davon wusste meine Großmutter mir noch eindrücklich zu erzählen: Man ging morgens mit ein paar Reichsmark los, um Brot für die Familie zu kaufen, aber wenn man beim Bäcker angekommen war, war das Geld schon viel weniger wert und reichte nicht mal mehr für ein Brötchen.

Schon Sterns Szenario, das sich bereits als zu vorsichtig erwiesen hat, würde also bedeuten, dass der Klimawandel die weltweiten Volkswirtschaften in eine heftige Depression führt – und zwar nicht erst in ferner Zukunft. Schon die nächste Generation, die heutigen Kinder und Jugendlichen, würde das alles erleben.

Der Auftraggeber der Studie, Premierminister Tony Blair, bezeichnete den Stern-Report als den wichtigsten Bericht seiner Regierungszeit. Großbritannien bemüht sich schon seit vielen

Jahren um wirkungsvollen Klimaschutz, und Blair war dabei stets einer der entschlossensten Vorreiter. Insofern kamen ihm die Ergebnisse des Stern-Reports gerade recht. So hatte er bei der Weltklimakonferenz in Nairobi gewichtige Argumente in der Hand und eine große Medienöffentlichkeit im Rücken. Beim Stern-Report gab es – im Sinne einer gelungenen Öffentlichkeitsarbeit – ein perfektes Zusammenspiel von prominentem Auftraggeber, prominentem Gutachter und beeindruckenden Aussagen.

Natürlich sorgten diese spektakulären Ergebnisse weltweit für Schlagzeilen – und genau das war auch die Absicht, die die britische Regierung verfolgte, als sie das Gutachten in Auftrag gab. Deswegen lag die Kritik nahe, Stern sei von extrem pessimistischen Szenarien ausgegangen, um möglichst drastische Werte vorlegen zu können.

Doch der Stern-Bericht war keineswegs der erste und blieb auch nicht der einzige, der solche Zahlen präsentierte. Die Kosten des Klimawandels hatte schon mehr als zehn Jahre zuvor der amerikanische Wirtschaftsprofessor William D. Nordhaus berechnet: Nordhaus war einer der ersten Ökonomen, die sich mit Klimaschäden beschäftigten. Als Mitglied des Wirtschaftsbeirates des amerikanischen Präsidenten Jimmy Carter hatte er Ende der 1970er Jahre erstmals moderne Themen wie Ökologie, Energie und Klima in die wirtschaftspolitischen Überlegungen eingebracht. 1995 präsentierte er als anerkannter Ökonom eine Schadensschätzung des Klimawandels und kam bei seinen Berechnungen zu ähnlichen Klimakosten wie Stern, wenngleich im Worst-Case-Szenario geringer, nämlich nur bis zu 10 Prozent des Bruttosozialprodukts. Aber auch das wäre immer noch zehnmal mehr als das eine Prozent des Bruttosozialprodukts, das die im letzten Jahrhundert schlimmste Weltwirtschaftskrise Ende der 1920er Jahre an Kosten verursachte. Auch mein bereits erwähnter Mentor Alan Manne von der Stanford University hat

Schäden in % des globalen Bruttosozialprodukts

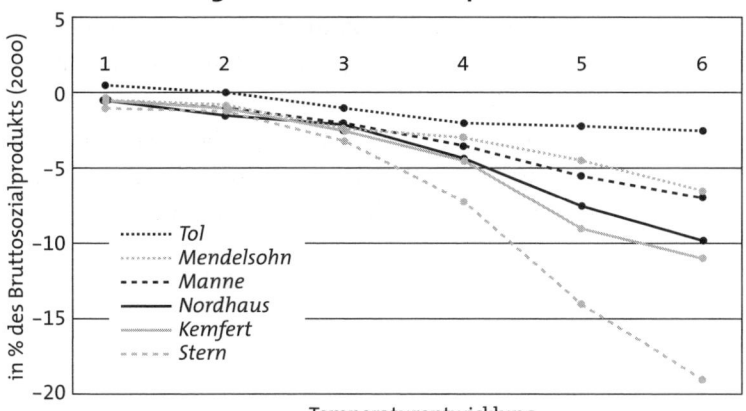

Quelle: Kemfert, 2007 Temperaturentwicklung (in °C im Vergleich zum vorindustriellen Niveau)

sich mit den ökonomischen Folgen des Klimawandels beschäftigt, und genau wie Nordhaus und Mendelsohn hat er eine ganze Bandbreite wirtschaftlicher Schäden berechnet, die vom Klimawandel verursacht werden. Mannes Grundlagen fließen bis heute in meine Berechnungen ein.

Ein anderer Klima-Ökonom, der Holländer Richard Tol, der heute am Institute for Economic and Social Research in Dublin tätig ist, gehört zu den stärksten Kritikern des Stern-Reports. Doch obwohl Tol seinem Kollegen Stern den üblichen Vorwurf der »Panikmache« entgegenhält und beispielsweise die positiven wirtschaftlichen Effekte für Russland sehr viel höher einschätzt, kommt auch er selbst in seinen Modellrechnungen auf Klimawandelkosten von immerhin 2 bis 3 Prozent des Bruttosozialprodukts. Auch nicht gerade ein Pappenstiel!

Die zitierten Professoren und die vielen anderen volkswirtschaftlichen Studien, die in den letzten Jahren zur Frage der Klimakosten entstanden sind, kommen alle zum selben Ergebnis: Alle positiven Effekte des Klimawandels und alle negativen zusammengerechnet ergeben unterm Strich ein negatives Ergeb-

nis. Insofern gibt es also genügend wissenschaftlich Überein-
stimmung, um definitiv sagen zu können: Der Klimawandel kostet Geld, viel Geld, so viel Geld, dass es sich lohnt, darüber nachzudenken, wie man dieses viele Geld sparen kann.

Aber wie kann es sein, dass nicht nur die drei genannten
renommierten Wissenschaftler, sondern auch die übrigen Experten zu so unterschiedlichen Ergebnissen kommen?

4. Klimakosten – es geht immer nur ums eine!

Der Kostenkorridor

Viele Eltern werden aus eigener Erfahrung wissen, wie schwierig es ist, das Taschengeld zu kalkulieren, das man dem Sohn oder der Tochter mit auf Klassenfahrt gibt. Wie oft geht die Gruppe ins Museum? Was kostet die Busfahrkarte, was das Eis am Straßenrand? Schmeckt dem Kind das Essen in der Jugendherberge, oder muss es sich irgendetwas anderes besorgen? Was, wenn das Mädchen sich die Hose zerreißt und Ersatz braucht? Was, wenn der Junge sein Shampoo verschüttet und neues kaufen muss? Die Liste möglicher Ereignisse, bei denen das Kind Geld brauchen könnte, ist lang, und in keinem Fall kennt man die genauen Kosten, kann man immer nur aufgrund vorheriger Erfahrungen schätzen und kalkulieren.

Wer lange genug nachdenkt und sich mit anderen Eltern berät, findet irgendwann einen »Von-bis«-Betrag, eine Art Taschengeld-»Korridor«, in dem sich alle Eltern bewegen. Die sparsamen geben dem Kind wenig Geld mit, die großzügigen viel und die vorsichtigen noch eine Notration für den Ernstfall extra.

So ähnlich funktioniert auch die Kostenkalkulation für den Klimawandel. Es gibt ein paar Fixpunkte und eine Menge Variablen. Je nachdem, von welchen Daten man ausgeht und wie die

Modelle aufgebaut sind, kommt man zu unterschiedlichen Ergebnissen. Dann wird gestritten und diskutiert, man zankt um dieses oder jenes Detail, attackiert sich wechselseitig mit heftigen Argumenten, wirft sich diese oder jene Nachlässigkeit vor und erweckt so in der Öffentlichkeit den Eindruck, dass der jeweils andere ein totaler Dilettant ist oder zumindest nicht rechnen kann. Der Eindruck täuscht. So schlimm ist es nämlich gar nicht. Der Streit gehört zur Wissenschaft dazu wie das Salz in der Suppe.

Alle Wissenschaftler arbeiten und forschen mit sehr großer Transparenz. In der Veröffentlichung unserer Ergebnisse zeigen wir selbstverständlich immer, wie wir zu ihnen gekommen sind. Solche zur Diskussion gestellten Resultate werden dann äußerst kritisch unter die Lupe genommen, aber nicht zwangsläufig komplett in Frage gestellt. Im Sinne der wissenschaftlichen Optimierung weisen wir uns wechselseitig sehr deutlich auf Defizite und Fehleinschätzungen hin, zum Beispiel wenn in einem Modell dieser oder jener Aspekt vernachlässigt wurde. Um es konkret zu machen:

Einer der ernst zu nehmenden, von vielen Ökonomen vorgebrachten Kritikpunkte an dem Stern-Report war der, dass Stern in seinen Berechnungen mit ungewöhnlich niedrigen »Diskontierungssätzen« operiert hat. Diskontierungssatz nennt man den Faktor, mit dem man bei Langzeitmodellen den Einfluss der Inflation herausrechnet. Beim Klimawandel kalkulieren wir sehr weit in die Zukunft voraus. Wir können aber nicht davon ausgehen, dass unser Geld 2050 noch genauso viel wert ist wie heute, wir also für 100 Euro genauso viel Ware kaufen können wie jetzt. Nun kennen wir die Inflationsrate der Zukunft aber noch nicht, wir müssen also eine Inflation annehmen – und eben das ist der Diskontierungssatz.

Wenn Stern in seinem Modell mit einem niedrigen Satz rechnet, dann tut er so, als wenn im Jahr 2100 ein Euro immer noch – sagen wir – 90 Cent wert ist. Das hieße, dass der Geldwert bis zum Ende des Jahrhunderts praktisch unverändert bleibt. Bei einem hohen Diskontierungssatz würde der Wert des Euro aber nur noch – sagen wir – bei lediglich 50 Cent liegen. Alle im Modell errechneten Kosten schlagen immer nur reduziert um den Diskontierungssatz zu Buche. Wäre der Euro 2100 tatsächlich nur noch 50 Cent wert, würde jede bis dahin errechnete Schadensmilliarde also nur mit einer halben Milliarde zu Buche schlagen. Abhängig vom jeweiligen Geldwert sind die errechneten Kosten deswegen unterschiedlich hoch.

Nordhaus geht von höheren Diskontierungssätzen aus und kommt dementsprechend zu wesentlich geringeren Kosten, landet aber immerhin noch bei 5 Prozent des Bruttosozialprodukts. Ein Ergebnis, das auch Stern für durchaus möglich hält, wenn auch als geringsten möglichen Wert.

Wenn zum Beispiel jemand heute 15 Euro ausgibt, um die 20 Euro Klimakosten von morgen zu sparen, stellt sich die Frage, ob die 20 Euro morgen nicht in Wahrheit nur noch 10 wert sind und unser Klimaschützer ein schlechtes Geschäft gemacht hat. Der Klimaschutz hat ihn dann nämlich 5 Euro mehr gekostet, als der Klimawandel ihn je gekostet hätte.

Wer klebt das Preisschild an den Hurrikan?

Um zu verstehen, warum die jeweils mit wissenschaftlicher Akribie ermittelten Ergebnisse so weit auseinandergehen, muss man wissen, wie wir Experten methodisch arbeiten.

Zunächst gehen wir alle von Werten der Vergangenheit aus. Seit Jahrzehnten werden von verschiedensten Instituten und Einrichtungen die Daten der diversen Volkswirtschaften gesammelt und als Statistiken veröffentlicht. Den Wissenschaftlern liegen deswegen Zahlen aus allen möglichen Sektoren vor, sei es aus der Landwirtschaft, dem Energiemarkt, dem Beschäftigungssektor oder von wo auch immer – Zahlen aus allen Ländern der Welt, zu allen möglichen Aspekten der Wirtschaft.

So wissen wir zum Beispiel auch, was ein Hurrikan oder ein Hochwasser an Kosten verursacht, weil diese Kosten in der Vergangenheit bereits entstanden sind. Genauso wie beim Beispiel der Klassenreise die Eltern relativ genau wissen, was üblicherweise eine neue Kinderhose kostet oder eine Flasche Shampoo.

Der Unterschied ist aber der, dass man zur Not, wenn man die Preise von Hose oder Shampoo nicht im Kopf hat, in den nächsten Laden gehen und sie herausfinden kann. Aber am Hochwasser und am Hurrikan klebt in der Regel kein Preisschild.

Hauptsächlich sind es Versicherungsunternehmen, die sich mit den finanziellen Folgen von Umweltschäden beschäftigen und genau berechnen, was eine Naturkatastrophe kostet. Sie sind es schließlich, die von den Hausbesitzern zur Erstattung der Kosten aufgefordert werden, wenn der Keller unter Wasser steht oder der Wirbelsturm die Ziegel vom Dach gerissen hat. Insofern werden in diesen Kalkulationen alle direkt versicherten Schäden zusammengerechnet.

In den ärmeren Regionen der Welt werden selten Hausrats-, Feuer- oder sonstige Versicherungen abgeschlossen. Dort auftretende Schäden werden dementsprechend von den Versicherungen nicht wahrgenommen und fließen deswegen auch in Kalkulationen über die wirtschaftlichen Folgen des Klimawandels nicht mit ein. Und selbst wenn sie nicht ganz übergangen werden, tauchen die Klimaschäden der ärmeren Länder meist erheblich unterbewertet auf. Schließlich ist es aus Sicht des Mitteleuropäers viel billiger, eine Holzhütte am Kongo wiederaufzubauen, als die Millionärsvilla an der Elbe. Ein Dollar ist für einen armen Afrikaner der Monatslohn, während der reiche Amerikaner so viel als Trinkgeld auf dem Bartresen liegen lässt. Deswegen berechnen die meisten Wissenschaftler die Kosten nicht in absoluten Zahlen, sondern in Relation zum Brutto-sozialprodukt. Ist das niedrig, fallen auch niedrige Klimakosten ins Gewicht.

Die Versicherungsschäden sind aber nur ein erster Indikator. Zusätzlich sollte in der Kostenkalkulation mitberücksichtigt werden, dass auch Schäden an der Infrastruktur – kaputte Straßen, Dämme oder Brücken –, in der Landwirtschaft – überschwemmte Äcker und abgebrannte Wälder – und in der Natur – zerstörte Brutgebiete oder Biotope – sowie Krankheiten durch Seuchen und sogar Todesfälle auftreten. Diese Schäden müssen vom Staat oder der Gemeinschaft behoben und bezahlt werden. Diese Ausgaben fehlen der Volkswirtschaft an anderer Stelle: Wer Deiche bauen muss, hat kein Geld mehr für Theater oder Sportvereine; wer Straßen reparieren muss, kann keine Kindergärten oder Schulen bauen.

Würde man in dieser Weise alle Kosten einberechnen, wäre der Schaden des Hurrikans Katrina in den USA insgesamt mit 450 Milliarden Dollar zu beziffern, etwa 2 bis 3 Prozent des amerikanischen Bruttosozialprodukts des Jahres 2005. Das entspricht in der Summe ungefähr dem, was der Irak-Einsatz die Vereinigten Staaten bis heute gekostet hat. Mit der gleichen Summe könnte man – wie es eine ambitionierte Mission technisch bereits bis ins Detail geplant hat – im Jahre 2029 erstmals eine Astronautencrew zum Mars schicken.

Das »Jahrtausendhochwasser« an Donau, Elbe, Moldau, Inn und Salzach im Jahr 2002 hat länderübergreifend Deutschland, Österreich und Tschechien getroffen. Allein in Deutschland haben sich die Schäden nach Berechnungen der Münchener Rück auf 9,2 Milliarden Euro belaufen. Das waren 0,46 Prozent des deutschen Bruttosozialprodukts, das sich 2002 auf etwa 2 Billionen Euro belief.

Trotzdem: Selbst wenn man das alles berücksichtigt, lässt sich für den Klimawandel immer noch keine eindeutige Kostenbilanz ziehen. Wir rechnen mit Zukunftsereignissen, das heißt also mit Unbekannten. Wir wissen heute nicht, wie viele Häuser und Autos bei einem Sturm von umfallenden Bäumen zerstört werden. Dass beim Orkan 2007 die Deutsche Bahn zeitweise ihren Betrieb einstellen musste und ein Stahlträger aus dem neuen Berliner Hauptbahnhof gerissen werden würde, hätte niemand von uns vorhersehen können. Die durch Klimaveränderung zu erwartenden Schäden sind im Grunde also nicht berechenbar. Als Folgen des Klimawandels sind sie noch schwerer abzuschätzen als dieser selbst, da sie in einem noch größeren Geflecht von Unwägbarkeiten stattfinden.

Alle Klima-Ökonomen müssen deswegen mit Wahrscheinlichkeiten rechnen und sich darauf verlassen, dass einmal aufgetretene Kosten in der Vergangenheit auch in Zukunft ähnlich ausfallen werden. Die Eltern gehen bei der Klassenfahrt nur von Überraschungen im »Normalbereich« aus und veranschlagen keine Besonderheiten, die jenseits davon liegen. Selbst relativ wahrscheinliche Ereignisse, wie zum Beispiel, dass der Sohn sein Portemonnaie verliert oder ein Teil seines Geldes gestohlen wird, wird man bei der Taschengeldkalkulation nicht mehr berücksichtigen. Ökonomen jedoch würden auch solche Ereignisse mit einkalkulieren, indem sie die Wahrscheinlichkeit berücksichtigen, mit der solch ein Ereignis auftritt.

Der Vergangenheits-TÜV

Wirtschaftswissenschaftler arbeiten mit mathematischen Computermodellen, die von bestimmten Daten ausgehen und mit bestimmten Parametern arbeiten. Simpel formuliert heißt ein solches Modell zum Beispiel: $a + b = x$. Um x zu bestimmen, müssen die Parameter a und b bekannt sein. Wenn $a = 2$ und $b = 3$ ist, dann gilt: $x = 5$.

Die Modelle der Umweltökonomen sind als abstrakte Abbildungen einer komplexen Wirklichkeit natürlich deutlich komplizierter. Hier wird sozusagen die ganze Welt in Zahlen und mathematischen Zeichen dargestellt. Selbstverständlich bleiben dabei einige Unwägbarkeiten unberücksichtigt. Aber trotz solcher Vereinfachungen sehen die Formeln der Volkswirte hochkompliziert aus. Und wenn die Verlagslektorin es nicht streicht, steht hier jetzt beispielhaft eine Formel, mit der wir arbeiten, um die Schäden zu berechnen – Tausende dieser Art ergeben ein Modell:

$$\Delta \text{Kosten}_t^\tau = \alpha_t^\beta \cdot (\Delta \text{Temp}_t^\beta \cdot \frac{Y_t^\gamma}{Y_0^\gamma}) + AK_t^\gamma$$

Für die mathematisch Interessierten unter Ihnen: Die Funktion zeigt die Summe aller Ausgaben durch den Klimawandel für ein bestimmtes Land bzw. eine Region. Zeigen wollte ich damit nur, dass und wie unsere Modelle ökonomische Zusammenhänge mathematisch abbilden.

Wenn beispielsweise ein Unternehmen ein Produkt zu einem bestimmten Preis anbietet, der Kunde aber nur einen geringeren Preis dafür bezahlen möchte, dann pendelt sich im freien Wettbewerb irgendwann ein Marktpreis ein. Gibt es keinen freien Wettbewerb, sondern wie etwa im Ölmarkt ein Anbieterkartell, dann können die Anbieter die Preise unabhängig von der Nachfrage festsetzen. Auch derlei bilden wir im Modell nach.

Verknüpft man diese Modelle mit den diversen volkswirtschaftlichen Daten und den wahrscheinlichen Ereignissen, die die Naturwissenschaftler vorhersagen, kann man relativ leicht unterschiedliche Szenarien für die Zukunft entwickeln. Ob diese Modelle stimmen, kann erst im Nachhinein abschließend beurteilt werden. Weil niemand weiß, was in Zukunft passieren wird, sind wir gezwungen, mit Annahmen und Wahrscheinlichkeiten zu arbeiten. Als Prüfstein für unsere Modelle dienen zum einen die kritischen Wissenschaftler, die sehr genau verfolgen, was ihre Kollegen in den Fachmedien publizieren (dürfen), und zum anderen die Vergangenheit. Nur wenn ein Modell detailliert abbilden kann, was in der Vergangenheit passiert ist, ist es ein gut funktionierendes Modell, und taugt ergo auch für Zukunftssimulationen. Nur mit intensivem Qualitäts-Check durch internationale Wissenschaft und bestandenem Vergangenheits-TÜV findet ein Modell überhaupt wissenschaftlich Berücksichtigung, beispielsweise im Gutachterteam des IPCC.

Wie viel ist ein langes Leben wert?

In Stanford habe ich 1997 angefangen, ein Simulationsmodell zu entwickeln, das ich 2002 veröffentlichte und mit dem ich seither arbeite: WIAGEM enthält nicht nur die üblichen Ökonomie- und Klimamodelle, sondern obendrein ein Modell der Handelsbeziehungen. Das heißt, ich berücksichtige darin die einzelnen Märkte einzelner Länder. Deutschland zum Beispiel ist in hohem Maße ein Exportland und damit sehr stark von den Devisenmärkten abhängig. Ist der Euro hoch, verkaufen wir weniger; ist der Euro niedrig, verkaufen wir mehr. Das Modell berücksichtigt viele solcher Besonderheiten und simuliert die Volkswirtschaften der ganzen Welt, und zwar über einen Zeitraum von hundert Jahren. Wir rechnen also aus, wie sich der Klimawandel überall auf der Welt bis 2100 wirtschaftlich auswirkt, und entwickeln dabei jeweils eigene Szenarien für Afrika, Asien, Europa, Japan, Lateinamerika, den Nahen Osten und die USA.

Will man berechnen, was die globale Erderwärmung und das Ansteigen des Meeresspiegels volkswirtschaftlich bedeuten, spielen – wie ich später genauer erläutern werde – auch die Energiemärkte und ganz besonders der Ölmarkt eine wichtige Rolle: Was passiert, wenn fossile Energien zu teuer werden? Was, wenn nur noch erneuerbare Energien zur Verfügung stehen?

Das Modell berechnet die möglichen Kosten in Etappen gestaffelt und bewegt sich in Fünfjahresschritten. Dadurch können wir sehr genau abbilden, was innerhalb solch relativ kurzer Zeiträume passieren wird. Die Diskontierungssätze haben in diesem Modell einen sehr viel geringeren Einfluss als in den Modellen von Stern oder Nordhaus, die erheblich größere Zeiträume betrachten. Das WIAGEM-Modell bewegt sich von Zeitschritt zu Zeitschritt und berechnet die einzelnen Effekte »step by step« und bewusst nicht über einen langen Zeitraum von fünfzig oder hundert Jahren. Konkret: In meinem Modell macht sich ein Unternehmer Gedanken über die jeweils kommenden fünf Jahre und entscheidet in diesem Zeitraum. In Sterns Modell muss er die Entwicklungen der kommenden hundert Jahre kennen und richtet seine Entscheidungen von heute an dieser weit entfernten Zukunft aus.

In WIAGEM fließen also sehr detailliert zahlreiche Aspekte ein, die in anderen Modellen gar nicht erst berücksichtigt werden: Steigt beispielsweise der Ölpreis, trifft das zunächst die Autofahrer, aber ebenso die energieintensive metallverarbeitende Industrie, deren Zulieferer und schließlich die Konsumenten der Produkte, die dann wiederum weniger Geld zur Verfügung haben für andere Konsumgüter, und so weiter. Die weltweite Kette von Abhängigkeiten ist in Zeiten der Globalisierung extrem lang und extrem einflussreich!

WIAGEM berücksichtigt auch, welche Kosten durch Hitze oder neue Krankheiten im Gesundheitssystem verursacht werden oder was es kostet, wenn sich Extremwetterereignisse wie Stürme, Fluten und Starkregen häufen. Neben den direkten ökonomischen Auswirkungen des Klimawandels auf Landwirtschaft und Industrie werden auch die indirekten Auswirkungen auf die Ökologie einkalkuliert. So rechne ich beispielsweise die Zunahme von Waldbränden und einen Verlust an Artenvielfalt, aber auch gewisse gesundheitlich-ökonomische Aspekte von Krankheiten und Sterblichkeitsänderungen mit ein. Dabei operiere ich mit Näherungswerten, denn selbstverständlich können solche Kosten nicht genau bemessen werden. An genau dieser Stelle stößt das Modell an Grenzen: Denn kann ich wirklich den Preis für ein Menschenleben festlegen? Wie viel kostet ein Leben? Wie viel ein langes, wie viel ein kurzes? Wie groß ist der ökonomische Schaden, wenn die durchschnittliche Lebenserwartung einer Bevölkerung um fünf Jahre sinkt? Mittlerweile vernachlässige ich diesen Aspekt für meine Kalkulation, wohl wissend, dass der volkswirtschaftliche Schaden um einiges größer ist als der im Modell so berechnete. Denn dass ein Menschenleben nichts wert ist, wird ja wohl niemand behaupten.

Szenario mit Klimazins

Logischerweise wird die Varianz der Forschungsergebnisse umso größer, je größer die Berechnungszeiträume und Regionen werden. Das heißt, wenn wir bei unseren Berechnungen relativ kurzfristig und regional beschränkte Szenarien erstellen, liegen die Ergebnisse aller Forscher recht nah beieinander; zumal wir bei diesen Szenarien von ähnlichen Temperatursteigerungen ausgehen. Denn auch diesen Faktor kennen wir nicht. Steigt die Temperatur um 2 Grad oder um 3 oder um 6? Wir müssen also erneut von wahrscheinlichen Daten ausgehen.

Wir unterstellen deshalb eine Temperaturänderung von 4,5 Grad Celsius bis zum Jahr 2100, was zu den vom IPCC schon 2007 ausgewiesenen Szenarien gehört und nach derzeitigem Wissensstand eine der wahrscheinlicheren Varianten ist, wenn wir so weitermachen wie bisher. Von einer Erderwärmung von 2 Grad ist kaum noch auszugehen, da das sofortige Verhaltensänderungen in allen Ländern auf der Welt erfordern würde, die derzeit politisch nicht durchsetzbar scheinen. In einem solchen

4,5-Grad-Szenario können nach unseren Berechnungen globale Schäden von bis zu 4,5 Prozent des globalen Bruttosozialprodukts in den kommenden hundert Jahren entstehen. Berücksichtigt sind in diesen Kosten diverse Ausgaben, die in der Volkswirtschaft an anderer Stelle fehlen, was die ökonomischen Wachstumseffekte mindert und wiederum zu zusätzlichen Wohlfahrtseinbußen führt – wir kalkulieren also auch eine Art volkswirtschaftlichen Klimakostenzins mit ein.

In dem Modell haben wir also innerhalb von drei Kategorien gerechnet:

1. die unmittelbaren Kosten der *Schäden* durch Klimawandel, also infolge von Hochwasser, Waldbränden, Stürmen oder Dürreperioden;
2. die mittelbaren Kosten des Klimawandels, die durch *Anpassung* an den Klimawandel entstehen, wie zum Beispiel durch Deichbau, durch Ausbau und Verbesserung der Infrastruktur zum Schutz vor Stürmen oder Extremtemperaturen (zum Beispiel Gebäudeisolierung, Klimaanlagen usw.);
3. die *Energiekosten*, die infolge des Klimawandels noch mehr steigen werden als ohnehin.

Innerhalb dieser Kategorien haben wir dann noch einmal zwischen einzelnen Branchen unterschieden, so dass wir die gesamten Kosten des Klimawandels für die nächsten fünfzig bis hundert Jahre vorhersagen können – auch für verschiedene Sektoren der Volkswirtschaft.

Das Milliarden-Euro-Ding

Bei dieser Modellrechnung konnten wir ermitteln, dass die ökonomischen Auswirkungen des Klimawandels auf die deutsche Volkswirtschaft in den kommenden fünfzig Jahren insgesamt etwa 3 Prozent des Bruttosozialprodukts ausmachen könnten,

Ökonomische Auswirkung des Klimawandels
in Deutschland (in Mio. Euro)

	2015	2025	2050	2075	2100
Summe Auswirkungen	96 368	289 759	405 380	922 697	1 248 934
Energiekosten	38 379	110 323	147 149	184 669	212 936
Kosten für Anpassung	10 325	57 952	95 930	277 454	399 319
Schäden durch Klimawandel	47 664	121 484	162 301	460 574	636 679
Energiekosten					
Private Haushalte	18 249	45 622	63 870	82 119	100 367
Bergbau und Gewinnung von Steinen und Erden	2 516	6 291	8 807	11 324	13 840
Verarbeitendes Gewerbe	4 798	11 996	16 794	21 592	26 390
Land-/Forstwirtschaft/Fischerei	1 949	3 118	3 898	5 457	7 406
Handel, Gewerbe und Verkehr	4 385	8 405	19 733	24 483	19 367
Finanzierung, Unternehmens-dienstleistungen	5 312	29 510	26 559	30 100	32 461
Gesundheit	1 170	5 382	7 488	9 594	13 104
Kosten Klimawandel					
Private Haushalte	11 786	15 432	20 659	23 475	25 678
Bergbau und Gewinnung von Steinen und Erden	1 256	2 187	3 156	4 329	5 123
Verarbeitendes Gewerbe	10 472	31 417	41 890	130 905	183 267
Land-/Forstwirtschaft/Fischerei	357	1 070	1 427	4 460	6 244
Handel, Gewerbe und Verkehr	7 308	21 925	29 234	91 355	127 897
Finanzierung, Unternehmens-dienstleistungen	11 804	35 412	47 216	147 550	206 570
Gesundheit	4 680	14 040	18 720	58 500	81 900
Kosten Anpassung					
Private Haushalte	1 755	9 852	15 349	36 069	39 932
Bergbau und Gewinnung von Steinen und Erden	929	5 795	11 512	33 295	47 918
Verarbeitendes Gewerbe	1 549	10 431	18 227	49 942	71 877
Land-/Forstwirtschaft/Fischerei	3 304	1 739	2 878	8 324	11 980
Handel, Gewerbe und Verkehr	1 652	12 170	20 145	58 265	83 857
Finanzierung, Unternehmens-dienstleistungen	516	9 852	17 267	61 040	99 830
Gesundheit	620	8 113	10 552	30 520	43 925

Quelle: DIW, 2007

Klimakosten – es geht immer nur ums eine!

nämlich bis zu 800 Milliarden Euro! Das ist selbstverständlich kein Betrag, der in Stein gemeißelt ist. Schon wenn wir unsere Annahmen geringfügig verändern, können höhere oder niedrigere Werte auftreten. Es handelt sich um ein sogenanntes Szenario bzw. um eine Simulation und somit um eines von vielen möglichen Ergebnissen, das sich durch wissenschaftliche Modellrechnungen ermitteln lässt – immer unter der Voraussetzung, dass wir nichts gegen den Klimawandel unternehmen.

Die Kosten entstehen nicht alle auf einmal. Aber schon in den nächsten Jahren sind fast 50 Milliarden Euro allein zur Behebung der Klimaschäden aufzubringen. Dazu kommen steigende Energiepreise von knapp 40 Milliarden Euro und beginnende Anpassungsinvestitionen in Höhe von 10 Milliarden Euro, das macht zusammen 100 Milliarden Euro bis 2015. Das ist mehr als doppelt so viel, wie der Bund derzeit für Bildung und Forschung ausgibt, nämlich nur ca. 8,5 Milliarden Euro pro Jahr, was sich bis 2015 auf eine Summe von nur rund 45 Milliarden Euro beläuft.

Bis zum Jahr 2025 summieren sich die Klimakosten auf insgesamt rund 290 Milliarden Euro, das ist in etwa der Betrag, den ganz Deutschland, also Politik, Wirtschaft und Verbraucher, derzeit pro Jahr für das Gesundheitswesen ausgibt. Wir haben also gewissermaßen die Wahl, ob wir die nächsten Jahre auf sämtliche Staatsgelder für Bildung und Forschung verzichten – also keine finanzielle Unterstützung für Ganztagsschulen, kein BAföG, keine Förderung der naturwissenschaftlichen Grundlagenforschung usw. – oder ob wir allesamt ein ganzes Jahr, also zwölf Monate oder 365 Tage lang, komplett auf alle Gesundheitsleistungen verzichten, seien es Ausgaben für Krankenhäuser, Geburtshilfe oder Rückengymnastik.

Bis zum Jahr 2050 summieren sich allein die Kosten durch Hochwasser, Waldbrände, Stürme oder Dürreperioden auf rund 330 Milliarden Euro. Die erhöhten Energiekosten beliefen sich

Auswirkungen des Klimawandels

Schäden	Anpassung	Energiekosten
■ Gebäude ■ Infrastruktur ■ Landwirtschaft ■ Gesundheit ■ Versicherungen	■ Toursimus ■ Landwirtschaft ■ Gesundheit ■ Haushalte ■ Energie	■ Energie (Angebotsausfälle, Preissprünge) ■ Haushalte ■ Energieintensive Firmen ■ Transport

Quelle: DIW, 2007

auf etwa 300 Milliarden Euro, und die Anpassungen an den Klimawandel, wie etwa Erhöhung der Deiche, schlagen im selben Zeitraum mit bis zu 170 Milliarden Euro zu Buche.

Die Kosten steigen zunächst langsam an, aber rechnet man am Ende alles zusammen, macht das summa summarum etwa 800 Milliarden Euro bzw. 3 Prozent des Bruttosozialprodukts. Wenn wir jetzt anfingen, Geld zurückzulegen, damit wir 2050 beim Klimakellner die Rechnung bezahlen können, müsste jeder Bundesbürger – im Durchschnitt – jeden Morgen etwa 70 Cent ins Sparschwein stecken. Das klingt nach nicht viel, es sind aber im Jahr um die 250 Euro pro Kopf. Für eine Nettolohnerhöhung in diesem Umfang würde in manchen Branchen knallhart und wochenlang gekämpft. Und ins Klimasparschwein muss jeder einzahlen, egal ob Manager oder Arbeitsloser, ob Angestellter oder Rentner, ob Unternehmer oder Kleinkind.

Manche Branchen trifft es härter

Der Klimawandel wird bis 2050 nach unseren Berechnungen die deutsche Wirtschaft in unterschiedlichem Maße treffen:

Die *Land-, Forst- und Wasserwirtschaft* wird durch den Klimawandel mit etwa 3 Milliarden Euro belastet. Infolge von heißen Sommern wird es mehr Waldbrände geben, Wassermangel wird zudem die Wachstumsbedingungen der Bäume verschlechtern, und die besseren Lebensbedingungen für Insekten führen zu vermehrtem Schädlingsbefall. Zudem werden die Forstwirte gezwungen sein, ihre Wälder umzustellen, da Monokulturen anfälliger für Klimaschwankungen sind als Mischwälder. Diese Umstellung bedeutet zusätzliche Anpassungskosten.

Wasserknappheit und Trockenheit werden in heißen Sommern Ernteeinbußen zur Folge haben. Dabei wären Bayern, Niedersachsen und Baden-Württemberg mit rund der Hälfte der Schäden am stärksten betroffen. Dagegen wird im Frühjahr und Winter mit Hochwasser und damit in flussnahen Gebieten mit Überschwemmungen zu rechnen sein. Zusammen mit den vermehrten Sturmfluten an Nord- und Ostsee wird es dadurch zu Gebäude- und Infrastrukturschäden von bis zu 10 Milliarden Euro kommen.

In unseren Modellrechnungen haben wir nicht nur Branchen unterschieden, sondern auch Regionen. Denn aus zahlreichen Untersuchungen von Klimaforschern wissen wir, dass einige Regionen in der Welt stärker vom Klimawandel betroffen sein werden als andere – oder es heute auch schon sind. In Nordamerika muss man vermehrt mit Stürmen und Tornados rechnen, während in Asien Überschwemmungen zu erwarten sind. In Europa müssen wir uns auf Hitzewellen, starke Stürme und Überflutungen einstellen. Aber auch innerhalb von Deutschland wird sich der Klimawandel unterschiedlich auswirken. Die ärmeren Bundesländer werden nach unseren Berechnungen stärker getroffen als die wohlhabenderen. Gemessen an ihrer Wirtschaftskraft sind Sachsen-Anhalt, Rheinland-Pfalz und Thüringen am stärksten vom Klimawandel betroffen, während Berlin, Nordrhein-Westfalen und Hessen vergleichsweise glimpflich davonkommen.

Im *Tourismussektor* wird schon eine Temperatursteigerung von einem Grad dazu führen, dass etwa 60 Prozent der Wintersportgebiete in Deutschland keinen Schnee mehr aufweisen. Bei einer Steigerung um 4,5 Grad Celsius wären alle deutschen Skigebiete »schneefrei«. Das können die Zugewinne durch steigenden Sommertourismus an Nord- und Ostsee bei weitem nicht ausgleichen, zumal der Tourismus in Süddeutschland während der heißen Sommermonate eher zurückgehen wird. Insgesamt muss die Branche darum in den nächsten fünfzig Jahren sowohl erhebliche Anpassungs- als auch Schadenskosten tragen, insgesamt bis zu 30 Milliarden Euro.

Auch das *Gesundheitswesen* wird in hohem Maße vom Klimawandel betroffen sein. Vor allem Hitze, aber auch Krankheitserreger, die bisher ausschließlich in tropischen oder subtropischen Gebieten auftreten (zum Beispiel Malaria), werden der Bevölkerung zu schaffen machen. Derzeit steigen die Gesundheitsausgaben vorrangig aufgrund der demografischen Entwicklung, weil der Anteil der Älteren und damit der Versorgungsbedürftigen an der Bevölkerung stetig wächst. Der Klimawandel verstärkt diesen Effekt, da gerade ältere und gesundheitlich beeinträchtigte Menschen besonders unter Hitze leiden und für weitere Erkrankungen anfällig sind. Es ist bis 2050 mit zusätzlichen Kosten in Höhe von 70 Milliarden Euro zu rechnen, was bedeutet, dass die Kosten für das Gesundheitswesen im Schnitt jährlich um 5 Prozent steigen.

Die *Baubranche* ist wohl der am wenigsten durch den Klimawandel geschädigte Bereich. Zwar wird sie einerseits aufgrund von Hagel, Sturm oder Unwetter durch Gebäudeschäden belastet, kann aber andererseits vom Wiederaufbau zerstörter oder beschädigter Infrastruktur oder Gebäude profitieren. Die amerikanische Baubranche konnte nach dem Hurrikan Katrina 2005 sogar positive Wachstumseffekte verzeichnen.

Das *verarbeitende Gewerbe* wird den größten Teil der Kosten tragen müssen, da zum einen auch hier Schäden an der Infrastruktur und an den Gebäuden entstehen werden und mit Anpassungskosten zu rechnen ist, vor allem aber werden in diesem Sektor die erhöhten Energiekosten zu Buche schlagen – insgesamt 143 Milliarden Euro bis 2050.

In besonderem Maße wird auch die *Finanzwirtschaft* vom Klimawandel betroffen sein. Dabei sind es vor allem die Versicherungen und die großen Rückversicherungen, die für die Schäden aufkommen müssen. Der Finanzbedarf von bis zu 100 Milliarden Euro infolge des Klimawandels wird nicht nur die Branche, sondern eventuell sogar die gesamte Volkswirtschaft schwächen, was im Prinzip für jeden Sektor gilt, besonders aber für die äußerst sensible Finanzbranche: Spekulationen und psychologische Momente haben großen Einfluss auf die Kursentwicklung an den Börsen, bleiben aber intransparent, weswegen Bundespräsident Horst Köhler die menschlichen Faktoren in den Finanzsystemen »Monster« taufte. Und diese Monster spielen quasi Domino – der berühmte Dominoeffekt ist an den Finanzkrisen der jüngeren Vergangenheit leicht abzulesen: Fällt ein Stein, fallen fünfzig andere mit. Grundsätzlich können wir davon ausgehen, dass Unternehmen, die vom Klimawandel betroffen sind oder sein könnten, zu schlechteren Bewertungen an den Börsen kommen. Im Sinne einer stabilen Volkswirtschaft muss man also hoffen, dass Unternehmen, die sich an den Klimawandel anpassen oder sogar aktiv zum Klimaschutz beitragen, als börsennotierte Unternehmen bessergestellt werden, damit sich der Schaden in Grenzen hält.

Zur besonderen Belastung für die Volkswirtschaft werden die steigenden Preise in der *Energiebranche*. Wenn in Hitzeperioden die Kraftwerksleistung reduziert werden muss oder nach Stürmen, Hagel oder extremen Eislasten die Stromleitungen beschädigt sind und damit die Energieinfrastruktur beeinträchtigt ist, müssen wir infolge der Energieangebotsverknappung mit sprunghaft steigenden Preisen rechnen. Im heißen August 2003 musste der Stromkonzern EnBW seine Kunden auffordern, Waschmaschinen und Trockner nicht in den Spitzenlastzeiten zwischen 11 und 15 Uhr laufen zu lassen, um Versorgungsengpässe zu vermeiden. Sowohl in Frankreich als auch in Deutschland mussten in jenem Sommer zeitweilig einzelne Atomkraftwerke heruntergefahren werden, weil die Flüsse so erwärmt waren, dass ihr Wasser nicht mehr zur Kühlung eingesetzt werden konnte. Wird Energie knapp, steigen die Preise.

Auch Stürme und Unwetter können zu einer Beeinträchtigung der Energieförderung und damit zu einer zusätzlichen Steigerung der Preise führen. Beim Hurrikan Katrina wurde das Öl knapp, nach den Erdbeben in China das Erdgas.

Erhöhte Energiekosten werden die *privaten Haushalte* nach unseren Berechnungen mit bis zu 172 Milliarden Euro belasten. Das sind bei rund 39 Millionen Haushalten in Deutschland 4400 Euro pro Haushalt, also etwa 100 Euro jedes Jahr, ohne dass man eine Kilowattstunde Energie mehr verbraucht – und das zusätzlich zu all den anderen steigenden Kosten, die der Klimawandel mit sich bringen wird. Denn Land- und Forstwirte, Industrie und Gewerbe, Ärzte und Pfleger und sogar die Barkeeper und Bademeister im Ferienort werden ihre wachsenden Kosten über kurz oder lang durch Preissteigerungen an den Verbraucher weitergeben müssen.

Wie viel ist uns das Nichtstun wert?

Wer angesichts solcher Zahlen das Kind lieber gar nicht auf Klassenfahrt schicken möchte, hat, was den Klimawandel angeht, Pech gehabt: Von dieser Reise in die Zukunft kann keiner zurücktreten. Wir können uns allerdings Gedanken darüber machen, ob wir nicht doch bereit sind, eher früher als später in den Klimaschutz zu investieren.

Schon Nicholas Stern stellte seinen niederschmetternden Zahlen über die Kosten des Klimawandels in seinem Bericht eine zweite Kalkulation entgegen. Er hat nicht nur berechnet, was der Klimawandel kostet, wenn wir nichts unternehmen, sondern er hat zugleich berechnet, was der Klimaschutz kosten würde, wenn wir sofort Maßnahmen ergreifen würden.

Sein auch hier beeindruckendes Ergebnis: Investitionen in den Klimaschutz würden lediglich 1 Prozent des weltweiten Bruttosozialprodukts erfordern, ein Wert, den wir in einer gemeinsam durchgeführten Studie grundsätzlich bestätigen konnten. Kritiker, insbesondere Fachkollegen aus den USA, bemängeln, dass Stern die Kosten des Handelns, also die Kosten des Klimaschutzes, zu optimistisch einschätzt und er somit bei der Ermittlung der Schäden über- und bei der Ermittlung der Klimaschutzkosten untertreibt. Ich teile die Kritik insofern, als Stern in der Tat annimmt, dass der technologische Fortschritt so gut ist, dass die Kosten drastisch gesenkt werden können. Zudem nimmt er an, dass sich alle Länder am Klimaschutz beteiligen – eine kühne Vermutung angesichts der Passivität, die derzeit in der Welt noch herrscht.

Aus diesem Grund bevorzuge ich in meinen Modellrechnungen eine eher pragmatische Sicht: Die Kosten des Klimaschutzes werden also wohl eher 3 Prozent als 1 Prozent des globalen Bruttosozialprodukts ausmachen. Bleibt man bei Stern, würde jeder Euro, den man in den Klimaschutz steckt, im günstigsten Fall 20 Euro Klimakosten vermeiden. Da bliebe uns also ein hübsches Sümmchen erspart, wenn wir jetzt mit der Schadensbegrenzung begännen, das gälte aber auch im weniger optimistischen Fall. Selbst in weniger pessimistischen Berechnungen als der von Stern kommt der aktive Klimaschutz günstiger als der passiv erduldete Klimawandel.

Zur Erinnerung: Alle bisher von mir zitierten Berechnungen gehen davon aus, dass wir nichts unternehmen, um den Klimawandel zu stoppen.

Doch wie viel ist uns das Nichtstun wert? Wie viel sind wir bereit, dafür zu bezahlen, dass wir unsere Emissionen in die Luft pusten, ohne darüber nachzudenken? Denn eins ist klar: Wenn wir die Rechnung ohne den Wirt machen und Wirtschaft ohne Klimaschutz betreiben, kommt uns das am Ende teuer zu stehen. Wer behauptet, dass wir uns Klimaschutz nicht leisten können, übersieht, was uns unterlassener Klimaschutz kostet – und zwar nicht erst in fünfzig Jahren, sondern ab sofort. Denn wenn wir nicht jetzt mit dem Deichbau anfangen, ist auch in Hamburg in fünfzig Jahren »Land unter« und Osnabrück vielleicht wirklich eine pulsierende Hafenstadt im Norden Europas, eine Vorstellung, mit der uns die NDR-Satiriker heute noch zum Lachen bringen. Ob wir das morgen wirklich noch so lustig finden?

Klimaschutz hingegen könnte uns nicht nur eine Menge Spaß bringen, sondern auch billiger kommen – und wenn wir uns geschickt anstellen, machen wir dabei vielleicht sogar ein richtig gutes Geschäft!

5. Klimaneutral – ein Unwort macht Karriere!

The Queen is green

»The Queen in green«, so wird die britische Königin Elisabeth II. von den englischen Medien inzwischen liebevoll betitelt, weil sie sich, wie auch ihr Sohn Charles, immer wieder für Umweltfragen engagiert. Wie grün sie ist, konnte ich selbst einmal live erleben, kurz nachdem ich dem Ruf als Professorin der Humboldt-Universität nach Berlin gefolgt war. Am 3. November 2004 fand eine britisch-deutsche Klimaschutzkonferenz statt, an der ich als wissenschaftliche Expertin mitarbeiten durfte. Es sollten konkrete Empfehlungen für die britische Doppelpräsidentschaft in G8 und EU in 2005 erarbeitet werden. Entsprechend war das politische Aufgebot: Premierminister Tony Blair, der den Klimawandel gerade erst zur »größten Umweltherausforderung für die Menschheit« erklärt hatte, beteiligte sich per Videobotschaft, die britische Außenministerin Margaret Beckett und der deutsche Umweltminister Jürgen Trittin sowie die deutsche Wissenschaftsministerin Edelgard Bulmahn waren persönlich anwesend. Klaus Töpfer, der ehemalige Bundesumweltminister und damalige Direktor des Umweltprogramms der UN, führte durch die Konferenz. Und die Queen, die für drei Tage auf Staatsbesuch war und sich sonst nie öffentlich zu politischen Angelegenheiten äußert, ließ es sich nicht nehmen, die Klimakonferenz zu eröffnen – allerdings nicht in Grün, sondern im blauen Kostüm.

Die britische Königin geht beim Klimaschutz mit gutem Beispiel voran. Als sie im April 2007 in die USA reiste, zahlte sie eine freiwillige Klimaschutzspende als Kompensation für die Treibhausgase, die durch ihren Flug entstanden waren. Was ist dran an der immer öfter thematisierten CO_2-Kompensation?

Immerhin machen ausgerechnet die besonders emissionsstarken Unternehmen, wie Fluganbieter, Ölkonzerne oder Automobilunternehmen, die Klimakiller also, großflächig Werbung für ihre Angebote zu »freiwilligen Ausgleichszahlungen«. Sie versprechen: Klimaneutral tanken! Klimaneutral fliegen! Klimaneutral Auto fahren! – Aber geht das überhaupt? Und wenn ja, wie?

Der Tanz um die Tonne

Eines steht seit dem letzten IPCC-Klimabericht fest: Die Menschheit darf nur eine bestimmte Menge Klimagase pro Jahr produzieren, die die Erde aufnehmen und verarbeiten kann, um die Erderwärmung zu begrenzen. Das wichtigste Klimagas vor Methan, Lachgas und den anderen ist CO_2. Ungefähr 25 Milliarden Tonnen CO_2 können weltweit ausgestoßen werden, ohne dass das Klima Schaden nimmt. Diese Gesamtmenge dividiert durch die Weltbevölkerung von 6,5 Milliarden macht theoretisch im Schnitt 3,8 Tonnen CO_2 pro Kopf und Jahr.

Diese Zahlen basieren allerdings auf Schätzungen, denn so ganz genau kennen wir den weltweiten CO_2-Ausstoß nicht. China zum Beispiel macht immer wieder unterschiedliche Angaben zum eigenen Energieverbrauch, auch Indien und die anderen Schwellenländer sind wenig präzise in ihren Berechnungen. Es kursieren deshalb auch Kalkulationen, die bereits heute durchschnittlich bis zu 4,4 Tonnen CO_2-Ausstoß pro Kopf ermitteln, was sich mit wachsender Weltbevölkerung und damit steigendem Energieverbrauch bis 2050 auf 9,4 Tonnen erhöhen könnte. Wenn es gelänge, bei wachsender Weltbevölkerung die globalen CO_2-Emissionen stabil zu halten, läge man im Jahre 2050 bei einer durchschnittlichen CO_2-Emission von nur 2 Tonnen pro Kopf. Das wäre das bestmögliche und anstrebenswerte Ziel – eine Nullemission ist Utopie und bis 2050 nur zu erreichen, wenn wir aufhören würden, Wirtschaft zu betreiben. Nur null Wirtschaft bringt null Emission!

Der durchschnittliche Deutsche produziert schon jetzt etwa 10 Tonnen pro Jahr, also mehr als dreimal so viel, wie die Welt verträgt – und das, obwohl wir doch angeblich schon so umweltbewusst sind! In anderen Ländern gibt es aber einen noch weit höheren Pro-Kopf-Ausstoß. Ganz oben auf der Liste der CO_2-Emittenten steht Katar, ein kleines Land im Nordosten der arabischen Halbinsel mit wenigen Einwohnern, nämlich derzeit nur etwas mehr als 900 000, und damit knapp mehr als Bremen und Bremerhaven zusammen, aber sehr viel mehr Emissionen, 44,5 Tonnen pro Kopf und Jahr.

CO_2-Emissionen pro Kopf in Tonnen im Jahr 2005 (gerundet)

Rang	Land	Emissionen	Rang	Land	Emissionen
1	Katar	61,94	11	Niederlande	16,44
2	Bahrein	36,58	12	Saudi-Arabien	15,61
3	Trinidad und Tobago	35,51	13	Estland	14,17
4	Vereinigte Arabische Emirate	33,73	14	Belgien	13,10
5	Kuwait	32,84	15	Kasachstan	13,04
6	Luxemburg	26,79	16	Taiwan	12,53
7	Australien	20,24	17	Russland	11,88
8	USA	20,14	18	Norwegen	11,40
9	Kanada	19,24	19	Zypern	11,30
10	Brunei	17,84	20	Tschechien	11,02
			21	Deutschland	10,24

Quelle: Energy Information Administration, 2008

Deutschland steht auf dieser Rangliste der »Klimakiller« bescheiden auf Platz 26, aber andere Industrieländer stoßen weniger aus, der europäische Durchschnitt liegt bei »nur« 8,8 und ist damit immer noch um mehr als das Doppelte zu hoch. Nur weil der überwiegende Teil der Menschheit in Armut lebt, können wir uns den hohen Lebensstandard mit massivem CO_2-Ausstoß erlauben. Zum Glück fürs Klima gibt es sehr viele Menschen zum Beispiel im Tschad, die nur 0,01 Tonnen CO_2 ausstoßen, oder in Kenia, die sich auf 0,3 Tonnen beschränken. Nur deswegen kommen wir auf einen Weltdurchschnitt von 3,8 Tonnen Pro-Kopf-Ausstoß pro Jahr.

Der Klimawandel stellt uns vor gewaltige Aufgaben: Schon für das Minimalziel, eine Erderwärmung um nicht mehr als 2 Grad, müsste der jährliche CO_2-Pro-Kopf-Ausstoß auf 3 Tonnen gesenkt werden – und zwar sofort. Das klingt geradezu utopisch.

Denn der Trend ging jahrzehntelang in die andere Richtung: Die CO_2-Emissionen sind in Deutschland zwischen 1970 und 2004 um etwa 80 Prozent gestiegen. Bis 2030 rechnen Experten mit einem weiteren CO_2-Anstieg um 45 bis 110 Prozent. Wie soll der Einzelne diesen Trend durchbrechen? Das kann doch gar nicht gehen, jedenfalls nicht bei den Lebensgewohnheiten, die wir heute hierzulande pflegen.

Wer einmal zum Badeurlaub nach Thailand fliegt, dürfte dann zwei Jahre lang keine einzige andere klimaschädliche Aktivität mehr unternehmen, weder heizen noch Strom verbrauchen oder gar Auto fahren. Schon die Fotos mit der Digitalkamera sind nicht mehr drin. Ein zweiter Urlaub ist so oder so gestrichen. Denn der Flug von Frankfurt nach Phuket allein verursacht bereits einen Ausstoß von 6,7 Tonnen CO_2 – und zwar pro Passagier!

Auch die Geschäftsreise nach New York hin und zurück belastet das CO_2-Konto eines deutschen Managers mit 4 Tonnen CO_2.

CO₂-Emissionen in Mio. Tonnen im Jahr 2005 (gerundet)

Rang	Land	Emissionen	Rang	Land	Emissionen
1	USA	5957	11	Iran	451
2	China	5323	12	Südafrika	424
3	Russland	1696	13	Frankreich	415
4	Japan	1230	14	Saudi-Arabien	412
5	Indien	1166	15	Australien	407
6	Deutschland	844	16	Mexiko	398
7	Kanada	631	17	Spanien	387
8	Großbritannien	577	18	Brasilien	361
9	Südkorea	500	19	Indonesien	359
10	Italien	467	20	Ukraine	343

Quelle: Energy Information Administration, 2008

Da müsste der Laptop wohl eine Weile ausgeschaltet bleiben. Tut er aber nicht, und so stehen gerade wir reisefreudigen und fleißig arbeitenden Deutschen, obwohl wir so ein kleines Land sind, an sechster Stelle im CO₂-Ausstoß in der Welt, mit 856 Millionen Tonnen pro Jahr, das ist ein Fünftel der gesamten Emission Europas.

Von den Folgen des hohen Ausstoßes durch Autos, Flugzeuge und hohen Lebensstandard sind dagegen vor allem die betroffen, die sich derlei nicht leisten können: Menschen in Entwicklungsländern. Nur etwa 5 Prozent der Menschen haben schon einmal eine Flugreise gemacht, nur jeder neunte Mensch auf der Welt fährt Auto. Ausgerechnet diese Minderheit stößt die Emissionen aus, die unser Klima und die Gegenden besonders belasten, wo die emissionsarme Mehrheit lebt: die Südhalbkugel. Eine Minderheit lebt auf Kosten der Mehrheit. Der Tanz um die Tonne hat noch keinen fairen Rhythmus.

Ablasshandel für Klimakiller?

Kein Wunder also, dass solche Ungerechtigkeit die Gemüter erzürnt und die Moralisten auf den Plan ruft. Zu Recht, denn in der Tat ist es eine politische Herausforderung, diese Ungerechtigkeit zu beseitigen – andernfalls kommt es eines Tages zu Konflikten oder Kriegen um eine lebenswerte Umwelt, wie es manche Politologen oder Soziologen schon jetzt für die nahe Zukunft vorhersagen. Wenn nun Airlines, Autohersteller oder Ölkonzerne ihren Kunden anbieten, den CO_2-Ausstoß zu neutralisieren, sind viele entsetzt. »Die Klimasünder kaufen sich frei!«, heißt es dann vorwurfsvoll oder: »Ablasshandel für Klima-Killer!«

In der Tat erscheint es einem spontan erst mal seltsam, dass der Thailand-Reisende angeblich »klimaneutral« reist, wenn er 156 Euro auf irgendein Konto überweist und auch der Geschäftsreisende nach New York durch Zahlung von 93 Euro mal eben seine Emissionen »ausgleicht«. Provokativ fragt der klimabewusste Moralist: Darf ich denn mein Kind schlagen, wenn ich dafür bezahle? Darf ich fremdgehen, wenn ich im Gegenzug Geld spende?

2007 landete das Wort »klimaneutral« sogar auf der Liste der zum *Unwort des Jahres* erklärten Begriffe auf Platz 2, nach dem Gewinner »Herdprämie«. Die Jury, vorrangig aus Sprachwissenschaftlern besetzt, kritisierte, dass mit der Vokabel versucht werde, »für eine Ausweitung des Flugverkehrs oder eine Steigerung anderer CO_2-haltiger Techniken zu werben, ohne dass dabei klar wird, wie diese Klimabelastung ›neutralisiert‹ werden soll«.

Der gängige Einwand lautet: »Klimaneutral« könne ein Flug, egal wohin, niemals werden, gleichgültig, wie viel Geld man dafür bezahle, die ausgestoßenen Schadstoffe können nicht zurückgeholt werden. Stimmt! Der Schaden für die Umwelt lässt sich nicht ungeschehen machen, genauso wenig wie eine Plombe einen kranken Zahn heilen kann. Der Unterschied: Karies braucht kein Mensch, aber unsere Wirtschaft braucht Energie, die CO_2 verbraucht.

Als Kind bin ich gern auf dem Kirschbaum herumgeklettert, habe die reifen Früchte direkt vom Baum gepflückt, in den Mund gesteckt und die Kerne in hohem Bogen in die Landschaft gespuckt. Kein Problem. Niemand hat sich jemals darüber beschwert. Die Natur hat meine Handvoll Kirschkerne locker verkraftet; Vögel, Ameisen und Mikroorganismen haben sie gefressen, die Überreste ihrer Mahlzeit dienten der Natur als Dünger für ihr weiteres Wachstum. Wenn nun aber eine Marmeladenfabrik zwei Lastwagenladungen voller Kirschen erst entsteinte und dann die Kerne vom Lastwagen in die städtische Grünanlage kippen ließe, gäbe es Aufruhr. Vögel, Ameisen und Mikroorganismen wären überfordert und die Anwohner ob der Müllhalde entsetzt. Es ist eine Frage der Menge.

Lange Zeit war der weltweite CO_2-Ausstoß für die Erdatmosphäre zu verkraften. Bäume, Pflanzen, Seen, Tümpel – sie alle konnten locker das in der Atmosphäre vorhandene CO_2 aufnehmen und per Photosynthese für ihr eigenes Wachstum verwerten. Doch die fortschreitende Industrialisierung hat den CO_2-Ausstoß anwachsen lassen, und zwar in den letzten Jahrzehnten in einem Maße, dass die natürlichen Verwertungssysteme der Erde die Menge nicht mehr verkraften. Genau das führt zur Erderwärmung mit den bekannten Folgen. Und es wird noch schlimmer: Die Weltbevölkerung wächst, und immer mehr Menschen wollen am Reichtum der Welt teilhaben. Die Industrialisierung wächst ebenfalls und mit ihr der CO_2-Ausstoß. Wenn es uns nicht gelingt, diese beiden Kurven – die des Wirtschaftswachstums und die der CO_2-Emissionen – zu entkoppeln, dann haben wir bald eine Dimension an Belastung erreicht, die unsere Erde nicht mehr bewältigen kann.

Es geht bei alledem nicht um Moral, nicht darum, ob wir jemanden schlagen oder fremdgehen dürfen, auch nicht um

Wiedergutmachung eines Schadens. Es geht darum, ob wir ein Gleichgewicht der Kräfte hinbekommen, ob wir genauso viele Kirschkerne in die Welt spucken, wie es Tiere gibt, die sie auffressen. Es geht darum, die Belastung auf ein bewältigbares Maß zu bringen. Eben deswegen erlaubt mir der Zahnarzt, Schokolade zu essen, wenn ich mir anschließend die Zähne putze. Und eben darum empfiehlt mir der Hausarzt, zum Ausgleich nach einem reichhaltigen Essen einen ausführlichen Spaziergang zu machen, um Kalorien zu verbrennen.

Nichts anderes meint »klimaneutral«. In Bezug auf Karies kann ich Zucker neutralisieren, indem ich meine Zähne putze. In Bezug auf Gewicht kann ich Kalorien neutralisieren, indem ich Sport treibe. Genauso kann ich in Bezug auf Erderwärmung CO_2 neutralisieren, indem ich Bäume pflanzen lasse oder Geld dafür gebe, dass irgendwo auf der Welt der CO_2-Ausstoß reduziert wird. Wobei man korrekterweise auch alle anderen Treibhausgase neutralisieren müsste, um wirklich »klimaneutral« zu sein, ansonsten ist man genau genommen nur »CO_2-neutral«.

Der Kuhhandel mit dem Kohlenstoff

Der Handel mit Emissionen, das Bezahlen der Treibhausgase, ist kein Marketing-Gag klimaschädlicher Industrien, sondern von höchster Instanz politisch beschlossen worden – nämlich im Dezember 1997 auf der Weltklimakonferenz der Vereinten Nationen in Kyoto, bei der Vertreter aus über 170 Ländern ein gemeinsames Klimaschutzprogramm verabschiedeten.

Einer der wichtigsten und vielversprechendsten Punkte des sogenannten Kyoto-Protokolls war die Verankerung des »Emissionshandels« als Instrument zur Senkung der CO_2-Emissionen.

Die Idee dafür war bereits in den 1960er Jahren von dem kanadischen Politologen John Harkness Dales entwickelt worden und basierte auf einer simplen Überlegung: Wenn die Umwelt nichts kostet, ist sie nichts wert. Geschützt werden nur wertvolle Dinge. Dieses einfache Prinzip geht auf die Idee des Ökonomen Ronald Coase zurück, der vorgeschlagen hat, Eigentumsrechte für Umweltgüter einzuführen. Die Umwelt muss also einen Preis bekommen. Je teurer sie wird, desto mehr werden wir sie schützen. Auch »Leistungen«, die die Umwelt bislang kostenlos erbracht hat, etwa das Verarbeiten von Abfällen, das Aufnehmen von Giften und Abgasen oder die Bereitstellung von Ressourcen, könnte man durch einen Preis in die marktwirtschaftlichen Spielregeln einflechten und dadurch zu wertvollen Handelswaren machen, die man kaufen und verkaufen kann. So können wir uns das Recht kaufen, die Umwelt zu verschmutzen – mit einer begrenzten Menge in einer begrenzten Zeit.

Dieses System wird unter Wissenschaftlern als »cap and trade« – deckeln und handeln – bezeichnet: Es wird die Maximalmenge eines Umweltgutes durch den Staat festgelegt, also »gedeckelt«, die Unternehmen können damit aber frei »handeln«. So kommt man statt mit staatlichen Regeln mit Hilfe von Marktgesetzen zum Umweltschutz.

Um es konkret an einem simplen Beispiel darzustellen: Stellen wir uns vor, es wird per Gesetz festgelegt, dass die von der Wissenschaft definierte Maximalbelastung der Erde von 24 Milliarden Tonnen CO_2 pro Jahr nicht überschritten werden darf und dass deswegen jeder Mensch nur maximal 3 Tonnen CO_2 pro Jahr ausstoßen darf. Ein Deutscher, der nun wie alle anderen nur 3 Tonnen CO_2 ausstoßen darf, muss sich umschauen, wo er die Rechte für die fehlenden 7 bis 8 Tonnen CO_2 herbekommt, damit er seine Lebensgewohnheiten beibehalten kann.

Er trifft auf einen Kenianer, der für seinen Lebensstil nur 0,3 Tonnen braucht, also 2,7 Tonnen »über«hat. Den fragt er, ob er den Überschuss haben kann. Doch bei demselben Kenianer steht auch schon ein Amerikaner, dem für seinen Lebensstil noch

Rechte für weitere 17 Tonnen CO_2 fehlen, und schon entsteht ein Wettbewerb: Der Kenianer wird seine 2,7 Tonnen dem geben bzw. verkaufen, der ihm mehr dafür bietet.

Da wir weltweit derzeit mehr CO_2 ausstoßen, als wir dürften, würde der Preis für die CO_2-Emissionen also entsprechend schnell nach oben gehen. Denn die Nachfrage ist höher als das Angebot. Bei hohen Preisen würde sich aber jeder sofort überlegen, ob er auf dieses oder jenes nicht vielleicht auch verzichten kann – das heißt, der Amerikaner oder der Deutsche oder beide würden beginnen, CO_2 zu sparen. Beispielsweise fährt der Deutsche statt nach Rio lieber nach Rügen in den Urlaub, und der Amerikaner kauft sich ein spritsparendes Auto. Auf diese Weise würde sich irgendwann der Markt wieder entspannen, die Nachfrage unter das Angebot sinken und die Preise wieder fallen. Aber die Gesamtmenge an CO_2-Emissionen bleibt immer dieselbe, das Klima wird nicht zusätzlich belastet.

Es ist natürlich auch denkbar, dass der Kenianer nach einiger Zeit seine jährlichen Rechte für die 3 Tonnen CO_2 lieber für sich behalten will. Schließlich hat er durch den Verkauf der überschüssigen CO_2-Rechte in der Vergangenheit so viel Geld verdient, das er sich jetzt endlich auch ein Auto kaufen oder eine Flugreise nach Europa unternehmen möchte. Schon steigt der Preis für CO_2 wieder, und möglicherweise ist er so hoch, dass sich die Deutschen oder die Amerikaner ihren Lebensstil nicht mehr leisten wollen. Wieder müssen sie Lösungen finden, wie sie ihr Leben mit weniger Emission führen können als bislang.

Was bisher vermeintlich umsonst war, muss nun auf einem fairen Markt zu einem auszuhandelnden Preis bezahlt werden. Auf diesem Markt versucht jeder, seine Kosten gering zu halten und seine Gewinne zu maximieren. Im Emissionshandel heißt das: Jeder hat den Anreiz, seine Emissionen gering zu halten und mit den überschüssigen Rechten Geld zu verdienen. Je mehr man emittiert, desto mehr muss man dafür bezahlen.

Eine Erfolgsgeschichte für den Abfall

So simpel, wie es klingt, ist es im Prinzip auch – und so billig. Das angestrebte Umwelt- oder Klimaschutzziel wird mit den geringstmöglichen Kosten erreicht: Denn wenn es richtig teuer wird, Emissionsrechte zu kaufen, ist es für ein Unternehmen attraktiver, als Geld in neue, saubere Technologien zu stecken und seine Emissionen zu reduzieren. Durch den Emissionshandel werden auf einfachste Weise und ohne komplizierte gesetzliche Regelungen große wie kleine Unternehmen motiviert, in effizientere Techniken zu investieren oder neue Techniken auf den Markt zu bringen. Schöner Nebeneffekt: Emissionsrechte werden eine Ware, mit der man sogar Geld verdienen kann. Denn wer Emissionen reduziert, kann die gesparten Rechte an andere verkaufen. Klimaschützer profitieren also doppelt; sie sparen Emissionskosten und machen Handelsgewinne.

Vergleichbares haben wir in den letzten Jahren beim Thema Müll erlebt. Ich erinnere mich noch aus meiner Kindheit an Schilder in siedlungsnahen Wäldern, auf denen stand: »Schutt abladen verboten!« Heute gibt es solche Schilder nicht mehr, Schutt abzuladen ist immer noch verboten, aber es kommt niemand mehr auf die Idee, seinen Müll einfach in den Wald zu werfen.

Im Gegenteil: Gerade wir Deutschen haben begriffen, dass Müll ein wertvolles Wirtschaftsgut ist, mit dem sich eine Menge anstellen lässt. In Bezug auf Papierrecycling gehören wir mit einer Recyclingquote von über 70 Prozent zusammen mit Finnland und der Schweiz zu den führenden Nationen der Welt. Beim Glasrecycling schaffen wir sogar 90 Prozent und liegen dicht hinter Belgien, der Schweiz und Finnland ebenfalls auf den vorderen Plätzen. Obwohl die deutsche Wirtschaft seit 1990 um mehr als 15 Prozent gewachsen ist, ging die jährliche Deponiemenge drastisch zurück: 34 Tonnen pro Person waren es 1990, nur noch

16,3 Tonnen 2005. Warum sollte das mit Treibhausgasen nicht auch gehen?

Zwar können wir die Treibhausgase nicht in gelben oder grünen Tonnen sammeln, doch die Prinzipien, die wir vom Müll kennen, lassen sich auch bei Treibhausgasen anwenden: reduzieren, vermeiden, verwerten. Mit dem Müllengagement sind wir nicht nur moralischer Sieger, sondern profitieren auch wirtschaftlich vom Wechsel von der Wegwerfgesellschaft zur Kreislaufwirtschaft: Die Hälfte unserer Abfälle wird verwertet, 1990 war es nur ein Zehntel. Die volkswirtschaftlichen Kosten für den Umweltschutz durch Mülltrennung und Aufbereitung sind minimal, eben weil wir technische Lösungen gefunden haben, den Müll wiederaufzubereiten. Statt Mischmüll in Verbrennungsanlagen im großen Stil zu verbrennen wie einst und dabei Emissionen von Dioxinen und Furanen in Kauf zu nehmen wie noch Ende der 1980er Jahre, haben wir heute eine florierende Müllwirtschaft, die für Umsätze und Gewinne sorgt und Arbeitsplätze schafft. Mit derzeit rund 20 000 Beschäftigten macht die Branche nach eigenen Angaben einen Umsatz von rund 10 Milliarden Euro.

Der Emissionshandel könnte eine ähnliche Erfolgsgeschichte werden. Nicht von ungefähr favorisieren alle Ökonomen dieses extrem attraktive Instrument des Emissionsrechtehandels bei der Kostenberechnung für den Klimaschutz. Keine andere Klimaschutzvariante ist annähernd so billig. Wir müssen nicht über komplizierte gesetzliche Regelungen nachdenken und verhandeln, sondern nur den Gesetzen der Marktwirtschaft auf die Sprünge helfen, indem wir Treibhausgasen einen Preis geben und das Vorkommen begrenzen. Der Rest passiert quasi von allein, und die notwendigen technischen Neuerungen, die zwar in den Anfangsjahren als Investitionen auf der Kostenseite zu Buche schlagen, verwandeln sich bald in lukrative Umsatzbringer. Unterm Strich gewinnen die Betriebe – und mit ihnen die gesamte Volkswirtschaft.

Allerdings gibt es im Emissionsrechtehandel die erschwerende Situation, dass die Treibhausgase anders als herkömmlicher Müll sich nicht an Landesgrenzen halten. Man kann also nicht nationale Lösungen wie zum Beispiel den Grünen Punkt entwickeln, sondern muss über alle Staaten hinweg nach gemeinsamen Wegen suchen. Schließlich nützt es nichts, wenn zwei klimabewusste Deutsche miteinander Emissionshandel betreiben. Und es wäre sehr unfair, wenn die Deutschen bei den Kenianern Emissionsrechte kaufen müssten, die alle anderen geschenkt bekämen. Im globalen Wettbewerb mit allen anderen stünde der Deutsche dann durch höhere Kosten schlechter da, und dem Klima wäre am Ende vermutlich auch nicht geholfen. Das Problem eines wirklich funktionierenden Emissionshandels ist also: Alle müssen mitmachen, oder jedenfalls die große Mehrheit – eine Handvoll Diebe kann der Markt ja durchaus verkraften, aber wenn nur eine Minderheit zur Kasse geht, ist ein Kaufhaus nicht überlebensfähig. Beim Klimahandel gab es bislang deutlich mehr Diebe als Kunden.

Sonnenbrille, Zigarette, Handy: »Wir machen das!«

Und damit kommen wir von der schönen Theorie zur bitteren Praxis: Als ich 1998 nach Mailand an die Fondazione Eni Enrico Mattei und zum ersten Mal in die Politikberatung ging, wollte man in Italien gerade eine Ökosteuer einführen. Ich hatte zu dem Thema Ökosteuer und Emissionshandel promoviert, kannte alle Für und Wider. Zumindest in der Theorie hatte sich herausgestellt, dass beide Instrumente hervorragend funktionieren. Jedenfalls berechnete ich zusammen mit zwei Kollegen, einer Italienerin und einem Schweizer, im Auftrag des italienischen Umweltministeriums die spezifischen Auswirkungen des Emissionshandels und einer CO_2-Steuer für Italien. Ich hatte mehrfach die Ehre und das Vergnügen, nach Rom fahren und die italienischen Regierungsbeamten im Regierungssaal erleben zu dürfen. Ein unvergessliches Bild: Der Beamte mit Sonnenbrille, Handy und Zigarette und dahinter ein riesengroßes Nichtraucherschild!

Zusammen mit der italienischen Delegation habe ich 1999 in Bonn, als schon Jahre im Voraus bei politischen Klimaschutzkonferenzen der europäische Emissionsrechtehandel vorbereitet wurde, live miterlebt, wie solche Verhandlungen ablaufen: Es sitzen Delegierte aus 150 Staaten in einem Saal, jeder hat eine Minute Redezeit, und am Ende prüfen irgendwelche Juristen tagelang und sogar nachts die Dokumente und streiten über einzelne Sätze, die am Ende im Protokoll stehen sollen oder nicht. Diese Verhandlungen waren ziemlich abschreckend. Es ging um die Lastenverteilung des Emissionsrechtehandels, das sogenannte »Burden Sharing«, also darum, welches Land was zur Reduktion der Klimagase beitragen muss. In meinen Augen ging die Diskussion allzu oft an der Sache vorbei, nur habe ich mich mit meinem Theoriewissen nicht wirklich durchsetzen können, zumal – und das war wirklich bitter – fast niemand wirklich verstanden hatte, was Emissionsrechtehandel ist.

Immer wieder haben wir wissenschaftlichen Berater den Politikvertretern die Kriterien und die Funktionsweise des Emissionshandels kleinteilig aufgedröselt – von den sogenannten »Windfall Profits«, also Gewinne, die Konzerne machen, wenn sie Verschmutzungsrechte frei zugeteilt bekommen, bis zu den möglichen strategischen Interessen der Unternehmen. Doch selbst wenn wir zu irgendeiner Frage eine explizite Empfehlung gaben – »Macht das nicht, sonst funktioniert das Instrument nämlich gar nicht!« –, blieb die häufigste Reaktion der Politiker niederschmetternd: »Egal«, Sonnenbrille, Zigarette, Handy: »Wir machen das!«

Aber natürlich gibt es auch Politiker, die sich die Zeit nehmen zu verstehen, worum es geht. Wissenschaftskollegen von Stanford haben mir einmal sehr beeindruckt von Arnold Schwarzenegger erzählt. Als er ins Amt kam, hat er sich zwei Tage von den Stanford-Experten den Energiemarkt und das Klimathema erklären lassen. Am Ende der beiden Tage stellte er sich hin: »Okay, jetzt wiederhole ich, was ich verstanden habe.« Er hat es wiederholt und hatte fast alles verstanden. Fünf Tage später kam er mit seinem Klimaschutzprogramm: 25 Prozent Emissionsminderung, Kfz-Standards usw.! So wünsche ich mir im Sinne der Sache, dass Politik immer funktionieren würde. Aber so funktioniert sie leider nicht. Demokratische Prozesse sind oft langwieriger und komplizierter.

Das Kyoto-Protokoll von 1997 war ein mühsam ausgehandelter Kompromiss, und selbst der wurde nicht von allen Nationen ratifiziert. Ausgerechnet die US-Amerikaner, die mit sehr hohen Emissionen enorm zum Klimawandel beitragen, haben sich dem Klimaschutzpakt nicht angeschlossen. In gewisser Weise ist das verständlich, schließlich haben sie auch am meisten zu verlieren. Wenn man plötzlich bezahlen muss, was man bislang im Übermaß kostenlos hatte, kann das sehr schmerzhaft sein. Auf ein Privileg verzichten ist fast schlimmer als es nie bekommen. »Gewohnheitsrecht« heißt das Zauberwort, mit dem Juristen an dieser Stelle hantieren, oder auch: »Besitzstandswahrung«.

Auch China hat sich nicht entschließen können, dem Klimaschutzpakt beizutreten. Zwar hat China das Kyoto-Protokoll ratifiziert, aber bisher keine verbindlichen Klimaschutzziele akzeptiert. Das Land, das gerade einen wirtschaftlichen Aufschwung ohnegleichen erlebt und mit 3,5 Tonnen CO_2-Pro-Kopf-Ausstoß knapp unter dem Weltdurchschnitt liegt, ist nicht bereit, das Wachstum durch Klimaschutzziele zu gefährden. Schließlich steht es erst am Anfang seines Wachstums. Nur, was passiert, wenn erst alle Chinesen Autos fahren – so wie alle Deutschen,

Italiener oder Franzosen? Und was, wenn auch jeder Chinese jedes Jahr ein neues Handy kauft, in jeder chinesischen Wohnung ein großer Kühlschrank steht und die Raumtemperatur das ganze Jahr über bei angenehmen 21 Grad liegt? Oder sollen die Chinesen auf all diesen Luxus verzichten, nur damit wir weiterleben können wie bisher? Diese Gerechtigkeitsfrage treibt viele Menschen um und beherrscht die politischen Diskussionen rund um den Globus.

Es ist leicht, von Verzicht zu reden, wenn man selbst nicht gemeint ist, wenn man jahrelang nicht verzichten musste. Natürlich ist es einfacher, auf die Weltreise zu verzichten, wenn man die Welt schon mal gesehen hat. Wenn ein Europäer von Verzicht spricht, klingt das ähnlich überzeugend wie der Kettenraucher Winston Churchill, der gesagt haben soll: »Mit dem Rauchen aufhören ist ganz einfach, ich habe es schon hundertmal gemacht!«

Auch Russland hat aus Sorge um wirtschaftliche Einbußen sehr lange gezögert, das Protokoll zu ratifizieren, so dass eine Zeitlang das Aus für den Klimaschutz zu befürchten stand, weil womöglich keine Beschlussfähigkeit zustande kam. Aber irgendwann hatten die Ökonomen durchgerechnet, dass es für Russland finanziell durchaus von Vorteil sein könnte, sich am Emissionsrechtehandel zu beteiligen. Also machte sich auch Präsident Wladimir Putin für eine Ratifizierung des Kyoto-Protokolls stark, und das russische Parlament stimmte zu.

Klima-Völlerei und Kyoto-Diät

Weil aber nicht alle mitmachten, hat man in Kyoto auch gar nicht erst versucht, eine maximale Weltobergrenze für die CO_2-Emission festzulegen, die dann die Basis für den freien Rechtehandel hätte sein können. Statt den simplen Emissionshandel als faires und gerechtes Prinzip für alle einzuführen, fand man eine komplizierte Ersatzregelung, für die mühsam und über viele Tage für jede Nation verbindliche Reduktionsziele ausverhandelt wurden.

Man muss sich das vorstellen wie eine Gruppe dicker Menschen, die wissen, dass sie etwas gegen ihr Übergewicht tun müssen, weil ansonsten großer Schaden droht. Zum Beispiel, weil sie gemeinsam in einem Boot sitzen, dass nur eine bestimmte Höchstlast zulässt. Die Bootsreisenden sind alle unterschiedlich groß und unterschiedlich schwer, so dass alle Vorschläge dahin gehen, man solle ausgehend von einem idealen Durchschnittsgewicht für jedes Kilo Übergewicht eine Art Gebühr bezahlen. Natürlich sind vor allem die großen, dicken Leute dagegen, weil sie besonders viel Geld bezahlen müssten. Sie deuten auf andere Mitreisende, die auch sehr schwer sind, obwohl sie viel kleiner sind: Die Kleinen sollten bitte erst mal eine Diät machen, bevor man die Großen zum Hungern auffordert.

Nun kommt ein Wissenschaftler, der vorschlägt, man solle als Maßstab einen Body-Mass-Index errechnen, der das Körpergewicht ins Verhältnis zur Größe setzt: Bei einem Wert oberhalb von 30 müsste man dafür bezahlen, unterhalb der 20 würde man Geld bekommen, dass man so wenig Gewicht mitbringt. Obgleich das sehr viel fairer klingt und auf Zustimmung aller Wissenschaftler stößt, wird es wieder einige große oder kleine Dicke geben, die sich ungerecht behandelt oder diskriminiert fühlen und nicht mitmachen wollen. Die einen, weil sie bezweifeln, dass das Boot irgendwann wegen der Überlastung untergehen könnte; andere, weil sie finden, dass Leute in dem Boot mitreisen wollen, die ihrer Ansicht nach nicht mitfahren sollten.

Es gibt Streit und Diskussionen, so lange, bis man statt der ökonomischen Lösung, die alle Wissenschaftler für fair, gut und richtig befunden haben, eine diplomatische Kompromisslösung findet: Es wird ein komplizierter Maßnahmenplan erarbeitet.

Entwicklung aller Treibhausgas-Emissionen von 1990 bis 2005 (gerunde

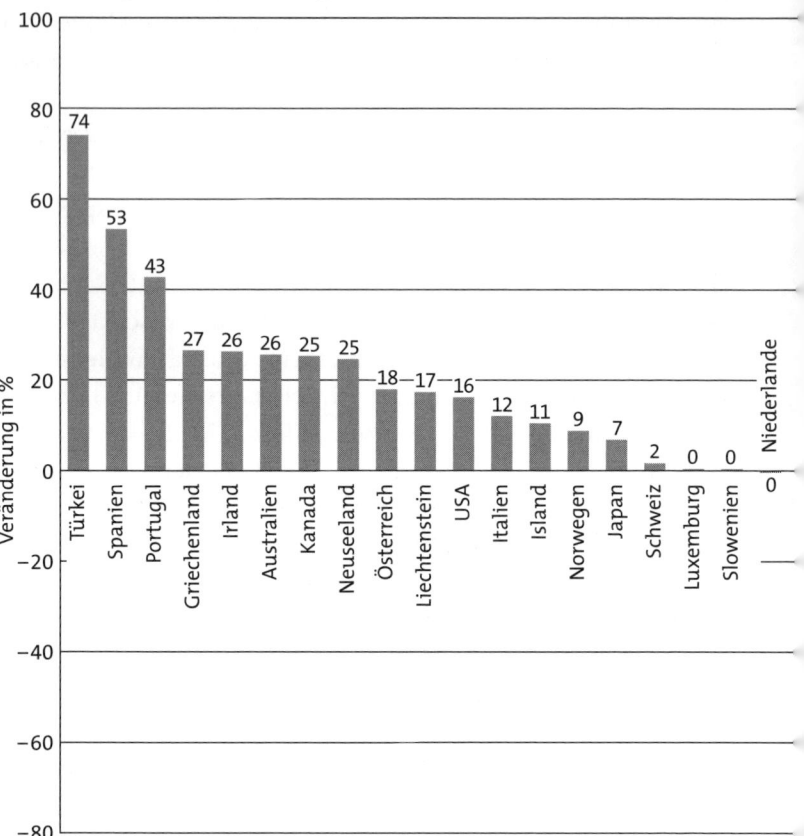

Für jede Person wird ein individuelles Ziel definiert, das sie erreichen soll. Der eine darf sein Gewicht halten, der andere muss 20 Kilo abnehmen, und ein Dritter darf vielleicht sogar 5 Kilo zunehmen, weil er bislang etwas zu mager war.

So etwa muss man sich die Konferenz von Kyoto und das Kyoto-Protokoll vorstellen: Man beschloss, dass zwischen 2008 und 2012 der Ausstoß aller Treibhausgase im Vergleich zum Jahr 1990 insgesamt um 5,2 Prozent reduziert werden soll. Und dann

Klimaneutral – ein Unwort macht Karriere!

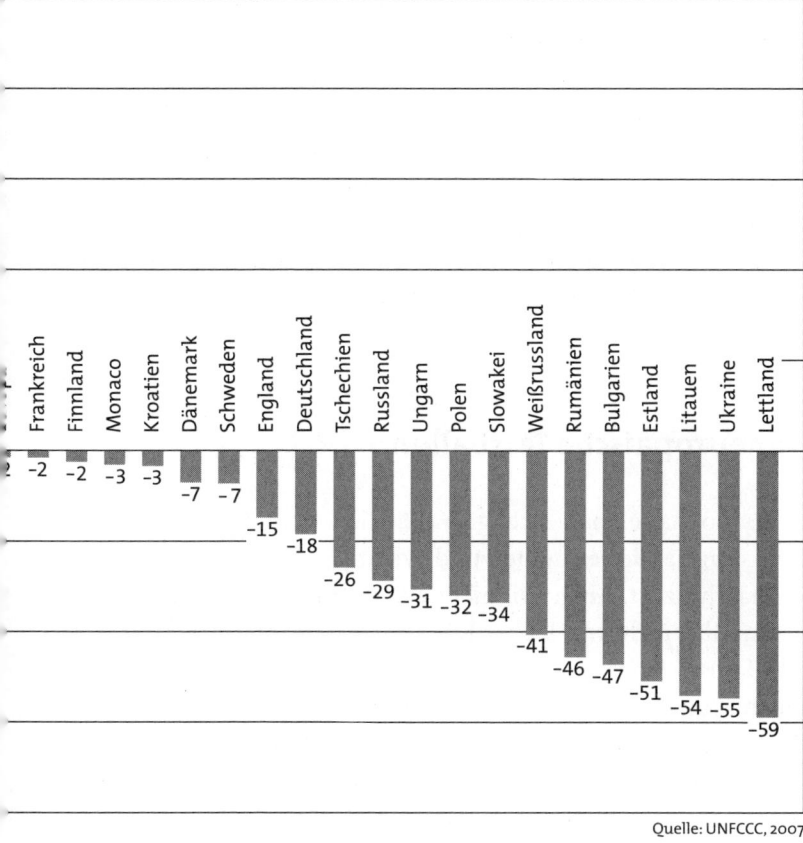

Frankreich · Finnland · Monaco · Kroatien · Dänemark · Schweden · England · Deutschland · Tschechien · Russland · Ungarn · Polen · Slowakei · Weißrussland · Rumänien · Bulgarien · Estland · Litauen · Ukraine · Lettland

-2 -2 -3 -3 -7 -7 -15 -18 -26 -29 -31 -32 -34 -41 -46 -47 -51 -54 -55 -59

Quelle: UNFCCC, 2007

wurde im Detail für jedes einzelne Land eine verbindliche Emissionsänderung festgelegt. Um nur einige Beispiele zu nennen: Japan und Kanada müssen um 6 Prozent reduzieren, was ihnen schwerfällt. 2004 lagen in beiden Staaten die Emissionswerte nicht unter, sondern über den Werten von 1990: in Japan um 6,5 Prozent und in Kanada sogar um 26 Prozent.

Europa hat sich als Ganzes zu einem Reduktionswert von 8 Prozent verpflichtet, und weil Deutschland größter Emittent innerhalb der EU ist, muss es um 21 Prozent reduzieren, was mit minus 20,4 Prozent bis 2007 nahezu gelungen ist. Allerdings war der Anfang leicht, weil seit der Wiedervereinigung im Osten Deutschlands viele emissionsstarke Betriebe stillgelegt wurden. Deutschland ist neben England aber nahezu der einzige Musterschüler innerhalb der EU. Zwar haben die osteuropäischen Länder aufgrund wirtschaftlicher Einbußen die Emissionen im Vergleich zu 1990 stark senken können, doch gerade Südeuropa, allen voran Spanien, Portugal, Italien, aber auch Österreich, haben derzeit in keinster Weise die Emissionsziele erreichen können.

Der europäische Testballon

In Kyoto hatte man sich grundsätzlich darauf geeinigt, dass Emissionshandel ein gutes und wichtiges Instrument für den Klimaschutz ist. Aber weil nicht alle mitmachen wollten, konnte man ihn nicht mit letzter Konsequenz einführen. Stattdessen schuf man eine abgespeckte Version: In begrenztem Umfang durften genau definierte Länder mit anderen ebenfalls genau definierten Ländern in wiederum genau definierter Weise Emissionsrechte handeln. Es ist eine Übungswiese vor dem Ernstfall – eine Art Light-Version vom Emissionshandel.

Falls ein Land seine Minderungsziele nicht aus eigener Kraft erreicht, kann es sich von einem anderen Land, das weniger emittiert, im fairen Tausch quasi »helfen« lassen. Damit keiner schummeln kann, ist festgehalten, welche Länder sich helfen lassen dürfen und auch woher sie sich in welcher Weise Hilfe holen können. Zwei Möglichkeiten:

1. Wenn ein Industrieland ein Klimaschutzprojekt in einem Entwicklungsland initiiert, und zwar zusätzlich zu den ohnehin laufenden oder bereits getroffenen Maßnahmen, dann wird

dies als Emissionsminderung des Industrielandes anerkannt. Das nennt sich »Clean Development Mechanism«, kurz CDM.

2. Wenn ein Industrieland in Kooperation mit einem anderen Industrieland gemeinsam ein Klimaschutzprojekt entwickelt, können sich beide Länder jeweils anteilig die Emissionsminderung anrechnen lassen. Diese sogenannte »Joint Implementation«, kurz JI, wurde speziell im Hinblick auf osteuropäische Staaten ermöglicht, wodurch die notwendige Modernisierung der ehemals kommunistischen Ökonomien zeitgleich mit der Reduzierung der Treibhausgase vorangetrieben werden soll.

Innerhalb von Europa hat man, quasi als Testballon, 2005 einen Emissionsrechtehandel eingeführt, der vom internationalen Emissionsrechtehandel des Kyoto-Protokolls zu unterscheiden ist: Während beim internationalen Handel auch Russland, Japan, Kanada und Australien mitmachen, dürfen am EU-Handel zunächst nur die 27 EU-Länder teilnehmen. Mittlerweile zeigen Norwegen und die Schweiz, aber auch Kalifornien sowie einige Oststaaten der USA Interesse, sich an diesem Handel zu beteiligen.

In Kyoto wurde Russland nur dazu verpflichtet, den Emissionsstand zu halten (null Prozent Reduktion), konnte aber seine Emissionen im Vergleich zu 1990 um 32 Prozent senken. Wie in Deutschland wurden auch in Russland seit der Öffnung der Grenzen und dem Niedergang der Sowjetunion 1990 viele alte emissionsstarke Industriebetriebe geschlossen, was eine Reduzierung der Emissionen bewirkte. Russland hat also sehr viele Emissionsrechte übrig und kann sie anderen Ländern in Europa, die sich schwertun, ihre Emissionen zu reduzieren, verkaufen. Ein gutes Geschäft.

Das Geschäft mit dem Klimaschmutz

Grundsätzlich hat sich der europäische Testlauf des Emissionsrechtehandels bewährt. Immer mehr Unternehmen, gerade auch aus der Finanzwirtschaft, erkennen die Chancen eines Handels mit Treibhausgasen. Sogar zahlreiche amerikanische Unternehmen haben sich daran beteiligt, obgleich die USA sich dem Kyoto-Protokoll bislang verschließen. Doch gerade die multinationalen Konzerne wissen, dass früher oder später die Emissionsrechtsprechung auch sie betreffen wird. Deswegen versuchen sie, so früh wie möglich Erfahrungen im Rechtehandel zu sammeln, um im Ernstfall gewappnet zu sein. Die US-Bundesstaaten Vermont und Massachusetts haben in Eigeninitiativen Grenzwerte für CO_2-Emissionen festgelegt.

Nach und nach entstehen auch spezielle Handelsplätze, auf denen Treibhausgase gekauft und verkauft werden. Eine der wichtigsten Emissionsbörsen ist die European Climate Exchange (ECX) in Amsterdam, die inzwischen bis zu 40 Milliarden Euro Umsatz pro Jahr macht – dies macht mittlerweile einen großen Anteil des europäischen Emissionsmarktes aus. Die Schwestergesellschaft Chicago Climate Exchange (CCX) hat sich bereits zum größten Emissionsmarktplatz in den USA gemausert. Wesentlich kleinere Mengen werden derzeit an der European Energy Exchange (EEX) in Leipzig und der skandinavischen Energiebörse Nordpool gehandelt, beide können aber mit steigenden Umsätzen aufwarten.

Das Geschäft mit dem Klimaschmutz boomt, auch weil immer mehr Banken und Finanzdienstleister das Potenzial erkennen. Dresdner Bank, Deutsche Bank und die BayernLB haben bereits frühzeitig die Idee des Emissionshandels unterstützt. Aber auch die amerikanische Investmentbank Morgan Stanley, die deutsche Privatbank HSBC Trinkaus & Burkhardt und eines der ältesten französischen Geldhäuser, die Société Générale, sind mittlerweile in den Emissionsmarkt eingestiegen. Für die Finanzhäuser ist der Handel mit Emissionen kein ganz neues Feld. In den USA wird schon lange mit Schwefeldioxid (SO_2) gehandelt, ein Markt von etwa 4 Milliarden Dollar jährlich, auf dem nach ausgeklügelten Verfahren mit Optionen, Forwards, Swaps und anderen Finanzinstrumenten jongliert wird. Auch in Kanada, China und der Slowakei gibt es bereits SO_2-Handel. Aber durch das Kyoto-Programm und nach den ersten Erfahrungen mit dem europäischen CO_2-Handel werden demnächst vermutlich auch die anderen Treibhausgase wie Methan oder Lachgas in Zertifikaten gehandelt.

Grandfathering und Erbsenzählerei

Der aktuelle europäische Emissionsrechtehandel ist und bleibt lediglich eine Vorstufe, bis die Emissionen weltweit und mit für alle verbindlichen Maximalwerten gehandelt werden. Doch in der nun schon mehrjährigen Testphase hat man eine Menge Erfahrungen gemacht, aus denen man lernen konnte und noch lernen wird.

So stellt sich zum Beispiel bei der Einführung des Emissionshandels die Frage, wie man die Rechte bestmöglich verteilt: Wer bekommt Emissionsrechte, und wer bekommt wie viele? Ökonomen befürworten in der Regel eine simple Versteigerung der Rechte. Jeder kauft so viele, wie er braucht, durch eine Versteigerung wird ermittelt, welchen Preis die Unternehmen bereit sind, dafür zu zahlen.

Doch bei der konkreten Einführung des europäischen Emissionshandels 2005 fürchteten die politisch Verantwortlichen, dass eine Versteigerung die Preise hochtreiben und damit die Kostenbelastung unnötig hoch sein würde. Zwar hatten empirische Untersuchungen über die Versteigerung von Bundesschatzbriefen in den USA beispielsweise gezeigt, dass der Preis bei einer Versteigerung eher fällt als steigt. Aber die Politik wollte darauf nicht vertrauen, und so wurden die Rechte (vermeintlich gerecht) verteilt:

Statt alle – also auch den Endverbraucher – in den Handel mit einzubeziehen und die Rechte unter allen frei zu versteigern, wurden die Emissionszertifikate innerhalb der größten Energie- und Industrieunternehmen zugeteilt. Zwölftausend Betriebe und Anlagen – Erdölraffinerien, Eisen- und Stahlwerke, Verbrennungsanlagen, Kokereien usw. –, die zusammen für etwa 40 Prozent der europäischen Emissionen verantwortlich sind, wurden einbezogen. Nicht aber Transportunternehmen oder private Haushalte, die nahezu die übrigen 60 Prozent Emissionen verantworten.

Bis zur Rechtezuteilung, dem sogenannten »nationalen Allokationsplan«, gab es natürlich Lobbykämpfe größeren Ausmaßes, weil jeder versuchte, für sich selbst irgendwelchen Sonderbedarf geltend zu machen. So wurden am Ende zum Beispiel aus politischen Gründen Kohlekraftwerke gegenüber Gaskraftwerken bevorzugt, indem sie mehr Zertifikate erhielten. »Grandfathering« wird im eigentlichen Wortsinn zwar die freie Vergabe der Emissionsrechte genannt, mittlerweile versteht man darunter wohl eher eine Bevorzugung aufgrund historisch gewachsener Sonderrechte nach dem Motto: Wer bislang viel Dreck gemacht hat, soll auch weiterhin viel Dreck machen dürfen. Man könnte auch von Besitzstandswahrung reden; die natürlich mit Klimaschutz und auch mit Klimagerechtigkeit nicht wirklich viel zu tun hat.

Zweites Problem: Die Emissionsrechte wurden verschenkt und nicht verkauft. Die Energiekonzerne brauchten also keinen Cent dafür zu bezahlen, mussten aber – betriebswirtschaftlich korrekt – den Marktwert der Emissionen als Kosten in die Buchführung aufnehmen und beim Verbraucher einen kostenbedingten Aufschlag auf den Strompreis verlangen. Die Emissionen waren also bares Geld wert – man spricht von sogenannten »Windfall Profits«, also Profite, für die man nicht viel tun muss.

Eine komplette Versteigerung der Emissionsrechte würde zwar den Verbraucher nicht vor höheren Strompreisen schützen, aber dafür sorgen, dass das Geld aus den Taschen der Unternehmen in die Staatskasse und von dort in den aktiven Klimaschutz flösse – und wir reden hier nicht über Peanuts, sondern über bis zu 2 Milliarden Euro!

Das dritte Problem war, dass fast alle beteiligten Länder viel zu viele Emissionsrechte verteilt haben. Nicht nur erheblicher politischer Druck der Lobbyisten, sondern auch eine unzureichende Datengrundlage führte in dem komplexen nationalen Zuteilungsverfahren zu Fehleinschätzungen und vor allem zu erhöhten Rechtevergaben. Denn viele Unternehmen setzten ihre Prognosen zum künftigen CO_2-Ausstoß sehr hoch an, um mehr kostenlose Zertifikate zu ergattern. 453 Millionen Tonnen CO_2 wurden zugeteilt, rund 21 Millionen Tonnen mehr als später wirklich benötigt: 4 Prozent der Zuteilungsmenge war Überschuss. In dem dadurch übersättigten Markt gab es keinen Bedarf mehr für die verbliebenen 10 Prozent der Zertifikate, die versteigert werden sollten. Die Folge: Die Preise rutschten in den Keller. Bei einem Emissionspreis von null lohnt es sich aber nicht, die Emissionen zu senken oder in Maßnahmen zur Emissionsminderung zu investieren.

Auf diese Weise wird die Theorie des perfekten Emissionsrechtehandels in der Praxis ad absurdum geführt. Statt florierendem Handel gibt es bürokratische Erbsenzählerei mit zickig durchtränktem Debatten-Klein-Klein.

Schade. Aber beim nächsten Mal wird man es anders machen und die Rechte doch lieber versteigern. Schließlich wären damit viele Probleme gelöst: Weder muss man in komplizierten Verfahren wie Technologie-Benchmarks irgendwelche Erfüllungsfaktoren definieren, nach denen »gerecht« verteilt werden kann, noch braucht es irgendeine mühsam ermittelte Sonderregelung, die jeglicher lauthals vorgetragenen Beschwerde gerecht werden soll.

Auch gibt es inzwischen Ideen, wie man verhindern kann, dass im freien Handel die Preise allzu sehr in die Höhe schießen: Man könnte einen Höchstpreis für die Zertifikate ausgeben. Das Bundeswirtschaftsministerium hat dazu 2007 einen Vorstoß gemacht und 30 Euro pro Tonne vorgeschlagen. Das ist eine realistische Einschätzung, einen höheren Preis halten Ökonomen bei freiem Wettbewerb für sehr unwahrscheinlich, aber durch eine gesetzliche Regelung hätten die Unternehmen Planungssicherheit und wären nicht hilflos extremen Preisschwankungen durch Spekulation ausgeliefert. Allerdings: Wenn man die Preise festlegt, kann man auch gleich eine Steuer einführen.

Mengenrabatt im Welthandel

Mit positiven Erfahrungen und den neuen Erkenntnissen im Rücken werden demnächst die Verhandlungen aufgenommen für eine Fortsetzung des Kyoto-Abkommens, das sogenannte »Kyoto plus«, das ab 2012 angewandt werden soll. Und alle Klimaschützer haben die Hoffnung, dass dann auch die anderen großen Emittenten wie USA, China, Indien und Brasilien mitmischen. Je mehr Länder mitmachen, umso billiger wird Klimaschutz, eine proportionale Beziehung, die ich schon 2005 in meinen WIAGEM-Modellrechnungen herausgefunden habe.

In einem Szenario, in dem sich Europa, Japan, Russland und die USA, also nur die Industrieländer, nach 2012 auf Emissionsminderungsziele von 3 Prozent einigen, entstünden Kosten von rund einer Billion Dollar (0,35 Prozent des Bruttosozialprodukts). Eine Tonne CO_2 kostete dann 51 Dollar.

In einem zweiten Szenario, in dem sich außerdem noch China beteiligt, würden die Gesamtkosten um 259 Milliarden Dollar billiger werden. Die Tonne CO_2 kostete dann 37 Dollar.

In einem dritten Szenario, bei dem auch noch Indien, Südamerika und Afrika beteiligt wären, würden die Gesamtkosten sogar um 500 Milliarden Dollar geringer ausfallen. Der Preis für eine Tonne CO_2 läge dann bei 25 Dollar. In diesem Fall würden die Entwicklungsländer sogar zusätzlich durch den Verkauf von Emissionsrechten erhebliche Einnahmen erzielen, was sich positiv auf die Wirtschaft auswirken und einen Wachstumsschub von 0,1 Prozent pro Jahr bringen würde.

Ein weiterer wichtiger Aspekt, den WIAGEM aufgreift, ist das Thema technologischer Fortschritt und Klimaschutz: Je schneller die notwendigen Techniken am Markt verfügbar sind, desto schneller werden sie günstiger. Je mehr emissionsarme Autos, energiesparende Kühlschränke oder Solaranlagen abgesetzt werden, desto billiger können sie angeboten werden. Und das bedeutet, dass der Klimaschutz preisgünstiger wird. Je eher wir also mit dem Klimaschutz anfangen, desto schneller spüren wir

Kosten Klimawandel – Klimaschutz – global

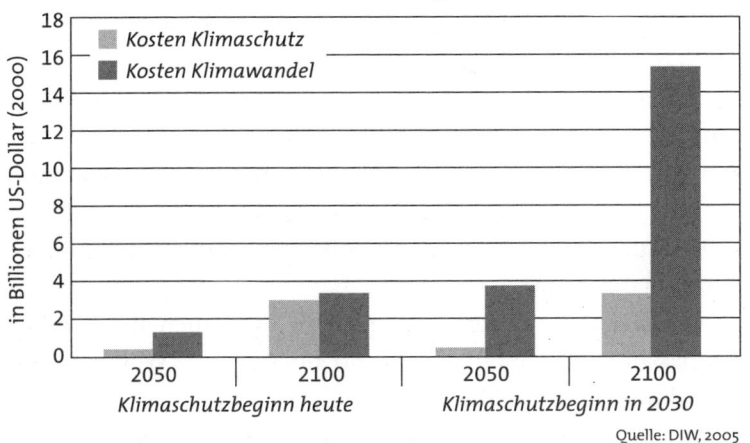

Quelle: DIW, 2005

auch den Kosteneffekt. Man muss sich das vorstellen wie eine geöffnete Schere: Die Kosten des Klimawandels steigen, die Kosten des Klimaschutzes sinken mit der Zeit. Je früher wir anfangen, desto größer wird die Differenz.

Solche Zahlen sind Grund für Optimismus. Vielleicht lassen sich auch die USA zum Klimaschutz motivieren, wenn es gelingt, Emissionsminderungen kosteneffizient zu gestalten. Und vielleicht wird dann sogar ein echter Emissionshandel vereinbart, der weltweit stattfinden kann und bei dem die Emissionspreise wie bei einem Börsengang in einem »Bookbuilding-Verfahren« nach und nach ermittelt werden.

Für uns Ökonomen ist die Sache längst klar. Durch den Emissionsrechtehandel wird schnell und unkompliziert Geld lockergemacht, mit dem weltweit Klimaschutzprojekte angeschoben werden können. Die Politiker werden vermutlich noch ein Weilchen brauchen, bis sie das verstanden haben. Zu viel Zeit sollten sie sich im Sinne des Klimas allerdings nicht nehmen.

Spenden mit Gold-Standard

Bis dahin muss und kann jeder nach Belieben und auf eigene Faust quasi symbolisch mit Emissionen handeln, wie etwa durch die anfangs beschriebenen freiwilligen Klimaschutzspenden bei Flugreisen. Oder man kann auf diversen CO_2-Rechnern im Internet seinen persönlichen »Carbon Footprint«, also den relativ exakten CO_2-Ausstoß, aufgrund des individuellen Lebensstils ermitteln und in entsprechender Höhe ausgewählte Klimaschutzprojekte unterstützen.

Was passiert mit dem Geld, dass die Menschen als freiwillige Klimaschutzspende auf ein Konto überweisen? Wohin fließen die Klimagroschen? Machen sich die Stewardessen und Piloten einen schönen Abend und lachen über die Dummheit der naiven

Ökotouristen? Keineswegs. Wer sich die richtigen CO_2-Agenturen aussucht, kann sicher sein, dass sein Geld direkt in den Klimaschutz fließt.

Wert legen sollte man allerdings auf zertifizierte Projekte. Denn nicht jeder, der anbietet, gegen Bezahlung eines bestimmten Betrages den CO_2-Ausstoß zu neutralisieren, tut wirklich etwas fürs Klima: So berichtete die *taz* im Januar 2008 von dem Mann, der in einer Online-Auktion Emissionsrechte versteigerte. Er wollte dafür jeden Tag auf dem Weg ins Büro die Treppe nehmen und auf den Stromfresser Fahrstuhl verzichten. Derlei Vorsätze sind zwar löblich, aber nicht jede Fahrt mit dem Fahrrad zur Arbeit lässt sich als Klimaschutzprojekt verkaufen.

Echte Klimaschutzprojekte werden von anerkannten Gremien und technischen Organisationen geprüft, bekommen ihren Emissionswert offiziell bestätigt und dürfen erst dann entsprechende Rechte verkaufen. Auch der Verkauf wird zentral registriert, damit Emissionen nicht doppelt verkauft werden können.

Die von den Vereinten Nationen definierte bestmögliche Einstufung ist der »Gold-Standard«. Dabei wird jedes Projekt (und nicht jedes dritte wie bei anderen Standards) begutachtet. Der Prüfer haftet persönlich für sein Gutachten. Alle Gutachten sind bei der Abteilung United Nations Framework Convention on Climate Change (UNFCC) auf den Internetseiten der Vereinten Nationen abrufbar.

Bisher gibt es aber weltweit nur wenige Projekte, die diesen Standard auch erfüllen. Die meisten befinden sich erst noch in einer langwierigen Prüfung. Und auch die Zertifikatagenturen sind nicht alle gleich zu bewerten: In einem Ranking der Bostoner Tufts-Universität wurden nur drei Zertifikatagenturen mit »sehr gut« bewertet, das australische Projekt »Climate Friendly«, die US-amerikanische »Native Energy« sowie die Stiftung »My Climate« in Zürich. Einzig die deutsche Initiative »atmosfair«, die 2003 von der Entwicklungsorganisation »Germanwatch« und dem »Forum anders reisen« gegründet worden ist, schnitt noch besser ab, nämlich »exzellent«. Entscheidend dafür war neben den dort gestellten höheren Qualitätsanforderungen an die Projekte vor allem der geringe Verwaltungsanteil. Bei atmosfair fließen 88 Prozent der Mittel direkt in die Projekte.

Atmosfair handelt ausschließlich mit Zertifikaten aus Gold-Standard-Projekten, etwa in Rajasthan, einer der ärmeren Regionen Indiens, in der der größte Teil der Bevölkerung von Landwirtschaft und Viehzucht lebt. Aufgrund der großen Trockenheit wächst fast nur Senf, dessen Schalen und Stängel bislang als Abfall ungenutzt verbrannt wurden. 2007 wurde in Tonk nun ein Biokraftwerk errichtet, dass vielen Tausend Kleinbauern ihre Erntereste abkauft und daraus Strom produziert; Strom, der mit fossilen Kraftstoffen etwa 35 000 Tonnen CO_2 bedeutet hätte. Dieses Projekt wurde durch den TÜV validiert und für eine Gold-Standard-Zertifizierung vorgeschlagen.

An Indiens Westküste liegt der hinduistische Wallfahrtsort Sringerl Mutt, wohin täglich Tausende von Gläubigen pilgern. In Großküchen werden mit Hilfe von Dieselbrennern Mahlzeiten zubereitet, was über die Jahre einen erheblichen CO_2-Ausstoß bedeutet. Das Projekt besteht aus insgesamt 18 Standorten, von denen Sringerl Mutt nur einer ist: Scheffler-Solarspiegel und ein ausgeklügeltes Dampfsystem versorgen die Tempel, Krankenhäuser und Schulen mit erneuerbarer Energie, so dass ihre Küchen komplett emissionsfrei arbeiten können. Das ist auch für die Köche von Vorteil, die zuvor im Dieselabgas arbeiten mussten. Zusätzlich sind für den Betrieb und die Instandhaltung der solarthermischen Anlagen insgesamt 20 neue Arbeitsplätze entstanden. Auf diese Weise werden bis 2012 4000 Tonnen CO_2 gespart. Auch dieses Projekt, das von der Gesellschaft für Technische Zusammenarbeit in Deutschland entwickelt wurde, ist TÜV-zertifiziert und als Gold-Standard registriert.

Klimaschutz im großen Stil

Solange die Gesetzgeber keine klaren Emissionsregelungen geschaffen haben, ist Vorsicht geboten: Klimaneutral ist nicht gleich klimaneutral! Immer mehr Unternehmen bezeichnen sich als klimaneutral. Sie gleichen selbstverursachte Emissionen durch den Kauf von Zertifikaten aus. Ernsthaft betreiben derlei aber nur solche Unternehmen, die sich mit ihrer gesamten Geschäftspolitik um konsequenten Klimaschutz bemühen. Manche Klimasünder beschränken sich dagegen auf kleine imageträchtige Projekte, zum Beispiel klimaneutrale Events.

Unlängst war ich als Podiumsgast zu einer Diskussionsveranstaltung eingeladen, und prompt bekam jeder Gast eine Urkunde, auf der die Gastgeber bestätigten, für dieses Event Zertifikate über eine CO_2-Reduktion in Höhe von einer Tonne erworben zu haben – leider verrieten sie nicht, welches Projekt damit gefördert wurde und ob es den Gold-Standard erfüllte. Letztlich war es also doch nur ein bunt bedrucktes Blatt Papier, das man da in den Händen hielt.

Es gibt nicht nur Qualitäts-, es gibt auch Preisunterschiede bei den verschiedenen CO_2-Agenturen: Ein klimaneutraler Flug von München nach New York kostet bei Lufthansa in Kooperation mit MyClimate 12 Euro, beim WWF atmosfair dagegen ca. 50 Euro – je nach Marktpreis für CO_2. Bucht man bei Easyjet einen Flug von Hamburg nach Paris, wird für die 77 Kilogramm CO_2-Ausstoß ein Betrag von 1,48 Euro errechnet. Bei atmosfair kostet dasselbe 6 Euro für 210 Kilogramm CO_2.

Wie geht das? Atmosfair und WWF sind sehr viel strenger als die Fluggesellschaften selbst und berücksichtigen bei ihren Berechnungen, dass sich Flugzeuge auf großer Höhe durch die Atmosphäre bewegen. Emissionen in großen Höhen heizen den Treibhauseffekt weitaus stärker an als der Kohlendioxidausstoß am Boden. Korrekt ist der Wert also nur, wenn der CO_2-Ausstoß mit dem sogenannten »Radiative Forcing Index« (RFI) multipliziert wird. Die Airlines tun dies nicht, sie haben vermutlich Sorge, dass sie auf diesen höheren Wert festgenagelt werden, wenn es um die gesetzliche Regelung des Emissionshandels geht. Bislang werden sie nämlich von allen Klimaschutzzielen ausgenommen, aber es ist wohl nur eine Frage der Zeit, bis sich das ändert.

Unterm Strich wird damit mal wieder deutlich: Verbindliche Auflagen der Politik für die Unternehmer zur Vermeidung von Emissionen oder – noch besser – ein echter Emissionshandel wären weitaus sinnvoller als freiwillige Klimaschutzspenden. Das würde im großen Stil Klimaschutz bewirken und die Skepsis der Verbraucher beseitigen. Dann wird »klimaneutral« vielleicht eines Tages sogar zum »Wort des Jahres«!

6. Die CO_2-Card oder Wie der Klimaschutz schneller in Gang kommt

»Kick the habit!«

Zwischen Büchereiausweis und EC-Karte steckt demnächst eine neue blaue Karte im Portemonnaie: die CO_2-Card. Sie funktioniert wie eine Geld- oder Kreditkarte, wird zu Anfang des Jahres kostenlos mit einem Guthaben von 3000 Kilogramm CO_2 aufgeladen, und jedes Mal, wenn man irgendwo bezahlt, wird je nach Einkauf ein entsprechendes CO_2-Gewicht abgebucht: ein halbes Pfund für den samstäglichen Großeinkauf im Supermarkt, etwas mehr, wenn man vor der Ferienreise einmal volltankt. Der Flug von Frankfurt nach London und zurück schlägt mit 400 Kilogramm sehr viel teurer zu Buche, dafür ist die Radtour am Wochenende gratis – und seit dem Wechsel auf den Ökostromanbieter fällt die monatliche Stromrechnung auch nicht mehr ins CO_2-Gewicht.

Eine solche CO_2-Card gibt es noch nicht, aber britische Experten vom Londoner Institut Lean Economy Connection und dem Tyndall Centre for Climate Change Research haben erste konkrete Ideen dazu entwickelt. In Großbritannien werden derartige Erweiterungen des EU-Emissionshandels auf der Ebene des Endverbrauchers stark diskutiert und sogenannte »handelbare individuelle Emissionsquoten« vom ehemaligen Umwelt-

und heutigen Außenminister David Miliband propagiert. Die britische Regierung ließ Studien erstellen, und die Royal Society for the Encouragement of Arts, Manufactures & Commerce erforscht derzeit in einem dreijährigen Projekt, inwieweit sich die Verbraucher in den Emissionshandel einbeziehen lassen.

Kaum ist die Idee im Forschungsmarkt, gibt es auch schon die ersten Kritiker, die im individuellen CO_2-Handel die Gefahr sehen, dass dadurch die Kosten der Treibhausgasreduktion allein auf den Schultern der Verbraucher abgeladen würden. Umfragen hätten ergeben, dass 90 Prozent der Verbraucher CO_2-neutrale Produkte wollen, aber es gäbe nicht ausreichend entsprechende Angebote. Ist das so?

Ist es nicht eher so, dass die Leute immer noch aus alter Gewohnheit Produkte kaufen, die nicht nur schlechter sind, klimaschädlicher, sondern auch noch teurer? Die Vereinten Nationen haben erst vor kurzem eine Broschüre mit dem provokanten Titel »Kick the habit« herausgegeben, in der sie die Vielzahl an Möglichkeiten auflisten, wie jeder Einzelne von uns jetzt schon seine Emissionen um etwa die Hälfte senken könnte.

Von der Energiesparlampe beispielsweise weiß mittlerweile jedes Kind, dass sie nicht nur Energie spart, sondern damit auch das Klima schützt – und dass sich der vermeintlich höhere Kaufpreis schnell durch eingesparte Energiekosten amortisiert. Und trotzdem kaufen auch zwanzig Jahre nach Erfindung der sehr viel effizienteren Sparlampe immer noch unzählige Menschen herkömmliche Energie-Verschwender-Glühbirnen. Jetzt greifen die Gesetzgeber ein: Ab 2009 dürfen in der Schweiz keine Glühbirnen der Effizienzklasse F und G mehr verkauft werden. Stattdessen gibt es dann nur noch energiesparende Leuchtmittel mit mindestens der Energieeffizienzklasse E. Die meisten traditionellen Glühbirnen gehören den Klassen E bis G an. Ab 2012 sollen die alten Glühlampen per Gesetz ganz verschwinden.

Kohlenstoffwahrheit im Einkaufskorb

Verbote wirken. Stimmt. Aber viel angenehmer wäre es doch, positive Anreize zu schaffen, sich emissionsarm zu verhalten, etwa dadurch, dass man Geld spart, wenn man seine Emissionen reduziert, oder dadurch, dass man sogar Geld verdienen kann, indem man überschüssige Emissionsrechte an unverbesserliche Verschwender verkauft. Das, was für Staaten und für Unternehmen gilt, hat genauso große Berechtigung für den Endverbraucher. Wenn Klimaschutz sich lohnt, macht er sehr viel mehr Spaß. Statt mit erhobenem Zeigefinger zu maßvollem Leben ermahnt oder mit Schimpf und Schande für Fehlverhalten bestraft zu werden, bekäme ich lieber eine Belohnung für emissionsarmes Verhalten.

Die CO_2-Card wäre ein simples Instrument, das positiv klimabewusste Verhaltensänderungen verstärkt. Wenn man die Wahl zwischen zwei gleichwertigen Produkten hat, bei denen eines das persönliche CO_2-Konto mehr belastet als das andere – für welches würde man sich entscheiden? Und wenn ich wüsste, dass eine Tonne CO_2 auf dem freien Emissionsmarkt gerade 30 Euro kostet, dann überlege ich mir doch doppelt, ob ich heute den angeblichen Billigflug nach Übersee buche, der mich 6 Tonnen, also 180 Euro extra kostet.

Mit der CO_2-Card hat es jeder Einzelne in der Hand, seinen CO_2-Ausstoß bewusst zu steuern und im Idealfall klima- und kostenbewusst zu reduzieren. Er muss nur genau wissen, wie viel Emissionen bestimmte Verhaltens- und Konsumgewohnheiten mit sich bringen. Und das ist neuerdings kein Ding der Unmöglichkeit mehr.

Seit Mitte 2007 versehen zahlreiche englische und holländische Produzenten Esswaren mit dem »Carbon Footprint«, einer CO_2-Etikette. Die informiert darüber, wie viel Gramm CO_2 bei Anbau, Ernte und Transport pro 100 Gramm eines Lebensmittels anfallen – egal ob Brot, Kekse, Kartoffeln oder Tomaten. Der Klimaschutz hat die Kühlregale erreicht. Die britische Supermarktkette Tesco, drittgrößte Lebensmittelkette der Welt, kennzeichnet seit Anfang 2008 in einer Testphase alle Produkte mit einer Klimagasplakette, die genau den CO_2-Emissionswert benennt. Indem der Verbraucher über den »Carbon Footprint« eines Produktes informiert wird, soll er die Möglichkeit haben, Waren zu meiden, die das Klima unnötig belasten. Der »CO_2-Rucksack« von Lebensmitteln trägt massiv zum Klimawandel bei. Schließlich werden etwa 40 Prozent der Emissionen eines Bürgers durch Ernährung und Konsum verursacht.

Wer macht sich bislang Gedanken darüber, was der Krabbensalat aus dem Kühlregal mit dem Klimawandel zu tun hat? Nur der gut informierte Verbraucher ahnt, dass der tiefgekühlte Lufttransport der Krabben von der Nordseeküste nach Marokko, wo die Tierchen von gering bezahlter Hand aus der Schale gepult werden, und zurück in den deutschen Supermarkt nicht wirklich CO_2-arm vonstattengeht. 132 Gramm CO_2 bringt ein 100-Gramm-Schälchen Krabbensalat nach solchen Umwegen auf die Waage.

Die britische Regierung prüft, ob sie das neue Klima-Label vorschreiben will. In Österreich plant man die Einführung des Labels, und auch in der Schweiz werden seit Februar 2008 die ersten Produkte bei der Supermarktkette Migros damit ausgezeichnet. Auch in Deutschland arbeitet seit kurzem ein Konsortium aus WWF, Öko-Institut, Potsdam-Institut für Klimafolgenforschung und der Firma Thema 1 daran, produktbezogene CO_2-Bilanzen zu erstellen. Berechnet werden die CO_2-Footprints für sechs Unternehmen, DM Drogeriemarkt, Frosta, Henkel, Tetra Pak, T-Home und Tschibo. Doch bis die Kunden wirklich über alle Produkt-Carbon Footprints informiert sind, wird noch etwas Zeit vergehen.

Richtig interessant wird es, wenn unscheinbare Produkte

plötzlich im Detail auf ihre CO_2-Emission durchleuchtet werden. Vieles kann man bislang nur ahnen: Für die Produktion eines Mobiltelefons beispielsweise wird fast ein halber Liter Erdöl benötigt, das bedeutet einen CO_2-Wert von mindestens 1,2 Kilogramm. Klingt nach wenig, ist aber in der Summe der jährlich verkauften Handys eine ganze Menge. Allein Sony Ericsson produzierte 2007 etwa 600 Millionen Geräte – das entspricht 300 Millionen Liter Erdöl und einer weltweiten CO_2-Emission von 792 000 Tonnen. Da stellt sich dann schon die Frage, ob man jedes Jahr ein neues Handy braucht.

Auch zahlreiche internationale Konzerne lassen inzwischen für ihre Markenprodukte »Carbon Footprints« erstellen. Unternehmen wie Hewlett-Packard, Pepsi-Cola oder Procter & Gamble wollen auf diese Weise auch herausfinden, wie sie über die gesamte Wertschöpfungskette ihre CO_2-Emissionen reduzieren können.

Ein Thema, das im Frühjahr 2008 übrigens auch im Mittelpunkt der weltgrößten Computermesse Cebit stand. Immerhin werden durch Internet und moderne Informationstechnologie erhebliche Mengen Treibhausgas in die Atmosphäre geblasen. »Green IT« heißt das Schlagwort, unter dem die gesamte Branche versucht, die Energieeffizienz von Computern und Internet zu erhöhen und die Emissionen zu reduzieren. Und schon bilden sich die ersten Dienstleistungsunternehmen heraus, die spezielle Software wie zum Beispiel EmissionControl, eine professionelle Erfassungssoftware zur Bilanzierung von CO_2-Emissionen, anbieten. Eine schöne Idee, mit Klimaschutz Geld zu verdienen, indem man mit Klimaschutz Geld sparen hilft!

Verantwortung – »aber bitte mit Sahne!«

CO_2-Card und CO_2-Labeling könnten einen Trend verstärken, der derzeit für das Klima hoffen lässt. Hat sich doch quer durch alle Altersgruppen sehr erfolgreich ein verantwortungsvoller, gesundheitsbewusster und um Nachhaltigkeit bemühter Lebensstil etabliert, den die Marktforschung »Lifestyle of Health and Sustainability« nennt. Dieser »Lifestyle« versucht, Gesundheitsbewusstsein (»Health«) und Ansprüche an Nachhaltigkeit (»Sustainability«) zu verbinden.

Das Akronym »Loha« ist zum Sammelbegriff für alle Menschen geworden, die diesem Lifestyle anhängen. Und weil er sich als feststehender Begriff etabliert hat, wird er in der Regel wie jedes andere Substantiv gemischt buchstabiert und durchdekliniert: Es gibt »die Lohas« oder auch im Singular »den Loha«. Es gibt Loha-Mütter, Loha-Väter und Loha-Kinder.

Der Gedanke und Begriff der Nachhaltigkeit ist fast so alt wie die Forstwirtschaft und bezeichnete die Erkenntnis, dass man klugerweise genauso viele Bäume nachpflanzen sollte, wie man abholzen will – oder andersherum, dass man nur so viel abholzt, wie auch nachwachsen kann.

Mit dem 1972 erschienenen Bestseller *Die Grenzen des Wachstums*, der über 30 Millionen Mal in vielen Sprachen verkauft worden ist, wurde der Begriff der Nachhaltigkeit zum Leitbegriff der entstehenden Umweltbewegung. Spätestens seit der Konferenz der Vereinten Nationen in Rio de Janeiro im Jahr 1992 ist der Begriff Sustainability bzw. Nachhaltigkeit aus der wissenschaftlichen und politischen Diskussion nicht mehr wegzudenken: 178 Staaten bekannten sich damals dazu, das Leitbild »Sustainable Development« auszufüllen, und riefen deshalb weltweit zu Maßnahmen in der Umwelt-, Entwicklungs-, Sozial- und Wirtschaftspolitik auf.

Viele Institutionen und Unternehmen sind diesem Appell

mittlerweile gefolgt. Seit Mitte der 1990er Jahre publizieren selbst konservative Traditionskonzerne zunehmend »Nachhaltigkeitsberichte«, in denen sie, ergänzend zum klassischen Geschäftsbericht, auch ihre Bemühungen um Umwelt und Soziales darstellen: Ob mit neuer Solaranlage auf dem Werksdach oder mit dem Betriebskindergarten, dem gezielten Verhindern von Kinderarbeit in den Zulieferbetrieben am anderen Ende der Welt oder der Verwendung von Recyclingpapier in hiesigen Büros – die Unternehmen zeigen sich von ihrer verantwortungsbewussten Seite. Die Nachhaltigkeitsberichte werden immer dicker und immer schicker. Denn neuerdings interessieren sich nicht nur Politiker, sondern auch Aktionäre und Konsumenten für die Herkunft der Produkte und wollen wissen, in welcher Weise sich ein Unternehmen dem Prinzip der Nachhaltigkeit verpflichtet fühlt.

Das Verhalten der Lohas versucht den Brückenschlag zwischen bislang unüberbrückbaren Gegensätzen: Neben Lebenslust, Schaffensdrang und Konsumfreude gibt es auch noch Platz für Verantwortungsbewusstsein und Gerechtigkeitssinn.

Zahlreiche Prominente sind bekennende Lohas und engagierte Klimaschützer: George Clooney fährt mit einem Hybridauto durch Hollywood, Brad Pitt und Angelina Jolie engagieren sich für einen ökologischen Wiederaufbau von New Orleans, Leonardo DiCaprio drehte den klimapädagogischen Dokumentarfilm »The 11th Hour«, und Julia Roberts ruft dazu auf, ihrem Vorbild zu folgen und Altpapier zu sammeln.

Was die Lohas alle eint, ist ein offensiv vorgetragenes Klimabewusstsein, ohne sich in eine politische Ecke drängen zu lassen. Sie fühlen sich als eine Art »Klima-Avantgarde« oder »Bio-Boheme«. Dabei haben sie die alten Slogans »No future« und »Soundso, nein danke!« sinngemäß in ein frisches »Verantwortung für die Zukunft? Ja – aber bitte mit Sahne!« übersetzt.

In den USA sollen etwa 30 Prozent aller Erwachsenen zur Gruppe der Lohas gehören, in Deutschland bereits 15 Prozent.

Was den Soziologen ein Phänomen und strengen Ökoveteranen ein Dorn im Auge, ist für die Wirtschaft eine neue Zielgruppe. Lohas verknüpfen wie selbstverständlich Konsum mit Haltung – was gut fürs Karma ist, ist auch gut fürs Klima. Überzeugt von ihrer Macht als Verbraucher, wollen sie durch ihre Kaufentscheidungen die Unternehmen zwingen, sich auf Umweltschutz und fairen Handel einzulassen. Andernfalls ginge eine kaufkräftige Kundschaft verloren und wanderte ab zur besseren Konkurrenz. Es geht also um gutes Geschäft – im doppelten Wortsinne: »doing good and doing well«.

Lohas wissen, dass Konsum großen Einfluss aufs Klima hat und dass ökologische Landwirtschaft, fleischlose Ernährung und regionale Produkte im Sinne des Klimaschutzes sind. Für Lohas ist darum der Einkauf im Bioladen erste Klimapflicht.

Lange schon hat der klassische Bioladen als Nischengeschäft am Rand der Innenstadt ausgedient, es boomen Ökosupermärkte mit breitem Produktangebot in den 1a-Lagen der Großstädte. Der umsatzstärkste Naturkosthändler Alnatura beschäftigt mittlerweile rund 1000 Mitarbeiter und macht 182 Millionen Euro Umsatz. 1987 gegründet, betreibt Alnatura mittlerweile 30 Biosupermärkte in sieben Bundesländern, bietet rund 5500 Bioartikel an, von denen etwa 700 unter eigenem Markennamen auch über Handelspartner wie dm, tegut, BUDNI und famila vertrieben werden. Aber auch Wettbewerber wie basic, BIO COMPANY oder Naturata freuen sich über wachsende Umsätze. Die deutschen Biosupermärkte machten 2007 insgesamt rund 220 Millionen Euro Umsatz. Der Umsatz mit Biolebensmitteln insgesamt stieg 2007 in Deutschland um 15 Prozent auf 5,3 Milliarden Euro an – was allerdings erst 3 Prozent des Gesamtmarktes ausmacht.

Derzeit ist die Nachfrage größer als das Angebot und wächst auch wesentlich schneller: Nur 5 Prozent der deutschen und 10 Prozent der österreichischen Landwirtschaft haben bereits auf

Ökobetrieb umgestellt; ein Großteil der in Deutschland gekauften Bioprodukte wird deswegen derzeit importiert, was die CO_2-Bilanz für die Kunden etwas verschlechtert. Dabei lohnt sich die Umstellung für die Bauern, denn nach Berechnungen der Bundesregierung steigen die Gewinne der Ökobetriebe mehr als die konventioneller Landwirte. In den USA werden heute schon jährlich 230 Milliarden Dollar mit nachhaltigen und sozial gerecht erzeugten Konsumgütern umgesetzt.

Der Staat drückt auf die Klimatube

Um das Tempo der Veränderung von klimaschädlichen zu klimaneutralen Lebensformen zu beschleunigen, versucht der Staat, durch gezielte Förderung bestimmte Technologien und Produkte schneller zur Marktreife zu bringen. Der Staat drückt auf die Klimatube.

Eine Studie von McKinsey im Auftrag des Bundesverbandes der Deutschen Industrie (BDI) hat gezeigt, dass es bereits heute genügend preiswerte Technologien in allen Segmenten von der Industrie über den Verkehr bis zu den Haushalten gibt. Deutschland kann somit bis zum Jahre 2020 bis zu 31 Prozent der Treibhausgase reduzieren, und zwar zu vertretbaren Kosten: Weniger als 20 Euro kostet demnach jede eingesparte Tonne CO_2. Energieeffizienzverbesserungen sind grundsätzlich die kostengünstigste Möglichkeit, Treibhausgase zu vermeiden. Europa als Ganzes, aber auch Deutschland alleine haben sich jeweils zum Ziel gesetzt, Vorreiter in der Klimaschutzpolitik zu sein. Europa will die Treibhausgase bis 2020 um 20 Prozent vermindern und gleichzeitig die Energieeffizienz drastisch verbessern und den Anteil erneuerbarer Energien auf 20 Prozent erhöhen. Deutschland geht noch weiter: Die Treibhausgase sollen im selben Zeitraum um 30 Prozent gesenkt werden, der Anteil erneuerbarer

Energien soll 30 Prozent erreichen. Deutschland hat ein integriertes Energie- und Klimaschutzpaket auf den Weg gebracht. Eine lange Liste an Klimaschutzmaßnahmen von der Gebäudedämmung bis zur CO_2-Kfz-Steuer und der Lkw-Maut soll die Treibhausgase eindämmen. Das Gute daran: Energieeffizienzmaßnahmen sind nicht nur billig, sondern führen dazu, dass teure fossile Energie eingespart wird. Somit kostet Klimaschutz jeden Haushalt im Durchschnitt 8 Euro im Monat – er kann aber Energiekosten von bis zu 12 Euro einsparen!

Ein wichtiger Baustein der staatlichen Maßnahmen ist natürlich die Förderung erneuerbarer Energien, wie sie die Bundesregierung im Jahr 2000 mit dem »Gesetz für den Vorrang Erneuerbarer Energien«, kurz EEG, begonnen hat. Diese Förderung trägt nicht nur dem Klimaschutz Rechnung, sondern stärkt gleichzeitig die Versorgungssicherheit und somit die Wettbewerbsfähigkeit Deutschlands in der Welt. Das EEG war die Initialzündung für den späteren Boom der umweltfreundlichen Technologien und führte dazu, dass Deutschland im europäischen Vergleich beim Ausbau regenerativer Energien inzwischen einen Spitzenplatz innehat.

Das Prinzip des EEG ist einfach: Wer beispielsweise eine Wind- oder Solaranlage betreibt, bekommt bei Einspeisung in das Netz einen festen Vergütungssatz für den erzeugten Strom. Dieser orientiert sich nicht an den Marktpreisen, sondern an den Erzeugerkosten. Dadurch können die Betreiber der Anlagen risikofrei arbeiten, denn sie wissen, dass sich ihre Investitionen in jedem Fall lohnen, selbst wenn die Energiepreise in den Keller fallen. Ziel des Gesetzes war und ist es, dadurch einen wirtschaftlichen Betrieb der Anlagen zu ermöglichen. Die Mehrkosten zahlt der Kunde über eine Umlage mit seiner Stromrechnung.

Klugerweise wurde von Anfang an im Gesetz festgeschrieben, dass der festgelegte Fördersatz jährlich automatisch um ein paar Prozent sinkt und außerdem die gewährten Fördersätze für die einzelnen erneuerbaren Energieträger regelmäßig überprüft werden. Damit wird ein Anreiz geschaffen, die Kosten zu senken, und der Staat davor geschützt, einen möglicherweise bereits boomenden Markt endlos und über Gebühr zu fördern. Im Frühjahr 2008 wurde bereits in der dritten Novelle des Gesetzes erneut der Fördersatz für bestimmte Energien dem Markterfolg und Wachstum angepasst. Doch diese gesetzlich vorgeschriebene Anpassung der Fördersätze für die jeweiligen Energieträger ist kompliziert und lässt sich garantiert nicht auf einem Bierdeckel errechnen. In den Medien klagen die konventionellen Energieanbieter außerdem über die angebliche Marktverzerrung durch die Subvention. Diese sei Verschwendung und beruhe auf Klimahysterie. Vor allem das Geschäft mit der Sonnenenergie erlebt dank des EEG einen wahren Boom, was die Kritiker besonders erzürnt.

Es sei Unsinn, in Deutschland Sonnenenergie zu fördern angesichts der vergleichsweise geringen durchschnittlichen Sonnenscheindauer. Hier wird verkannt, dass die erneuerbare Energie sich – auch aufgrund der zahlreichen Anwendungsbeispiele im Inland – international zum absoluten Exportschlager entwickelt hat. Die Unternehmensberatung Roland Berger ermittelte bereits 2007 in einer Studie das Wachstumspotenzial der »grünen Branche«: Eine Billion Euro Umsatz im Jahr 2030 wäre drin, wenn Deutschland den Erfolgskurs unbeirrt fortsetzt. Schon jetzt verfügt das Land über die größte installierte Windkraftkapazität, die höchste Verwertungsquote bei Verpackungen, modernste Kraftwerkstechnologie, den höchsten Anteil bei der Regenwassernutzung – und last but not least: Bereits heute wird jede dritte Solarzelle weltweit im verregneten Deutschland produziert, und jedes zweite Windrad stammt ebenfalls von hier.

Green Tech made in Germany ist längst auch schon Motor für ein echtes Jobwunder. 2020 wird die Ökobranche voraussichtlich mehr Arbeitsplätze bieten als Maschinenbau oder Autoindustrie. Schon in wenigen Jahren werden die Umsätze der Umweltbranchen höher sein als die der beiden Traditionsbranchen zusammen. 235 000 Beschäftigte gibt es bereits heute im Bereich erneuerbare Energien – im Umwelttechnikbereich insgesamt sind es schon über eine Million Arbeitsplätze – und das, wo die internationalen Klimaanstrengungen gerade erst begonnen haben.

»Good Climate in Germany!«

Aus einer verspotteten Ökobranche ist ein florierender Wirtschaftszweig geworden. Der Erfolgsslogan, der Deutschlands weltweite Bedeutung in der ersten industriellen Revolution markierte, »Made in Germany«, könnte mit kleiner Variation auch Signet für Deutschlands Beteiligung an der sogenannten »dritten industriellen Revolution« werden: »Good Climate in Germany!«

Inzwischen wird das Gesetz von zahlreichen europäischen Ländern kopiert. Bereits heute folgen viele Länder dem deutschen Vorbild und fördern regenerative Energien mit finanzieller Unterstützung durch Steuererleichterungen oder über direkte finanzielle Zuwendungen. Große Unternehmen erkennen mehr und mehr die Zukunftschancen der neuen Technologien.

Das ist gut fürs Klima und den Umweltschutz einerseits, aber andererseits auch problematisch, weil es Wettbewerber auf den Plan ruft. Deutschland ist Um-Weltmeister – aber wie lange noch? Es ist keineswegs ein Geheimnis der Deutschen geblieben, dass sich mit Klimaschutzmaßnahmen Geld verdienen und neue Arbeitsplätze schaffen lassen. Es gibt inzwischen zahlreiche Politikinitiativen anderer Länder, die den deutschen Anstrengungen in nichts nachstehen – das reicht von Schweden über Island, Norwegen, Indien bis nach Japan. Und selbst die vermeintlichen Klima-Ignoranten USA haben längst das wirtschaftliche Potenzial im Klimaschutz entdeckt.

So hat der kalifornische Gouverneur Arnold Schwarzenegger mittlerweile ein 3,2 Milliarden Dollar schweres Klimaschutzpaket – die sogenannte »California Solar Initiative« – auf den Weg gebracht, in dessen Kern es um die Förderung der kalifornischen Solarindustrie geht. Der kalifornische Renewable Portfolio Standard (RPS) verpflichtet alle kalifornischen Energieversorgungsunternehmen, bis zum Jahr 2020 ein Drittel der Energie aus erneuerbaren Energien zu beziehen oder zu erzeugen. Damit hat Kalifornien die ehrgeizigste Gesetzgebung für erneuerbare Energien in den gesamten Vereinigten Staaten und ist der US-Solarmarkt Nummer eins, in dem mittlerweile auch zahlreiche deutsche Unternehmen große Absatzchancen erkennen.

Australiens Premierminister des Bundesstaates Victoria, John Brumby, kündigte im Februar 2008 an, im nächsten Jahr mit den Bauarbeiten für das größte Solarkraftwerk der Welt zu starten, und plant dafür Subventionen in Höhe von fast 81 Millionen Euro ein. Bislang hatte die weltgrößte Solaranlage in Deutschland gestanden, in Espenhain bei Leipzig, und war erst 2004 mit viel Brimborium vom damaligen Umweltminister Jürgen Trittin in Betrieb genommen worden. Fünf Jahre später übernimmt nun Australien diesen Superlativ: Das Solarkraftwerk in »Down Under« soll Strom für 45 000 Haushalte erzeugen, ohne auch nur ein Gramm Treibhausgas auszustoßen. Nur zum Vergleich: Für dieselbe Strommenge würde ein Kohlekraftwerk etwa 396 000 Tonnen CO_2 emittieren.

Doch nicht nur die öffentliche Hand erkennt das Potenzial der erneuerbaren Energien, sondern auch die private Wirtschaft: Der Finanzdienstleister Allianz Climate Solutions ermittelte in einer Studie, dass 2006 weltweit 52 Milliarden Dollar in erneuerbare Energien investiert wurden, davon nur 7 Milliarden in Deutschland.

Gestandene Industrieunternehmen, die bekanntlich nicht irgendwelchen Trends hinterherlaufen, setzen inzwischen auch auf erneuerbare Energien. Siemens steckt bereits die Hälfte des 5,7 Milliarden Euro schweren Forschungsetats in Projekte, die sich mit Klimaschutz beschäftigen. Dreißig Prozent der Energie, die weltweit mit Wasserkraft gewonnen wird, nutzt Turbinen und Generatoren aus Deutschland – der Global Player der Wasserkraft ist ein Familienunternehmen mit einer fast zweihundert Jahre alten Tradition, heißt Voith und sitzt in Heidenheim an der Brenz im östlichen Baden-Württemberg. Mit Gesamtausrüstungen für Wasserkraftwerke erwirtschaftete das Unternehmen allein im Konzernbereich Voith Siemens Hydro in 2006/07 einen Umsatz von 650 Millionen Euro und beschäftigt über 2800 Mitarbeiter.

Die weltgrößte Bankengruppe Citigroup will bis 2017 rund 50 Milliarden Dollar in den Umweltschutz investieren, davon allein 30 Milliarden Dollar in alternative Energien und Technologien.

Auch die amerikanische Industrie hat die Zeichen der Zeit erkannt: Der weltgrößte Konzern General Electric (GE), der außer Haushaltsgeräten auch Atomkraftwerksteile und Kampfjettriebwerke produziert, stellt seit 2007 für Entwicklungen im Bereich der umweltfreundlichen Technologien inzwischen 1,5 Milliarden Dollar jährlich bereit – doppelt so viel wie zuvor. Bereits 2005 kündigte General Electric eine absolute Reduzierung seiner Emissionen bis 2012 um 1 Prozent an. Sechs Milliarden Dollar will das Unternehmen in den nächsten zwei Jahren (bis 2010) in erneuerbare Energien, davon allein zwei Drittel in Windenergie, stecken. Grund sei die gestiegene Nachfrage.

Und die wird weiter steigen: In ihrer Studie diagnostiziert die Allianz Climate Solutions, dass der Anteil der erneuerbaren Energien am Energieverbrauch weltweit signifikant ansteigt. Dabei sei netzgekoppelte Photovoltaik am schnellsten gewachsen, nämlich um 60 Prozent zwischen 2000 und 2005, gefolgt von Windkraft mit 28 Prozent Wachstum.

Auch in Deutschland soll bis 2020 der Anteil der erneuerbaren Energien am Energieverbrauch nach dem Willen der Regierung steigen, gern auf etwa ein Drittel. Der Trend geht genau in diese Richtung. Die Nachfrage nach Ökostrom als Energie aus erneuerbaren Quellen ist in den letzten Jahren enorm gestiegen. Bereits heute machen erneuerbare Energien über 14 Prozent der Stromerzeugung in Deutschland aus.

Allerdings könnte der Anteil schon heute deutlich höher sein, wenn man das Netz rechtzeitig ausgebaut hätte. Gerade in Norddeutschland wird mehr und mehr Windenergie, auch auf hoher See, genutzt werden. Diese muss aber ins Netz eingespeist werden können, was bisher nicht so einfach ist: Das Netz gehört nur in seltenen Ausnahmefällen den Anbietern von erneuerbaren Energien und ansonsten den vier »Platzhirschen«.

Wie man sich Konkurrenten vom Leib hält

Der deutsche Strommarkt wird seit der sogenannten »Liberalisierung« von 1998 von vier Energiekonzernen beherrscht: E.on, RWE, EnBW und Vattenfall Europe. Genau genommen war 1998 zwar noch eine bedeutend größere Anzahl von Energiekonzernen im Markt tätig, nur haben diese sich nach der Liberalisierung zu vier Großen zusammengeschlossen. Die Politik hat dabei tatenlos zugesehen, schlimmer noch: Sie hat per Ministererlaubnis zugelassen, dass sich marktdominante Anbieter etablieren. Vier Konzerne liefern heute also über 80 Prozent des Stroms und haben sich das Land so geschickt in Häppchen aufgeteilt, dass sie sich wechselseitig quasi keine Konkurrenz machen.

Aber noch etwas macht sie groß und mächtig: Ihnen gehört das deutsche Stromnetz. Wer immer Strom durch diese Netze leiten will, muss eine Netznutzungsgebühr bezahlen – und die ist happig. Die Konzerne verlangen je nach Region bis zu 8 Cent pro Kilowattstunde. Zum Vergleich: In Schweden kostet die Durchleitung nur 2,8 Cent, genau wie in Norwegen, in den Niederlanden oder in Finnland, wo Regulierungsbehörden über die Preise wachen. Wenn man die Strompreise insgesamt in Europa vergleicht, liegt Deutschland im oberen Mittelfeld. Zugegeben: In Deutschland sind die Stromsteuern und -abgaben auch höher als im europäischen Ausland – sie machen 40 Prozent des Strompreises aus. Dennoch: Die jüngsten starken Preissteigerungen kann man mit den Steuern nicht erklären – sie sind das Resultat von zu wenig Wettbewerb.

In Deutschland gab es zunächst eine Regulierungsbehörde nur für Telekommunikation und Post. Sie hat bei der Privatisierung der ehemals staatlichen Monopolbetriebe darauf geachtet, dass die Liberalisierung der Märkte zu einem freien Wettbewerb führt. Bei der Öffnung der Energiemärkte vertraute die Regierung darauf, dass die Energiekonzerne sich freiwillig um Wettbewerb bemühen würden. Was sie nicht taten – weniger Wettbewerb versprach höhere Gewinne. Und weniger Wettbewerb, das war in Deutschland leicht zu haben. Das Stromnetz ist ein natürliches Monopol, da es unsinnig wäre, künstlich zwei oder mehr Stromnetze parallel am Leben zu erhalten. Und wenn womöglich doch jeder Anbieter sein eigenes Netz bauen würde, stiegen die Kosten ins Unermessliche. Insofern sollte es auch in Deutschland nur ein Netz für alle geben. Man teilte das komplette Hochspannungsnetz unter den vier Energieriesen in vier sogenannte »Regelzonen« auf. Doch die nutzten diese Monopolstellung zur Marktabschottung: Gerade über die Netzgebühren können die Konzerne sich billigere Konkurrenten vom Leib halten.

Tatsächlich fuhren die vier Konzerne in den vergangenen Jahren Traumrenditen von 15 bis 20 Prozent ein. So kam es, anders als im Telekommunikationsmarkt, im Strommarkt durch die Privatisierung nicht zu den politisch erhofften Preissenkungen. Im Gegenteil: Nach Berechnungen der Stiftung Warentest stiegen die Preise von September 2000 bis Januar 2005 im Schnitt um fast 30 Prozent.

Hinzu kommt, dass die Konzerne über 80 Prozent des Stroms produzieren und entweder an der Börse oder in bilateralen Verträgen anbieten. Und: Ebenfalls etwa 80 Prozent des Stroms werden in Deutschland in abgeschriebenen Kohle- und Atomkraftwerken hergestellt. Zwei Cent kostet die Produktion einer Kilowattstunde Strom. An der Börse bildet sich aber ein Preis von bis zu 6 Cent – bei Spitzenlast sogar bis zu 8 Cent – und genau der (und nicht der günstigere Produktionspreis) wird den Kunden in Rechnung gestellt, genau wie die hohen Netzentgelte. Wie gut, dass es Ökostrom gibt: Wenn mehr Ökostrom an der Börse angeboten wird, fällt der Preis! Dies liegt an einem komplizierten Mechanismus: An der Börse bildet sich der Preis nach dem teuersten Kraftwerk – dieses fällt heraus, wenn mehr Ökostrom angeboten wird – somit sinkt der Preis. Es gibt Studien, die deutlich machen, dass es ein strategisches Interesse der Konzerne geben kann, künstlich das Angebot an der Börse zurückzuhalten – und somit den Preis hochzuschrauben. Denkbar wäre, dass sie dergleichen wirklich tun, auch wenn es niemand beweisen kann.

Als ich im Jahre 2000 in meinen ersten Veröffentlichungen genau auf diesen Effekt – die Oligopolisierung des Marktes sowie eine drastische Preissteigerung – hingewiesen habe, hat dies niemanden interessiert. Nach vielen Studien, in denen wir detailgenau den europäischen Strommarkt bewertet haben, und seitdem ich verstärkt öffentlich auf die unerfreuliche Situation hingewiesen habe, hat die Politik mittlerweile die Zusammenhänge wahrgenommen und – endlich! – die notwendigen Schritte eingeleitet.

Die EU mahnt Deutschland seit langem und völlig zu Recht zu mehr Wettbewerb. So entstand 2006 verspätet und als die

Märkte schon aufgeteilt waren, die Bundesnetzagentur, die nun im Nachhinein versucht zu korrigieren, was kaum noch zu korrigieren schien. Umfangreiche Vorgaben sollen jetzt sicherstellen, dass auch Konkurrenzkraftwerke ans Netz kommen. Auch der Preis für die Nutzung der Netze wird von der Energieagentur festgelegt.

Die Energiekonzerne sehen sich zu Unrecht am Pranger. Sie verteidigen die hohen Netznutzungsgebühren durch teure Instandhaltungsarbeiten und hohe Investitionen für den Ausbau der Netze. Sicherheit habe nun mal ihren Preis.

Tatsächlich ist in den letzten Jahren viel zu wenig in den Ausbau des deutschen Stromnetzes investiert worden. Das Netz ist vormals kleinteilig gebaut worden, als es nur darum ging, den Strom aus einzelnen Kraftwerken lokal zu verteilen. Mit der Öffnung der Strommärkte Ende der 1990er Jahre wurden diese vielen kleinen Netze zu einem großen Netz verknüpft, und seither müssen größere Mengen über weite Strecken verteilt werden. Durch den Ausbau der Windkraft entstehen zusätzliche Herausforderungen. Der Strom muss von den weit im Meer liegenden Off-Shore-Anlagen an die Küste und von dort in entfernte Regionen zu den Verbrauchern transportiert werden. Dazu wird der Strom, je nach Wind, unregelmäßig und in schwankenden Größenordnungen erzeugt und braucht deshalb bei Maximalleistung sehr hohe Leitungskapazitäten, die das Netz im Normalfall nicht bietet. Ähnliches gilt für neu errichtete Kraftwerke, die abseits dicht besiedelter Regionen gebaut werden, um Bürgerproteste zu vermeiden. Zudem muss das Stromnetz von Deutschland in die Nachbarländer erweitert werden. Auch dazu brauchen wir zusätzliche Netzkapazität. Das bestehende Stromnetz reicht längst nicht mehr aus.

Die angeblich bereits heute hohen Kosten sind nur die wiederkehrenden Argumente von Monopolisten und Oligopolen, die keinerlei Anreiz verspüren, ihre Preise und Kosten zu senken. Schließlich hat der Kunde keine echte Alternative. Gibt es einen günstigeren Konkurrenten, fallen den Unternehmen in der Regel überraschend schnell Lösungen zur Kostenreduzierung im eigenen Hause ein.

Kranke Deutsche und britische Musterschüler

Wie in solchen Debatten üblich, treten auch in den Diskussionen über den Energiemarkt überzeugte Marktanhänger auf, die meinen, man solle endlich aufhören, den Energiemarkt zu regulieren, sondern lieber auf das freie Spiel der Marktkräfte vertrauen. Sie vergessen: Genau das hat Deutschland jahrelang getan. Man hat keine ordnungspolitischen Maßnahmen ergriffen, den Markt sich selbst überlassen und dadurch die Chance verpasst, wirklichen Wettbewerb umzusetzen. Im Energiebereich führt der freie Wettbewerb zur Monopolbildung. Der Markt versagt. Als Ökonomin bin ich zwar grundsätzlich eine Anhängerin der freien Marktwirtschaft, aber beim Energiemarkt plädiere ich entschieden für mehr Regulierung, für mehr Eingriff und mehr Lenkung.

Der europäische Energiemarkt gleicht nämlich derzeit einem Kranken, dem die unterschiedlichsten Ärzte ständig aufs Neue die unterschiedlichsten Behandlungen verschreiben. So bekommt der Patient zu viele Medikamente mit zum Teil gegenläufigen Wirkungen. Niemand würde in solcher Situation auf die Selbstheilungskräfte des Patienten setzen. Stattdessen ist es an der Zeit, die vielen Ärzte abzuziehen und mit einem Team von ausgewählten Spezialisten einen konzentrierten und strukturierten Behandlungsplan aufzustellen.

Seit 2006 soll nun nach und nach mit Hilfe der Netzagentur auch in Deutschland ein funktionierender Wettbewerbsmarkt entstehen. Doch der EU-Kommission gehen die Veränderungen in Deutschland nicht schnell genug. Ziel war es gewesen, schon für 2007 einen europaweiten Strommarkt zu haben. Der Traum: Im fairen Stromhandel gäbe es ausreichend Erzeugungs- und Netzkapazitäten und durch fairen Wettbewerb kaum noch Unterschiede bei den Strompreisen. Europaweit wären Netz und Versorger voneinander getrennt. Im Gas- wie im Strommarkt kann jedes Unternehmen Energie durchleiten, wann und wie es will, und das zu akzeptablen Konditionen.

Die Realität ist davon weit entfernt. Zwar haben viele europäische Länder ihre Energiemärkte geöffnet, doch der Wettbewerb funktioniert nicht. Aber es könnte gehen: Skandinavien und Großbritannien sind in diesem Bereich die europäischen Musterschüler. Diese Länder haben schon früh ihre Energiemärkte liberalisiert und Netz und Erzeugung eigentumsrechtlich getrennt und eine Regulierungsbehörde mit der Überwachung des Marktes beauftragt. Die Kunden wechseln entsprechend häufig die Anbieter, der größte Anbieter hat keine Marktdominanz, sondern nur einen kleinen Marktanteil. So funktioniert freier Wettbewerb!

Deutschland in Wechsellaune

Im freien Wettbewerb können Verbraucher leicht von einem Stromanbieter zum anderen wechseln – und siehe da, seit die Netzagentur in den deutschen Strommarkt eingreift, kommt auch in Deutschland Wechsellaune auf. Plötzlich wird der angeblich ungeliebte Ökostrom zum Verkaufsschlager. Denn der als teuer gescholtene Klimaschutz durch erneuerbare Energien entpuppt sich in den Stromkostenabrechnungen als gar nicht wirklich exklusive Angelegenheit: Ein vierköpfiger Haushalt muss nach dem Wechsel von konventionellem auf Ökostrom lediglich etwa 84 Euro mehr bezahlen – wohlgemerkt: pro Jahr. Das entspricht 23 Cent pro Tag. So viel Geld haben deutsche Familien dann offenbar doch gern über.

Zwar gab es zeitweilig Irritation bei Verbrauchern, die sich fragten, woran man denn erkennen könne, dass man sich nunmehr mit sauberem Strom die Haare föhne. Aber mittlerweile hat sich herumgesprochen, dass nicht der Strom, der aus der Steckdose kommt, erneuerbar ist, sondern die Energien, die den Strom produzieren. Jedenfalls wächst der Zuspruch in rasantem Tempo. Ende 2007, nach einem Jahr Regulierungsarbeit, hatten erneuerbare Energien schon einen Anteil von über 14 Prozent am Gesamtstromverbrauch in Deutschland. Niemand hätte gedacht, dass es so schnell geht.

Mit vorbildlichen energiepolitischen Entscheidungen kann Deutschland sowohl Vorbild als auch Marktführer werden. Das EEG ist eine Erfolgsgeschichte, auch wenn so mancher lieber sähe, dass statt der Förderung in die neuen Energien Zuschüsse in die alten flössen. Denn angesichts steigender Energiepreise bei Öl und Gas werden zunehmend Forderungen laut, die Politik solle die Verbraucher entlasten, indem sie die Mineralölsteuer oder die Stromsteuer kürzt. Viel zu kurz gedacht. Energiepolitik muss langfristig und international ausgerichtet sein. Das ist wichtiger als kurzfristig sinkende Energiepreise. Zumal unsicher ist, ob sinkende Steuern auch tatsächlich zu sinkenden Energiepreisen führen werden: So wie man die Energiekonzerne kennt, werden sie die Gelegenheit nutzen und ihre Margen erhöhen, so dass der Preis gar nicht sinken wird. Das Geld würde nur nicht in die Staatskasse, sondern in die Tasche der Energiekonzerne fließen.

Allein durch die hohen Öl- und Gaspreise entstehen Deutschland derzeit Mehrkosten von bis zu 25 Milliarden Euro pro Jahr, erneuerbare Energien hingegen kosten uns lediglich 7 Milliarden Euro. Wir könnten also dauerhaft große Summen sparen, wenn wir fossile Energie ersetzen. Und hätten wir schon in der

Vergangenheit diese 25 Milliarden Euro in alternative Energien gesteckt, hätten wir heute ein Problem weniger an der Zapfsäule.

Ob Sonne, Wind, Photovoltaik, Biogas oder Kraft-Wärme-Kopplung – die Branche entwickelt sich zum Motor eines deutschen Klima- und Wirtschaftswunders. Deshalb sollte man unbedingt an der bisherigen Strategie festhalten: Energien, die noch nicht aus eigener Kraft wettbewerbsfähig sind, bedürfen der weiteren Förderung, je stärker sie schließlich eingesetzt und erzeugt werden, desto billiger können sie pro Kilowattstunde werden. Davon profitieren langfristig alle: Unternehmen, Verbraucher und Staat.

Viele machen den Fehler, die Förderung der erneuerbaren Energien nur als Klimaschutzmaßnahme zu betrachten. Doch der Ausbau dieser heimischen Energieträger erhöht die Unabhängigkeit von Importen aus politisch instabilen Ländern und damit die Versorgungssicherheit und stärkt außerdem die Wirtschaft und Wettbewerbsfähigkeit Deutschlands.

Bereits in den letzten zehn Jahren sind die Windkraftkosten um die Hälfte und die der Photovoltaik um ein Drittel gesenkt worden. Die Kosten erneuerbarer Energien werden durch Serienfertigung und technologische Optimierungen laufend billiger, während die der traditionellen Energien steigen.

Erneuerbare Energien sind auch die Antwort auf die nahende Erdöl- und Erdgasverknappung und ein Ausweg aus drohenden politischen Konflikten, die auf Europa im weltweiten Wettbewerb um eine sichere und kostengünstige Energieversorgung zukommen.

7. Fossile Energien – Konflikte, Kosten, Klimakiller

Wie sexy ist das Thema Energie?

»Schauen Sie sich bitte bei Gelegenheit ›Die nackte Kanone 2½‹ an!«

Ich kenne den Effekt dieser Filmempfehlung. Die Studierenden gucken erst irritiert, dann kichern vereinzelte, und schließlich traut sich jemand nachzufragen: »Sie meinen diese Komödie mit diesem blonden Schauspieler?« – »Leslie Nielsen«, helfe ich und gebe dann amüsiert meine nüchterne Erklärung: Die amerikanische Slapstick-Komödie von 1991 hat mehr mit meinen Forschungsthemen zu tun, als die meisten denken.

Zum Auftakt der – natürlich fiktiven – Geschichte lädt der amerikanische Präsident George Bush Sr. die führenden Vertreter der Energielieferanten der USA zum Essen ein. Versammelt sind die Präsidenten der Öl- und Petroleumgesellschaft, abgekürzt Spei, der Kohleindustrie, kurz Smog, und der Atomindustrie mit dem Kürzel Kawumm. Ebenfalls eingeladen ist der führende Energieexperte des Landes, Dr. Albert S. Meinheimer, auf dessen Urteil sich der Präsident in seiner zukünftigen Energiepolitik allein verlassen will: »Diese Frage ist viel zu wichtig«, meint der Präsident im Film, »als dass man sie Politikern oder bestimmten Interessengruppen überlassen könnte. Stattdessen brauchen wir eine unabhängige und zuverlässige Informationsquelle, auf die wir uns bei unseren Entscheidungen stützen können.« Leider geht dieser überaus kluge Satz im absurden Kampf der Gäste mit dem servierten Hummer unter.

Bei einem Presseclub-Dinner im Weißen Haus soll besagter Dr. Meinheimer seine Thesen und Ratschläge ausführlich der Öffentlichkeit vorstellen. Doch seine Forschungsergebnisse sind so brisant und entgegen den Interessen der Energieversorger, dass die geld- und machtgierigen Industriellen einen Anschlag auf Meinheimers Institut verüben lassen, um den Wissenschaftler aus dem Weg zu räumen. Ihre Angst: Wenn die Öffentlichkeit erst erfährt, dass eine Energiewende ökologisch und ökonomisch sinnvoll sei, entsteht großer Schaden für ihr Öl-, Kohle- und Atomgeschäft. Mit der Beseitigung Meinheimers wollen sie sicherstellen, dass der Präsident die Förderung der Ölindustrie beibehält und außerdem verstärkt in die Atom- und Kohleenergie investiert.

Das Attentat misslingt, und Dr. Meinheimer kann nach einigen absurden Verstrickungen und Verwirrungen seinen Vortrag am Ende doch noch halten. Und dann kommt eine der vielen Szenen, die dazu beitragen, dass sich der Film erstaunlich nah an der Realität bewegt, eine meiner Lieblingsszenen:

Kaum hat der Energieexperte angesetzt, die brisanten Zahlen und Fakten zu präsentieren, fallen die Journalisten zu Tode gelangweilt in Tiefschlaf. Niemand folgt Dr. Meinheimers »Forschungsbericht über die Notwendigkeit einer landesweiten Politik, die auf Energierationalisierung und sauberen erneuerbaren Energien beruht«. Chart um Chart präsentiert der Wissenschaftler seine Erkenntnisse vor einem hemmungslos schnarchenden Publikum. Das wacht erst wieder auf, als der Redner eher unfreiwillig Sexszenen aus einem Groschenroman vorliest.

Ich gebe zu, sexy ist das Energiethema auf Anhieb nicht. Trotzdem habe ich mich schon in meinem Studium auf Anhieb darin verliebt. Denn das Energiethema ist mehr als spannend, wenn man einmal verstanden hat, worum es dabei geht. Es dreht sich um nichts weniger als um das »Blut einer Volkswirtschaft«. Ohne Energie geht bei uns gar nichts mehr. Doch jetzt werden unsere traditionellen Energievorräte knapp – oder um es noch mal filmisch zu sagen: Houston, wir haben ein Problem!

Energie als Waffe

Deutschland, aber auch alle anderen EU-Staaten, sind in puncto Energieversorgung in hohem Maße von Importen aus aller Welt abhängig. Zwar kommt der Strom bekanntlich aus der Steckdose, und das Benzin, Heizöl oder Erdgas kommt aus dem Zapfhahn an der Tankstelle oder aus dem Tanklaster. Dort muss die Energie aber zunächst einmal hinkommen. Um Strom zu produzieren, brauchen wir Kraftwerke – und die brauchen Kohle, Erdgas oder Uran. Zwar nutzen wir dazu auch die einzigen heimischen fossilen Energieträger, Stein- und Braunkohle, alles andere müssen wir jedoch importieren, übrigens auch immer mehr Steinkohle. Denn die deutsche Steinkohle ist dreimal so teuer wie die auf dem Weltmarkt.

Deswegen sind wir darauf angewiesen, dass unsere Handelspartner in der Welt die Rohstoffe zuverlässig liefern. Anfang der 1970er Jahre haben wir erlebt, was es heißt, wenn Energie zur Waffe wird. Als sich die westlichen Nationen in den politischen Konflikten im Nahen Osten auf die Seite Israels stellten, ließen die arabischen Öllieferanten die Industrieländer ihre Abhängigkeit einmal richtig spüren: Sie drosselten die Fördermenge um etwa 5 Prozent. Das klingt nicht nach viel, bewirkte aber eine akute Preissteigerung um 70 Prozent und in der Folge eine handfeste Krise in den westlichen Ländern. Heute klingt das traumhaft: Ein Barrel Öl, also 159 Liter, kostete damals rund 3 Dollar.

Der Preisanstieg auf über 5 Dollar wirkt aus jetziger Perspektive geradezu lächerlich, wie auch die 12 Dollar, die kurze Zeit später schon bezahlt werden mussten. Damals war die größte Furcht, dass mit dieser Preisforderung noch kein Ende erreicht war. Und die Angst sollte sich als berechtigt erweisen.

Die Organisation erdölexportierender Länder (OPEC) presste den ölabhängigen Volkswirtschaften binnen weniger Jahre für die Lieferung des kostbaren Rohstoffs 3000 Milliarden Dollar ab. Dieser unverhoffte Geldsegen bescherte den OPEC-Staaten ein Leben in Luxus bislang unbekannten Ausmaßes. Den Westen jedoch brachten die Kosten für das »schwarze Gold« an den Rand einer fundamentalen Finanzkrise und zu hektischen Energiesparmaßnahmen, die zeitweilig sogar zu autofreien Sonntagen in Deutschland führten. Als Kind habe ich auf Rollschuhen die leeren Straßen genossen, heute weiß ich, dass es letztlich diese Ölkrise bzw. die damalige Ölpreispolitik der OPEC-Staaten war, die langfristig geradezu tragische Auswirkungen auf zahlreiche Volkswirtschaften hatte.

Anfang der 1980er Jahre gerieten große Staaten wie Brasilien, Argentinien, Venezuela und Peru ins Schlingern. Mexiko war 1982 bankrott. Es stand ein Dominoeffekt zu befürchten, denn diese ruinierten Volkswirtschaften drohten eine amerikanische Bank nach der anderen mit in den Strudel der Pleite zu reißen. Das ganz große Debakel konnte gerade noch verhindert werden. Aus dieser Beinahekatastrophe hatte man vor allem gelernt, dass man nicht länger durch die ölliefernden Länder erpressbar sein durfte. Aber welche Auswege gab es? Schon damals gab es große Diskussionen über die Möglichkeiten eines Ausstiegs aus der Ölwirtschaft, darüber, dass eine alternative Energiequelle die Befreiung aus dem Klammergriff der OPEC bringen könnte. Doch es fehlte an Fantasie.

Das Ende vom Öl

Ein Leben ohne Öl war nicht vorstellbar. Erdöl war und ist bis heute der wichtigste Rohstoff unserer Industrien, nicht nur als Treibstoff für alle Verkehrs- und Transportmittel, sondern auch zur Erzeugung von Elektrizität und als Rohstoff der Chemieindustrie zur Herstellung von Kunststoffen. Wie sollte man diesen Allrounder unter den Rohstoffen ersetzen?

Man konnte sich allerdings auch nicht vorstellen, dass das Öl jemals ausgehen würde. Nur vereinzelt gab es damals schon Stimmen, die ein baldiges Ende dieses scheinbar paradiesischen Rohstoffs verkündeten, die warnten, dass die Ölreserven der Erde so gut wie erschöpft seien. Schon in dem Bestseller *Die Grenzen des Wachstums* war prophezeit worden, dass spätestens im Jahre 2000 unsere Ölgesellschaft auf dem Trockenen sitzen würde. Es gibt nicht wenige, die heute auf diese reißerische Prognose von einst verweisen und süffisant lächelnd auf die immer noch rotierenden Tankuhren an jeder Straßenecke verweisen. Es wird in der Tat noch eine Zeitlang Öl geben. Die Frage ist nur, wie lange noch.

2001 haben sich Wissenschaftler aus aller Welt zur Association for the Study of Peak Oil and Gas, kurz ASPO, zusammengeschlossen, um zu berechnen, wie lange die weltweiten Ölvorräte reichen können. Derzeit steigt mit wachsender Nachfrage auch der Umfang der Ölförderung. Irgendwann, so die Theorie, müsse der Zeitpunkt kommen, an dem das Maximum der Ölförderung erreicht ist. Danach wird es technisch immer schwieriger, das Öl zu gewinnen. Man muss sich das vorstellen wie ein großes Becken voller Wasser, aus dem man zuerst mit vollen Eimern das Wasser schöpft, bis irgendwann nur noch so viel Wasser zurückbleibt, dass die Eimer beim Schöpfen nicht mehr voll werden. Am Ende kann man die letzten Wasserreste nur noch mit einem Lappen aufnehmen, den man kräftig über dem

Eimer auswringt. Den Förderhöhepunkt nennt man »Peak Oil«. Sobald der erreicht ist, geht zusammen mit dem schwindenden Ölangebot das Ölzeitalter sukzessive zu Ende.

Entwickelt hat die Theorie der amerikanische Geologe und Geophysiker Marion King Hubbert schon in den 1950er Jahren im Auftrag des Shell-Forschungslabors. Hubbert und sein Schüler Colin Campbell, der die ASPO gegründet hat, sahen das baldige Ende der Ölförderung in den USA vorher und wurden berühmt, als 1970 tatsächlich das Fördermaximum der USA erreicht wurde. Hubberts Ölförderkurve, die einer Glocke gleicht, steigt erst schnell an, erreicht langsam den Höhepunkt, den Peak, um dann rasant wieder abzufallen.

Doch obgleich die geologische Struktur der Erde weitgehend bekannt und umfassend erforscht ist, kennt niemand die genaue Menge der Ölreserven. Zum Beispiel machen die OPEC-Staaten seit Jahren gleichlautende Angaben zu ihren Reserven, was verwundert, da durch die permanente Ölförderung die verbleibenden Mengen logischerweise geringer werden müssten. Andererseits besteht rein theoretisch die Möglichkeit, dass mit neuen Technologien bislang nicht erreichbare Ölvorkommen erschlossen werden können. Es ist also weitestgehend unklar, wann der Peak Oil erreicht wird bzw. ob er nicht schon erreicht ist: 2007 hatte die Energy Watch Group, ein unabhängiges Netzwerk von Wissenschaftlern, den Zeitpunkt des Peak Oil im Jahr 2006 angesiedelt, also erstmals als bereits überschritten bezeichnet, was bedeuten würde, dass die Ölförderung seitdem nur noch sinkt. 2020 werde man nur noch 58 Millionen Barrel Öl am Tag fördern, was nur wenig mehr als die Hälfte dessen ist, was wir schon heute täglich brauchen – und bei weitem nicht genug für den weltweiten Ölbedarf in einem Jahrzehnt. Derartige Annahmen sind pessimistisch, aber es mehren sich weltweit Stimmen, die davon ausgehen, dass das Ölfördermaximum schon deutlich überschritten sein müsste.

Die großen Ölkonzerne halten dagegen: Unerschütterlich behaupteten sie und ihre Chefökonomen in den letzten Jahren, dass die Ölreserven noch viele Jahrzehnte reichen würden und weitere Ölressourcen unter der Erde versteckt seien, die man mit neuen Technologien erschließen und ausschöpfen könne. Zu diesen »neuen« Technologien rechnen sie auch die schon aus Kriegszeiten bekannte Kohleverflüssigung oder Kohlevergasung. Diese Techniken sind nicht nur energetisch sehr verschwenderisch, sie setzen – was viel schlimmer ist – auch klimagefährliche Treibhausgase frei. Und die Ökonomen weisen meist auch nicht darauf hin, dass die eines Tages – ob in vierzig oder in hundert Jahren – zur Neige gehenden Ölreserven und erst recht die noch zu erschließenden Ölquellen ihren Preis haben werden. Es braucht extrem teure Technologien, um an weit unter der Erdoberfläche liegende Ölfelder zu kommen, die zum Teil noch gar nicht erschlossen sind. Die hohen Investitionen in Entwicklung und Anwendung dieser Technologien lohnen sich aber nur, wenn man das Öl später zu einem entsprechend hohen Preis verkaufen kann.

Deswegen ist auch der Jubel über die »Entdeckung« neuer Ölfelder in Deutschland eher verhalten. Es handelt sich um schon lange bekannte Ölvorkommen, die man bisher nicht erschlossen hat, weil der Förderpreis mit dem zu erzielenden Verkaufspreis nicht zu decken gewesen wäre. Jetzt, wo die Preise so sehr gestiegen sind, wird auch das deutsche Öl wirtschaftlich attraktiv. Der weltweite Bedarf lässt sich damit aber bei weitem nicht decken. In Niedersachsen steckt eine Menge, die etwa 250 Millionen Barrel Öl entspricht, derzeit umfasst der Tagesbedarf der Welt 85 Millionen Barrel – die »Wahnsinnsfunde« aus Niedersachsen reichen also nicht einmal drei Tage!

Auch die sensationelle Entdeckung eines riesigen Ölfeldes in Brasilien Anfang 2008, dem drittgrößten der Welt, in dem geschätzte 33 Milliarden Barrel Öl stecken sollen, bringt letztlich nur einen Tropfen auf den heißen Stein: Mit der gesamten Menge, deren Förderung überhaupt erst in einigen Jahren möglich sein wird, wenn die Technik so weit ist, könnte man den heutigen weltweiten Ölbedarf für knapp ein Jahr decken.

Die Hoffnung der Ölkonzerne richtet sich neuerdings auf Russland, den zweitgrößten Erdölproduzenten der Welt. Zwar verkündete der russische Ölkonzern Lukoil im April 2008, dass man in der nächsten Zeit die Ölproduktion in Russland nicht ausweiten könne. Veraltete Bohrtechnik und fehlende Investitionen aus dem Ausland bremsen einen Ausbau der Ölförderung. Trotzdem gilt das Land als vielversprechendste Ölregion außerhalb des Nahen Ostens. Es klingt wie bittere Ironie des Schicksals, dass ausgerechnet der ungebremste Klimawandel Russland weitere Ölreichtümer in die Staatskasse spülen könnte. Denn durch die Erderwärmung tauen in Ostsibirien große Permafrostareale auf, unter denen sich Ölfelder befinden, die bislang aufgrund der dicken Eisschicht unerreichbar schienen. Taut das Eis, ist das Öl leicht zu fördern – deswegen sind diese Reserven auch fest im Kalkül der Ölindustrie, die das Ende des Permafrosts kaum erwarten kann.

Doch der Preis für diese Verlängerung des Ölzeitalters ist hoch: Denn wo einst Eis war, würden dann Sumpfgebiete entstehen. Darin, quasi vom Eis eingekorkt, lagern große Mengen diverser Gase, die nach dem Auftauen freigesetzt würden. Eines der Gase ist Methan, das als Treibhausgas noch gefährlicher, nämlich 20- bis 30-mal stärker wirkt als CO_2. Das Auftauen der Permafrostböden gilt Klimaforschern deswegen als einer der »Kipppunkte«, die, sind sie erst einmal erreicht, unumstößliche Auswirkungen haben und den Klimawandel auf die nächste bedrohliche Stufe treiben. Alle Maßnahmen des Klimaschutzes versuchen, solche Kipppunkte zu verhindern. Das russische Öl aus dem Permafrost wäre am Ende nur ein bitterer Trostpreis für eine gescheiterte Klimapolitik.

Doch offenbar geben allmählich auch die letzten Ölenthusiasten ihre Hoffnung auf die Entdeckung des Ölschlaraffenlandes auf. Noch während meiner letzten Arbeiten an diesem Manuskript lief die sensationelle Nachricht über den Ticker: »Energieriese Total warnt vor Ende des Ölzeitalters«. Am 3. Juni 2008 bestätigte der Vorstandsvorsitzende des französischen Konzerns Total, Christophe de Margerie, in der Wirtschaftszeitung *Les Echos* die globale Peak-Oil-Theorie. Damit steht zum ersten Mal der Chef eines der führenden Ölkonzerne auf der Seite der Wissenschaft. Und was er zugibt, geht weit über das hinaus, was die meisten Experten vermutet hatten.

Die Internationale Energieagentur (IEA) erstellt seit Jahrzehnten Ölberichte, in denen sie neben einer Prognose über das künftige Ölangebot und die künftige Nachfrage auch eine Preisprognose abgibt. Darin geht die IEA noch 2007 von einer Maximalförderung von 116 Millionen Barrel pro Tag im Jahre 2020 aus. Aufgrund der wachsenden Nachfrage werde es bald einen täglichen Bedarf von 120 Millionen Barrel geben, so dass laut IEA schon 2010 mit einem akuten Ölmangel zu rechnen sei. Dennoch ging die IEA davon aus, dass der Ölpreis auf maximal 37 Dollar pro Barrel im Jahre 2020 steigen wird – eine kolossale Fehleinschätzung, wie wir heute wissen! Eine korrigierte Preisprognose ist bisher jedoch ausgeblieben. Die Prognose der IEA zur Maximalförderung war bisher von den Ölkonzernen als pessimistisch abgekanzelt worden. Jetzt gab der Total-Konzernchef zu, dass weltweit ein maximaler Förderertrag von nur 95 Millionen Barrel Öl pro Tag möglich sei, selbst wenn man die zukünftigen Erträge der kanadischen Ölsande und Treibstoffe aus Gas- und Kohlesynthese hinzurechne. Nach seinen Berechnungen droht die nächste Ölkrise also sogar schon viel früher als 2010. Interessant ist zudem, dass selbst die IEA mittlerweile zugibt, dass das Ölförderangebot vermutlich nicht so schnell auf 116 Millionen Barrel auszuweiten sei. Sehr wahrscheinlich ist von nur

100 Millionen Barrel oder sogar noch weniger auszugehen, da die notwendigen Investitionen in die Exploration gerade in politisch instabilen Ländern oder in Ländern, die sich immer mehr abschotten und ihre Reserven verstaatlichen, nicht getätigt werden (können). Eine mögliche Ölkrise könnte sich somit schon sehr bald ergeben.

Das schwarze Gold

All das konnte man sich bei der ersten großen Ölkrise Anfang der 1970er Jahre nicht vorstellen. Einzige Befürchtung wie gesagt war, dass der Ölpreis weiter steigen könnte. Insofern herrschte große Glückseligkeit, als sich die OPEC-Staaten nach dem Öl-embargo einsichtig zeigten. Sie versprachen, dass der Ölpreis nicht wieder in so hohem Umfang steigen würde und bei steigender Nachfrage mehr Öl zu fördern, um Angebot und Nachfrage immer in der Waage zu halten.

Und man lernte, den wertvollen Rohstoff bewusster einzusetzen. Energiesparen wurde zum Volkssport. Vati ließ den Motor nicht mehr laufen, wenn er unterwegs am Kiosk hielt und Zigaretten kaufte, und Mutti drehte abends die Heizung runter, wenn die Familie zu Bett ging. Vor allem die Industrie aber begann, mit großer Anstrengung die Effizienz ihrer Produktion zu erhöhen, und entkoppelte durch Produktivitätssteigerung das Wirtschaftswachstum vom Rohstoffverbrauch.

Und die OPEC-Staaten hielten bis auf einen kleinen Ausrutscher Anfang der 1980er Jahre Wort: Der Ölpreis bewegte sich in den letzten drei Jahrzehnten in einem maßvollen Korridor von 10 bis 20 Dollar pro Barrel. Das änderte sich Anfang des neuen Jahrtausends. In den letzten acht Jahren hat sich der Ölpreis versechsfacht!

Zunächst reagierte die Weltwirtschaft relativ ruhig auf die

steigenden Preise. Schließlich war die Preissteigerung durchaus nachvollziehbar. Der Energiehunger der Welt war deutlich gewachsen, seit im Zuge der Globalisierung auch Länder wie Indien und China an der Schwelle zur Industrialisierung standen. Die ölfördernden Länder konnten nicht im selben Maße die Ölförderung ausweiten, so dass das Angebot knapper geworden war. Die Preissteigerung beunruhigte aber vor allem deswegen nicht, weil sie inflationsbereinigt gar nicht so hoch war. Der reinen Zahl nach, also nominal, war der Ölpreis schon 2004 höher als jemals zuvor, aber betrachtete man den Geldwert inflationsbereinigt, war das Öl immer noch billiger als zwanzig Jahre zuvor.

Doch das änderte sich schnell. Denn die Preissteigerung hielt an und kletterte auf Höhen, die sich die meisten Menschen nie hatten vorstellen können. Man schaute verärgert auf die vermeintlichen Preistreiber in den OPEC-Staaten, doch die hielten Wort und erhöhten die Fördermenge, um den Preis zu bremsen. Doch die erhöhte Fördermenge hatte keine Auswirkung auf den Preis. Die Nachfrage war immer noch größer als das Angebot, der Preis kletterte weiter. Gerade die starke Nachfragesteigerung aus den Entwicklungs- und Schwellenländern – China gefolgt von Indien – führt dazu, dass das Ölangebot zwar noch ausreicht, um die Nachfrage zu decken, aber immer knapper wird. Und wenn es zu kriegerischen Auseinandersetzungen und Streiks an Ölplattformen kommt, kann dies schnell zu Engpässen führen – das treibt den Preis.

Als ich im Jahre 2005 das erste Mal in der Öffentlichkeit andeutete, der Ölpreis könne in den nächsten zehn Jahren auf einen Wert deutlich über 100 Dollar pro Barrel ansteigen, konnte sich das niemand vorstellen. Das ist einerseits verständlich, denn niemand studiert die Daten so genau wie wir auf den Energiemarkt spezialisierten Ökonomen. Natürlich kann niemand wirklich wissen, wann der Ölpreis in Zukunft welchen Wert annehmen wird, dazu ist der Markt zu unsicher und zu dynamisch.

Insofern ist es verzeihlich, wenn mancher Ökonom die Entwicklung der Energiemärkte falsch einschätzt.

Andererseits wundert es mich trotzdem sehr, dass es renommierte Ökonomen gibt, die einen simplen Sachverhalt abstreiten: Steigt die Nachfrage und kann das Angebot kurzfristig nicht ausgeweitet werden, dann steigt der Preis – und zwar deutlich. Leider beschäftigen sich manche Volkswirte zu wenig mit den Hintergründen auf dem Ölmarkt. Außerdem unterschätzen sie in der Regel drei Dinge:

1. Selbst ein hoher Ölpreis führt nicht automatisch dazu, dass die Nachfrage fällt, denn in vielen, zu vielen Ländern wird Energie subventioniert, also künstlich billig gehalten. Außerdem ist Öl ein derart existenzielles Gut, dass die Wirtschaft selbst bei extrem hohen Preisen weiter dafür zahlen und an anderer Stelle Kosten reduzieren muss.

2. Das Ölangebot kann nicht völlig flexibel »mal eben schnell« ausgeweitet werden. Der Energiemarkt ist sehr träge und kann nur sehr langsam reagieren: Bis Öl aus einer neuen Anlage gefördert werden kann, dauert es mindestens sieben Jahre, so dass sich der Markt nicht kurzfristig entspannen kann.

3. Der Ölpreis wird nicht nur durch Angebot und Nachfrage bestimmt, sondern durch viele unkalkulierbare Faktoren: Öl wird in Dollar gehandelt. Um die Einnahmeausfälle gering zu halten, steigt der Ölpreis erfahrungsgemäß desto höher, je mehr der Dollarkurs fällt. Aufgrund der US-Immobilienkrise kam es im Frühjahr 2008 zu einer Abschwächung des Dollars, also stieg der Ölpreis, und das in bislang unbekannte Höhen. Zudem locken in Zeiten finanzieller Krisen die Rohstoffe Börsianer an. Dies treibt den Preis zusätzlich.

Wie schnell der Preis steigt, hat aber selbst mich überrascht: Allein von Januar 2008 bis Juni 2008 kletterte der Ölpreis von knapp 100 Dollar pro Barrel auf über 150 Dollar. Bislang hatte man geglaubt, dass bei einem Ölpreis von 100 Dollar pro Barrel die deutsche Wirtschaft in eine tiefe Rezession stürzen würde. Doch die blieb aus.

Die europäische Wirtschaft blieb insofern bislang von schwerwiegenden Auswirkungen verschont, als durch den hohen Eurokurs die in Dollar gemessene Preissteigerung hierzulande devisengedämpft ankommt. Trotzdem spürt der Verbraucher die hohen Kosten unmittelbar an der Tankstelle und mittelbar durch Teuerung aller Konsumgüter. Denn die gestiegenen Ölpreise führen zu gestiegenen Transportkosten, und das macht fast jede Ware teurer. Die Organisation für wirtschaftliche Zusammenarbeit und Entwicklung (OECD) betrachtet die hohen Energiepreise als Dämpfer für das Weltwirtschaftswachstum.

Auch 200 Dollar pro Barrel Öl sind eine mögliche Preisstufe, wenn es uns nicht gelingt, rechtzeitig auf Alternativen umzusteigen. Interessant ist, dass es mittlerweile Ökonomen gibt, die sogar von 300 Dollar pro Barrel sprechen. Selbst der OPEC-Chef, der 2007 nicht gewagt hätte, einen Preis von über 60 Dollar zu nennen, hielt im Juni 2008 sogar 200 Dollar oder mehr nicht für ausgeschlossen. Für die Weltwirtschaft wären solche Preise natürlich eine Tragödie. Wir müssen es also schaffen, uns rechtzeitig vom Öl zu lösen und auf alternative, klimafreundliche Technologien umzustellen! Dann werden wir solche Preise nicht erleben.

Wie sich der Ölpreis entwickelt, hängt nicht mehr von der politischen Willkür der Ölmonopolisten OPEC und auch nicht allein vom Zusammenspiel von Angebot und (steigendem) Bedarf ab, sondern mittlerweile haben sich neue Preistreiber gefunden. Zum einen haben sich inzwischen Iran und Venezuela zu wichtigen Ölanbietern auf dem Weltmarkt gemausert, politisch sind die Regierungen dieser Länder aber – um es vorsichtig zu formulieren – den westlichen Industrienationen gegenüber weit weniger loyal als die OPEC-Staaten.

Der Iran befindet sich seit vielen Jahren im permanenten rhetorischen Kräftemessen mit den westlichen Demokratien und wird von der US-Regierung unter George W. Bush als Kaderschmiede des Terrorismus geächtet. Die Regierung von Venezuela wiederum sieht sich in der moralischen Nachfolge des kommunistischen Ostens und zeigt als letzte Bastion des Weltkommunismus am liebsten den ölabhängigen Konsumisten des Kapitalismus die lange Nase. Lieber verkaufen diese Regierungen ihr Öl den ebenfalls öldurstigen sozialistischen Freunden im Fernen Osten als dem geldgierigen Feind im Westen.

Aber auch aus dem Herzen des Kapitalismus selbst kommen die Preistreiber. Denn seit sich herumgesprochen hat, dass trotz steigender Preise die weltweite Ölnachfrage nicht nachlässt, sondern weiter zunimmt, wittern viele Spekulanten ihre Chancen auf das ganz große Geschäft. Nicht alle, die derzeit an den Rohstoffbörsen Öl kaufen, brauchen das Öl für den eigenen Bedarf. Sie kaufen, um wieder zu verkaufen – und zwar mit Gewinn.

Der große Energiedurst auf der Ölparty

Wie groß wessen Anteil an der Preissteigerung ist und wie lange dieser Boom anhält, ist derzeit noch umstritten. Klar ist aber, dass die Zeiten des ganz billigen Öls endgültig vorbei sind. Wenn Sie dies hier lesen, wird der Ölpreis vermutlich weiter gestiegen sein. Eventuell ist er aber auch wieder gefallen und denen ein gefundenes Fressen, die allen Unkenrufen zum Trotz an eine dauerhafte Fortsetzung des Ölzeitalters glauben. Die gibt es tatsächlich. Die Weltwirtschaft steht wie der Trunkenbold an der Theke seiner Stammkneipe, vertraut darauf, dass der Wirt das Glas immer nachfüllen wird, sobald der Pegel zur Neige geht, und zahlt jeden Preis dafür. Die Angehörigen, die ihm das Geldverplempern vorhalten, die Ärzte, die ihn vor den gesundheitlichen Folgen warnen – sie alle weist der Trunkenbold ab, sie verstünden einfach keinen Spaß. Die Stimmung in der Kneipe ist gut, immer mehr Gäste strömen herein, und alle singen fröhliche Lieder.

Der Wirt macht das Geschäft seines Lebens. Leider ist inzwischen die Nachfrage so groß, dass erste Zweifel aufkommen, ob die Weinfässer, die der Wirt im Keller lagert, für den Rest des Abends reichen, zumal noch zahlreiche weitere Gäste erwartet werden. Es kursieren Gerüchte, dass der Wein allmählich zur Neige geht. Doch der Wirt winkt ab, verspricht, er würde einfach öfter in den Keller laufen und mehr Nachschub nach oben holen als bisher. Und er verweist auf die großen Fässer im Lagerhaus am anderen Ende der Stadt, die er auch noch holen könne. Er habe zwar kein Auto, um die Fässer zu transportieren, aber wenn es so weit sei, hätte er sicher eine Lösung für das Transportproblem gefunden. »Prost!«, ruft er und schenkt eine neue Karaffe Wein aus. Die Wirtin hat währenddessen kurz die Preistafel abgewischt und mit Kreide den neuen Preis darauf geschrieben, der mal wieder höher ist als zuvor. »Prost!«, ruft sie, und unser trunkener Narr stimmt fröhlich ein: »Prost, wir lassen uns das Feiern nicht verbieten!«

Es kommen immer mehr Partygäste. Allmählich ist der Geräuschpegel so hoch, dass man kaum noch sein eigenes Wort versteht. Irgendjemand berichtet, dass die Toiletten verdreckt seien, jemand anderes, dass sie sogar verstopft wären. Die Polizei tritt auf und teilt mit, dass sich Anwohner wegen Ruhestörung beschwert hätten. Die Gesundheitsbehörden melden Bedenken an, weil einzelne Gäste sich ins Koma gesoffen hätten. Im hinteren Teil haben sich einige Trinkfreunde zu einer Rauferei versammelt, aber die Umstehenden konnten den Unruheherd eindämmen. Jetzt wird wieder getanzt. Irgendwer warnt: Die Luft in der Gaststätte sei so schlecht, dass einige Gäste kollabieren könnten. Aber niemand achtet darauf. Prost!

Sie ahnen: Die Party geht noch eine Weile weiter. Aber früher oder später werden die Gäste den Spaß an der Sache verlieren, oder der Wirt wird melden, dass nun alles leer getrunken sei.

Auch unsere große Ölparty dauert schon ein paar Jahrzehnte, und in der Tat ist sie so lustig, dass immer mehr Menschen mitfeiern wollen. Aber sie geht zu Ende. Definitiv.

Der frühere saudische Ölminister Ahmed Yamani wird gern mit einem Satz zitiert, den er noch im Juni 2000 dem *Sunday Telegraph* gegenüber äußerte: »Die Steinzeit endete nicht, weil wir keine Steine mehr hatten, und die Ölzeit wird nicht enden, weil uns das Öl fehlt.« Es könnte sein, dass er recht behält. Denn bevor der letzte Tropfen Öl aus der Erde gepumpt, aus dem Sand gewaschen oder aus der Kohle gepresst ist, geht vielleicht den Verbrauchern das Geld dafür aus. Sicher, wir haben noch Öl für ein paar Jahre, vielleicht Jahrzehnte – aber was wird es kosten? Und wer will und kann das bezahlen?

Russlands Energie – Europas Achillesferse

Bei den aktuellen Ölpreisen müsste es eigentlich ein Leichtes sein, mit den Gaspreisen darunter zu liegen. Schön wär's. Die Gaslieferanten wie Russland haben mit den Energieversorgern in Europa, also den einzelnen Stadtwerken oder Konzernen wie Ruhrgas, schon vor vielen Jahren langfristige Lieferverträge geschlossen. Darin wurde nicht nur eine bestimmte Liefermenge vereinbart, sondern auch ein Preis, der – so hielt man es bei Vertragsabschluss für klug – sich ausgerechnet am Ölpreis orientiert. Die Vereinbarung wurde getroffen, als der Ölpreis über einen langen Zeitraum relativ stabil war und man davon ausging, dass das so bleiben würde. Beide Seiten wollten sich auf diese Weise absichern: Die Lieferanten wussten, dass sie sichere Einnahmen hatten, und wagten so auch hohe Investitionen in die Infrastruktur wie Pipelines; die großen Abnehmer wussten, dass nicht andere Interessenten aus anderen Ländern ihnen durch bessere Bezahlung die Energie wegnehmen konnten.

Diese Vereinbarungen gelten immer noch, und die Verträge werden sogar verlängert – sehr zur Empörung der Endverbraucher, die nach günstigeren Alternativen zum Öl suchen. Eigentlich müsste hier im freien Wettbewerb die Gasbranche eine Chance wittern und durch günstigere Preise den Marktanteil erhöhen. Nur gibt es auch beim Gas keinen wirklich freien Wettbewerb!

Der Gasmarkt wird von einigen wenigen Konzernen im Oligopol beherrscht und kann die Preise also relativ frei bestimmen. Hohe Gaspreise bringen hohe Gewinne, erst recht, wenn die Kosten niedrig sind. Insofern ist die Orientierung am Ölpreis inzwischen für den Endverbraucher ein großes Ärgernis, für die Energiekonzerne ein richtig gutes Geschäft. Neuerdings greifen jedoch die europäischen Behörden in diesen Markt ein und versuchen, durch eine Öffnung des Gasmarktes für internationale Anbieter das freie Spiel der Marktkräfte in Gang zu bringen.

Doch sosehr sich die EU-Kommission um einen freien Wettbewerb unter den hiesigen Energieversorgern bemüht, an der Macht der wenigen Gasländer kann sie wenig ändern. Hier zeichnen sich ähnliche politische Verwicklungen ab wie beim Öl, nur mit anderen Beteiligten. In diesem Fall sitzt nicht Saudi-Arabien, sondern Russland auf den weltweit größten Vorkommen und versteht sein Monopol durchaus zu nutzen. Als im April der scheidende russische Präsident Wladimir Putin nach Libyen reiste, um sich mit Revolutionsführer Moammar al-Gaddhafi zu treffen, ging es auch um Kooperationen im Energiesektor. Am Ende stand eine Vereinbarung, dass der russische Konzern Gazprom und die Nationale Ölgesellschaft Libyens auf allen Gebieten der Öl- und Gaswirtschaft zusammenarbeiten. Da die Russen zeitgleich mit Algerien über eine ähnliche Kooperation verhandelten, war Kennern der Branche klar, dass es sich hier um die Bildung eines Gaskartells handelte, durch das drei der wichtigsten Gaslieferanten Westeuropas ihre Preisvorstellungen aggressiver gestalten und durchsetzen können.

Gas hat in Russland lange Jahre die zweite Geige gespielt; schließlich war die Nachfrage nach Öl deutlich höher. Auch wurde durch die Ölpreisbindung verhindert, dass Gas ein billiges Konkurrenzprodukt zum Öl wird. Aufgrund der steigenden Ölpreise erhöht sich nun allerdings die Nachfrage nach Gas, und schon wird Energie aufs Neue als politische Waffe genutzt. So war die Aufregung groß, als die russische Regierung im politischen Streit mit Georgien plötzlich den Hahn zudrehte und die georgische Volkswirtschaft im Kalten sitzen ließ. Denn nicht nur Georgien kann lediglich 40 Prozent der nationalen Energieversorgung aus eigener Kraft leisten, auch Europa ist in hohem Maße auf Energieimporte angewiesen, Deutschland zum Beispiel importiert knapp 75 Prozent seines gesamten Energiebedarfs, die Schweiz knapp 80 Prozent, Österreich 70 Prozent. Die 27 Länder der EU importieren insgesamt etwa 50 Prozent ihrer Energie, Tendenz stark steigend.

Es bleibt allerdings fraglich, ob Russland überhaupt in der Lage sein wird, die zugesicherten Gaslieferungen zu tätigen. In Russland wird nach wie vor viel Energie verschwendet, da die Preise künstlich niedrig gehalten werden, zudem fehlen die notwendigen Investitionen in die Explorationsfelder, und ausländische Unternehmen werden zunehmend aus dem Markt gedrängt. Eine »Gaslücke« kann schon im Jahr 2020 drohen. Wenn zu wenig Gas geliefert wird, kann es in Europas Wohnungen im Winter kalt werden.

Selbst wenn sich Russland dauerhaft als so zuverlässig erweist, wie es heute den Anschein hat, führen die Pipelines für das russische Gas durch einige Transitländer, mit denen Russland den einen oder anderen politischen Konflikt austrägt. Wenn zum

Beispiel Weißrussland die Pipelines blockiert oder die Ukraine höhere Durchlaufgebühren verlangt, sind schnell die sicheren Energielieferungen nach Europa gefährdet.

Unser Gasbedarf wird bis zum Jahr 2020 voraussichtlich um etwa 25 Prozent steigen. Denn Gas verursacht beim Verbrennen weniger Treibhausgase, zudem betanken immer mehr Menschen ihre Autos mit Erdgas oder heizen ihre Wohnung mit Gas. Gleichzeitig geht die Erdgasgewinnung in den meisten europäischen Ländern zurück. Wenn wir also bis 2020 ausreichend mit Erdgas versorgt werden wollen, müssen wir bereits jetzt Gasimporte vertraglich absichern – und zwar aus möglichst verschiedenen Ländern. In Frage kommen neben Russland und den Anrainerstaaten des Kaspischen Meeres diverse Länder in Afrika oder im Nahen Osten.

Dabei müssen wir zum einen dafür Sorge tragen, nicht in völlige Abhängigkeit vom Hauptlieferanten Russland zu geraten, und zum anderen die politisch instabilen Verhältnisse in fast allen Lieferländern berücksichtigen.

Je mehr verschiedene Lieferanten wir haben, desto weniger sind wir dem Risiko eines Versorgungsengpasses ausgesetzt. Allerdings fehlt es in den meisten Gasproduktionsländern noch an Infrastruktur. Man müsste zum Beispiel weitere Pipelines bauen und sichern oder in die notwendigen Technologien zur Gasverflüssigung investieren, um so das sogenannte »liquid natural gas« (LNG) per Tankschiff nach Europa bringen zu können. Dafür müssten hierzulande entsprechende Anlieferungsstätten eingerichtet werden, wie zum Beispiel der in Wilhelmshaven geplante LNG-Terminal, der allerdings nicht vor 2010 fertiggestellt sein wird und in keinster Weise für unseren heutigen oder zukünftigen Gasbedarf ausreichen wird. Dieser Terminal wird übrigens schon seit über dreißig Jahren geplant. Es bleibt zu hoffen, dass sich im Zuge des hohen Gaspreises auch endlich die LNG-Optionen lohnen.

Während wir bei der Ölversorgung wenig Spielraum zur Energiesicherung haben, gibt es beim Gas also eine breite Vielfalt an Möglichkeiten, die zukünftige Energieversorgung sicherzustellen. Allerdings müssen wir damit schon heute anfangen. Handelspartner, Pipelines und erst recht LNG-Terminals fallen nicht auf Knopfdruck vom Himmel. Doch auch die Gasvorräte sind nicht endlos. In absehbarer Zeit wird es einen massiven Wechsel von Öl auf Gas geben – sowohl bei der Stromerzeugung wie auch als Kraftstoff im Straßenverkehr –, das heißt, auch die Gasreserven werden schneller abgebaut als bisher. Allerdings wird der »Peak Gas« sicher etwas später, voraussichtlich eher vierzig Jahre nach dem Peak Oil, erreicht.

Die gute alte Kohle

Der dritte fossile Energierohstoff ist die Kohle. Während Öl hauptsächlich die europäische Mobilität sichert, Gas zum Heizen verwendet wird, brauchen wir Kohle derzeit vor allem zur Stromgewinnung. Etwa die Hälfte des deutschen Strombedarfs wird heute mit Kohle gedeckt. Beim weltweiten Kohlevorkommen ist, anders als beim Öl und Gas, noch längst kein Ende absehbar.

Im Gegensatz zu Öl und Gas kommt Kohle in relativ großer Menge auch in Deutschland vor, jedenfalls die Braunkohle. Die förderfähigen Reserven werden von der Bundesanstalt für Geowissenschaften und Rohstoffe (BGR) auf 736 Milliarden Tonnen geschätzt, bei gleichbleibender Förderung – 5,4 Milliarden Tonnen pro Jahr – könnte der Bedarf noch etwa 140 Jahre gedeckt werden.

Mit Steinkohle wird der Weltmarkt vor allem durch China und die USA beliefert, in Europa liegen die größten Abbaugebiete in Russland, Polen und der Ukraine. Steinkohle gibt es auch in Deutschland. Allerdings ist der heimische Abbau mit hohen Kosten verbunden. Die deutsche Steinkohle ist international nicht wettbewerbsfähig, weswegen sie seit Jahrzehnten subventioniert wird. Doch der sogenannte »Kohlepfennig« ist längst kein Kleingeld mehr. Etwa 2,7 Milliarden Euro werden derzeit Jahr für Jahr aus Steuergeldern in die deutsche Steinkohle investiert. Eine Stange Geld, die viele lieber für anderes ausgeben würden.

Der Kohleabbau in Deutschland kostet etwa dreimal so viel wie der Abbau unter den günstigen technologischen und geologischen Bedingungen beispielsweise in Südafrika oder Australien. Selbst der lange Transportweg verteuert diese Kohle nicht in dem Maße, dass es sich lohnen würde, deutsche Steinkohle weiter zu subventionieren. Deswegen beschloss die Bundesregierung, die Steinkohleförderung in Deutschland 2012 auf 1,6 Milliarden zu verringern und bis 2018 komplett auslaufen zu lassen. Dieser Beschluss soll aber 2012 noch einmal aufgrund der dann aktuellen Wirtschaftssituation überprüft werden.

Das Ende der Subventionen ist angesichts der günstigen Steinkohle auf dem internationalen Markt ökonomisch vernünftig, zumal der heimische Steinkohleabbau auch mit gewissen Risiken verbunden ist. So stoppte im Frühjahr 2008 die Landesregierung endgültig den Kohleabbau im Saarland, nachdem es zum wiederholten Male zu einem bergbaubedingten Erdbeben mit entsprechenden Schäden an Häusern und Straßen gekommen war. Andererseits bringt man sich ohne subventionierten heimischen Kohleabbau in zusätzliche Energieabhängigkeit von internationalen Märkten. Da die Importregionen aber politisch als relativ stabil eingestuft werden können, ist es kaum noch zu rechtfertigen, deutsche Steinkohle wie bisher zu subventionieren.

Das Ende des fossilen Zeitalters

Nach Angaben der IEA deckte die Welt im Jahr 2006 ihren Energiebedarf zu 80 Prozent mit fossilen Energieträgern. Energiebedarf wird abstrakt in »Million Tons of Oil Equivalent«, kurz Mtoe, gemessen. Der Weltenergiebedarf 2006 lag bei knapp 12 000 Mtoe. Zu diesem Zeitpunkt hatte die Erde rund 6,5 Milliarden Bewohner.

Doch die Weltbevölkerung wächst. Im Jahr 2050 wird nach Schätzungen der Vereinten Nationen die Weltbevölkerung auf 8,9 Milliarden Menschen gewachsen sein.

Gleichzeitig wollen immer mehr Menschen am Wohlstand der Reichsten wenigstens in geringem Maße teilhaben. Bislang haben 5 Prozent der Menschen 25 Prozent der Energie verbraucht. Wenn bis 2050 nur weitere 5 Prozent ähnliche Energieansprüche haben sollten, ist der Bedarf dann schon so groß, dass er – Peak Oil hin oder her – nicht mehr aus fossilen Energien gedeckt werden kann. Denn die Förderung von Öl müsste um fast ein Drittel, die der Kohle auf das Doppelte und die Förderung von Erdgas auf das Dreifache gesteigert werden. Das ist kaum vorstellbar. Wir können uns also darauf einstellen, dass mit sehr großer Sicherheit nicht nur die Energienachfrage, sondern auch die Preise für fossile Energien weiter steigen werden.

Das dänische Finanzministerium hat erst kürzlich Zahlen zusammengestellt, die verdeutlichen, wie viel Geld in den vergangenen Jahren in Form von Subventionen in fossile Energien geflossen ist. Ehrlich gesagt war selbst ich überrascht, wie hoch der Betrag ist. Im Jahr 2006 flossen allein 250 bis 300 Milliarden Dollar in die Förderung fossiler Energien. Und das ist noch der vorsichtig bezifferte Betrag der Forschungsinitiative für weltweite Subventionen (Global Subsidies Initiative) des in Kanada ansässigen Internationalen Instituts für Nachhaltige Entwicklung (International Institute for Sustainable Development – IISD).

Die Internationale Energieagentur (IEA) errechnet für dasselbe Jahr sogar Subventionen in Höhe von insgesamt 600 Milliarden Dollar, die in fossile Energien gesteckt wurden. Was dagegen sind die Weltkosten für den Klimaschutz von 30 Milliarden Dollar, globale Subventionen für erneuerbare Energien von 25 Milliarden oder die Einnahmen durch Energiesteuern in der EU von 210 Milliarden! Wir lassen uns Öl, Gas und Kohle wirklich eine Menge kosten.

Und nicht nur angesichts solcher Zahlen sind die fossilen Energierohstoffe immer noch viel zu billig! Denn wir zahlen längst nicht den Preis, den wir zahlen müssten, wenn wir die Kosten der Emissionen einberechnen. Und der Tag wird kommen, an dem wir CO_2 nicht mehr geschenkt bekommen, sondern uns die Umwelt ihre Rechnung stellt. Entweder marktwirtschaftlich reguliert durch einen freien Emissionshandel oder nach den Gesetzen der Natur in Form von Hurrikanen, Hochwassern und anderen Extremwetterereignissen.

So werden uns nicht nur die politischen Verwicklungen und der Preis langfristig von den fossilen Energien wegtreiben, sondern auch die Tatsache, dass ausgerechnet die Wirtschaftsschmierstoffe Öl und vor allem Kohle, aber – wenn auch zu geringen Teilen – Gas die ärgsten Klimakiller sind. Wenn uns also bislang der ökonomische Preis nicht auf neue Energieideen gebracht hat, so könnte es jetzt der ökologische sein. Doch wie könnte die Energie der Zukunft aussehen?

8. Energiemix – das schwierige Zieldreieck der Politik

Kohlekraft im Ostseebad

April 2007. Die Bürgermeister der sieben ostfriesischen Inseln einigen sich auf eine Resolution gegen den Bau von Kohlekraftwerken an der Nordseeküste. Die geplanten Kraftwerksprojekte in Emden, Wilhelmshaven und im niederländischen Eemshaven werden geschlossen abgelehnt. Ostfriesland habe sich zu einer Modellregion für die Nutzung erneuerbarer Energien entwickelt. Der Betrieb klimaschädlicher Kohlekraftwerke würde dem Ruf der Region schaden.

Fast zeitgleich tobt einige hundert Kilometer weiter östlich auf dem Festland ein ähnlicher, aber weiter fortgeschrittener Kampf gegen die Kohle. In Lubmin an der Ostseeküste ziehen sich die Demonstranten medienwirksam Gasmasken übers Gesicht, um gegen den Neubau eines Kohlekraftwerks zu protestieren. In den Medien wird mittels Fotomontagen ein PR-Krieg geführt, in dem die einen das monströse Kraftwerk direkt am Ostseestrand als bedrohlichen Schandfleck inszenieren und die anderen die elegante, saubere Industrieanlage dezent und naturnah im Küstenwald verstecken. Man kämpft um die Ästhetik als idyllisches Ostseebad.

In denselben Wochen läuft in Hamburg der Landtagswahlkampf, heißestes Thema ist das geplante Vattenfall-Kohlekraftwerk in Moorburg. Tausende von Demonstranten versammeln sich auf den Straßen, wollen mit Transparenten und Sprechgesängen den Bau des Kohlekraftwerks verhindern. Politiker aller Couleur mischen sich unter die Demonstranten. Es geht ums Image. Es gilt, das Klima zu retten. Wie sähe das aus, wenn man jetzt ein dreckiges Kraftwerk baut?

Bürgerproteste, wohin das Auge blickt: In Hessen verzichtet E.on mehr oder weniger freiwillig auf den Ausbau seines Kraftwerks Staudinger. Im Saarland verhindern Bürger den Neubau eines RWE-Kraftwerks. In Krefeld stellt sich der Stadtrat gegen ein Projekt, in Bremen und Kiel werden Pläne für einen Kraftwerksbau nicht mehr weiterverfolgt.

Im Verlauf solcher Debatten bekomme ich immer wieder Anrufe, ob ich den Widerstand gegen die Kohlekraft nicht aktiv unterstützen wolle: »Professor Kemfert, Sie wissen doch am besten, dass wir jetzt etwas unternehmen müssen, um das Klima zu retten.« – »Ja«, sage ich, »stimmt. Und eben deswegen denke ich, dass es richtig ist, neue Kraftwerke zu bauen!«

Manche halten mich deswegen für eine Verräterin am Klimaschutzgedanken. Doch wer einen Augenblick nachdenkt, wird verstehen, dass ich keineswegs zum Klimaschwein geworden bin, nur weil ich den Bau von Kohlekraftwerken nicht gänzlich verteufele.

»Not in my backyard!«

Das Phänomen, über das wir reden, hat einen Namen und heißt »Nimby«-Syndrom. Nimby ist die Abkürzung für »not in my backyard!«. Das Nimby-Syndrom gibt es in vielen Lebenslagen: Alle wollen Auto fahren, aber keiner will an der Bundesstraße wohnen. Alle wollen immer und überall telefonieren, aber keiner will einen Mobilfunkmast auf dem Dach haben. Alle wollen schnell von einem Ort zum anderen, aber keiner will die Bahntrasse oder den Flughafen vor der Tür. Jetzt also die Energie. Jeder will Strom, aber keiner will ein Kraftwerk in seiner Nähe.

Nur, wo soll der Strom herkommen? Naive Klimautopisten träumen von lustigen bunten Ökohäusern mit unauffälligen Solarzellen auf dem irgendwie auch noch begrünten Dach. Aber schon beim Windrad gibt es Streit. Diese Ungetüme müssen doch nicht ausgerechnet in unserem Dorf stehen! Wasserkraft, ja bitte, aber der Stausee nicht in meinem Tal! Es gibt keine Energie ohne Preis – selbst Hardcore-Ökos finden, dass Biogas zum Himmel stinkt.

Auf der Suche nach der richtigen Energie und der paradiesischen Ideallösung überfällt einen schnell Frustration. Es gibt sie nicht, die eine wahre und gute Lösung. Jeder halbwegs informierte Fernsehzuschauer weiß, dass auch in dreißig Jahren unser Energiebedarf nicht allein aus einer einzigen Quelle gedeckt werden wird: »Energiemix« heißt das Zauberwort, auf das sich am Ende jeder Diskussion alle einigen, bevor sie während der Talkshow-Abschlussmelodie zur Friedenspfeife greifen. Doch wirklich Frieden ist damit nicht gefunden, denn die Frage ist, aus welchen Zutaten der »richtige« Energiemix besteht.

Heute wird unser Strom aus etwa sieben verschiedenen Energiequellen erzeugt (siehe Grafik Seite 161).

Kohle macht fast die Hälfte aus, wenngleich üblicherweise aus Kostengründen noch zwischen Braun- und Steinkohle unterschieden wird. Der Anteil der Kernenergie beträgt nur etwa ein Fünftel, und fast genauso groß ist inzwischen der Anteil erneuerbarer Energien. Erdgas macht etwas mehr als ein Zehntel aus. Fast zu vernachlässigen ist schließlich die Stromerzeugung aus Mineralöl. Regenerative Energien haben im Jahr 2007 ca. 13,6 Prozent des Stroms in Deutschland produziert, derzeit liegt der Anteil bei ca. 14 Prozent.

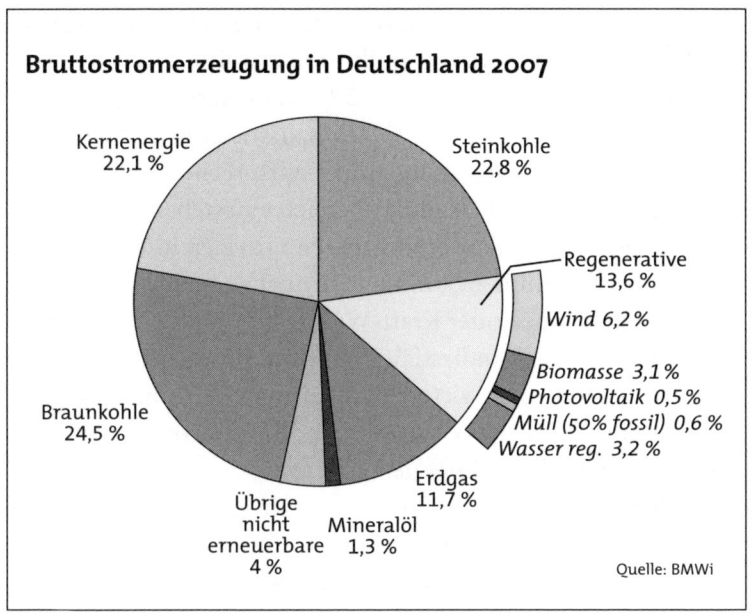

Bruttostromerzeugung in Deutschland 2007

Kernenergie
22,1 %

Steinkohle
22,8 %

Regenerative
13,6 %

Wind 6,2 %

Biomasse 3,1 %
Photovoltaik 0,5 %
Müll (50 % fossil) 0,6 %
Wasser reg. 3,2 %

Braunkohle
24,5 %

Erdgas
11,7 %

Übrige
nicht   Mineralöl
erneuerbare 1,3 %
4 %

Quelle: BMWi

Der Energiemix ist auch deswegen wichtig, weil die verschiedenen Energiequellen unterschiedlich ergiebig und zuverlässig sind. Beispiel Windenergie: Nur bei Wind kann auch Energie erzeugt werden. Wer auch bei Flaute Strom will, braucht eine zweite Energiequelle. Auch verbinden sich mit den verschiedenen Energiequellen unterschiedlich hohe Kosten, weswegen derzeit unterschieden wird: in Energien für Kraftwerke im sogenannten »Grundlastbereich«, solche also, die rund um die Uhr laufen und den Mindestverbrauch decken, und für Kraftwerke im »Mittellastbereich«, die den darüber hinausgehenden Strombedarf decken. Für den Grundlastbereich werden derzeit Braunkohle, Atomenergie und Wasserkraft (zusammen etwa 50 Prozent der gesamten Stromerzeugung) eingesetzt, für den Mittellastbereich aufgrund der höheren Kosten Steinkohle, Erdgas und Biomasse (etwa 36 Prozent). Die restlichen 14 Prozent werden je nach Aufkommen ins Netz eingespeist.

Wer nun einen Baustein aus diesem Energiemix herausnehmen will, muss sehen, wie er ihn anderweitig ersetzen kann. Streicht man beispielsweise die 22 Prozent Kernenergie heraus, wie es der politisch vereinbarte Atomausstieg bis 2020 vorsieht, muss man eine andere Energieform entsprechend ausbauen – und zwar eine, die im Grundlastbereich einsetzbar ist. Wenn es zum Beispiel gelänge, die erneuerbaren Energien intelligent miteinander zu verknüpfen, könnte man auch – ergänzt durch saubere Kohletechniken oder Kraft-Wärme-Kopplung – mit Sonne, Wind und Wasser grundlastfähigen Strom produzieren. Wir Experten sprechen vom »virtuellen Kraftwerk«. Grundbedingung ist dafür allerdings, dass es ausreichend Kraftwerkskapazität zur Nutzung erneuerbarer Energien gibt.

Oder man muss Wege finden, wie man Energie aus dem Mittellastbereich für die Grundversorgung attraktiv machen oder Energie drastisch einsparen kann – auch das ist weitaus stärker möglich, wird aber derzeit nicht konsequent genug umgesetzt.

Bringt man nun noch den Aspekt Klimaschutz in die Überlegung zum richtigen Energiemix ein, ergibt sich ein noch komplexeres Bild: Der CO_2-Ausstoß der Energien ist extrem verschieden. Während die erneuerbaren Energien und die Atomkraft nahezu emissionsfrei sind, sind Öl und Gas, vor allem aber Kohle – Braunkohle noch mehr als Steinkohle – besonders emissionsstark. Ersetzt man nun also die fast emissionsfreie Atomkraft durch Kohle, konterminiert man alle Klimaschutzbemühungen um Reduzierung des CO_2-Ausstoßes.

Man habe die Wahl zwischen Pest und Cholera, klagt Umweltminister Sigmar Gabriel, der sich einerseits ambitionierten Klimazielen verschrieben hat, andererseits aber auch unbedingt am vereinbarten Atomausstieg festhalten will.

Energie für die Zukunft

Eine nachhaltige Energieversorgung muss also den idealen Punkt im Zieldreieck der Energiepolitik finden: Sie muss wettbewerbsfähig und kostengünstig sein. Sie muss sicher und zuverlässig sein. Und sie muss umweltfreundlich und emissionsarm sein – und zwar gleichermaßen bezogen auf alle Treibhausgase, also Kohlendioxid, Methan und Co.

Gute Ideen sind also gefragt. Erst recht, wenn man bedenkt, dass in den nächsten Jahren auch in Deutschland selbst bei gesteigerter Energieeffizienz der Energiebedarf voraussichtlich weiter steigen wird, also noch mehr Strom erzeugt werden muss als bislang. Wie sehen derzeit die Ideen für die Energieversorgung der Zukunft aus?

Viele glauben an eine Renaissance der Kohle. Vor allem, weil die weltweiten Kohlereserven noch 140 Jahre reichen und der Preis für Kohle aus Ländern mit großen Vorkommen wie China, Polen und Australien auch in Zukunft sehr günstig sein dürfte. Selbst wenn wir in Deutschland aus Klimagründen auf Kohle verzichten, werden diese Länder die eigenen Kohlevorkommen selbst einsetzen wollen. Billiger und unabhängiger können sie ihren Energiebedarf kaum decken. Das Kohlezeitalter wird also noch eine Weile dauern. Warum, so das Argument der Kohlebefürworter, sollten ausgerechnet wir auf diese billige Energie verzichten? Zudem gelten die Länder mit großen Kohlevorkommen als politisch stabile Handelspartner.

Ein weiteres Argument für Kohle ist, dass sie – anders als Wind oder Sonne – lagerfähig ist und im Falle eines Stromnachfragehochs verstärkt eingesetzt werden kann. Selbst engagierte Umweltverbände halten deswegen eine kohlefreie Welt für utopisch, Greenpeace zum Beispiel geht davon aus, dass auch 2050 noch knapp die Hälfte des weltweiten Energiebedarfs mit fossilen Brennstoffen gedeckt werden wird.

Um das teure und knapper werdende Öl zu ersetzen, verfolgt man inzwischen die Idee, Kohle zu verflüssigen. Der südafrikanische Energieriese Sasol verarbeitet heute schon Kohle zu Sprit, in China wird in entsprechende Technologien investiert, und auch in den USA werden Überlegungen zur Kohleverflüssigung laut – und das, obwohl bei der Kohleverflüssigung etwa doppelt so viel CO_2 freigesetzt wird wie bei der Verbrennung herkömmlichen Benzins. Doch in der Not tankt der Autoteufel eben jedes Treibhausgift!

So ganz werden wir uns deshalb also nicht von allen fossilen Energien verabschieden können, im Gegenteil: Gerade in Bezug auf Kohle müssen wir mit steigendem Verbrauch rechnen, ausgerechnet dem schmutzigsten fossilen Brennstoff. Schon jetzt entstehen weltweit durchschnittlich 140 neue Kohlekraftwerke pro Jahr. China allein baut derzeit durchschnittlich ein neues Kohlekraftwerk pro Woche! Wer hier an Klimaschutz denkt, muss sich mehr einfallen lassen als noch so gut gemeinte Appelle. Solange wir keine andere Energiequelle entdecken, die ähnlich attraktiv, flexibel und günstig ist wie Kohle, werden wir auf sie auch nicht verzichten können. Das beste Argument ist immer noch eine gute Alternative. Und bis die gefunden ist, brauchen wir zwingend und dringend eine technische Lösung, um die CO_2-Emissionen von Kohlekraftwerken zu reduzieren.

Das ist eine Chance für Innovationen, die sich mit größter Wahrscheinlichkeit wirtschaftlich lohnen werden: Mit intelligenter Kohletechnologie lässt sich garantiert viel Geld verdienen.

Forscher in aller Welt arbeiten deshalb auf Hochtouren an diversen Technologien, um das ausgestoßene CO_2 aus Kohlekraftwerken aufzufangen oder »abzuzweigen«, zu speichern oder sogar weiterzuverarbeiten. Es gibt erste Ideen für Techniken zur CO_2-Abscheidung und CO_2-Speicherung, sogenannte »Carbon Capture and Sequestration«-Verfahren (CCS-Technologie). Zum Beispiel wird überlegt, das abgezweigte CO_2 in ausgeschöpfte

Ölfelder zu pumpen, um quasi per Luftdruck die letzten bislang nicht zu fördernden Ölreserven aus den Feldern herauszupressen.

Die Rheinisch-Westfälische Technische Hochschule Aachen untersucht im Zentrum für Katalyseforschung (CAT) gemeinsam mit dem Leverkusener Chemiekonzern Bayer diverse Verfahren, wie sich aus CO_2 der Kunststoff Polycarbonat herstellen lässt, aus dem Produkte wie Getränkeflaschen, Brillengläser oder DVD- und CD-Rohlinge gemacht werden. Der Markt für Polycarbonat boomt; täglich werden Tonnen davon verkauft – mit steigender Tendenz. CO_2 für die Herstellung von Polycarbonat nutzbar zu machen käme sicher nicht einer kompletten Lösung des Treibhausproblems gleich, wäre aber ein großer Beitrag dazu. Bis dahin bedarf es aber noch einer Menge Grundlagenforschung.

Bevor man das von Kraftwerken emittierte CO_2 weiterverarbeiten kann, muss man es zunächst auffangen und speichern. Allein dies ist ein bislang ungelöstes Problem. Eine der Ideen zur Speicherung ist die chemische Umwandlung in Kalk, also in eine feste und sichere Bindung, die das Klimagas langfristig unschädlich macht. Die Bergakademie Freiberg und das Umweltforschungszentrum Leipzig-Halle arbeiten an einem Forschungsprojekt, das zugleich die durch Braunkohlebergbau entstandenen Seen reinigen will: Diese Seen enthalten in hohem Maße Schwefelkies und Pyrit, versauern deswegen und können bei Menschen zu Verätzungen und Hautreizungen führen. Auch Fische können in diesen Seen nicht existieren. Wenn es gelänge, den Kohleschlamm am Grund der Seen zu nutzen, um CO_2 als Kalk zu binden, könnte man auf diese Weise die Seen neutralisieren und wieder zu einer lebenswerten Umwelt für Mensch und Tier machen.

Energiekonzerne wie Shell und Chevron erforschen derweil den CO_2-Appetit von grünen Mikroorganismen. Ihre Hoffnung:

Wenn man die Emissionen von Kohlekraftwerken durch Gewässer voller Algen leitet, »futtern« die Pflanzen das CO_2 und stoßen nach der Photosynthese sauberen Sauerstoff wieder aus. Positiver Nebeneffekt: Die Algen bestehen überwiegend aus Pflanzenfetten, die sich eventuell zu Biodiesel verarbeiten ließen. Bei all diesen Verfahren versucht man Lösungen zu finden, die nicht nur das Problem beseitigen, sondern gleichzeitig eine Chance in sich tragen, damit langfristig sogar Geld zu verdienen. Nur dann lohnt es sich, in diese Technologien zu investieren.

Kreative Saubermänner

Vor allem die hohen Kosten der CCS-Technologien stehen derzeit einer Anwendung in der Praxis im Weg. Nach heutigem Kenntnisstand müssen allein für die Abscheidung zusätzliche Kosten von bis zu 75 Dollar pro CO_2-Tonne kalkuliert werden. Die Kosten für die Lagerung sind abhängig vom Lagerort und vom Transportweg, der zwischen Kraftwerk und Lagerstätte liegt. Hierfür müssten Pipelines quer durchs Land gebaut werden – auch keine billige Angelegenheit.

RWE kündigte im Frühjahr 2008 vollmundig an, im Rheinland das erste CO_2-freie Kohlekraftwerk zu bauen. Schnell war klar, dass man dabei das Kraftwerk nicht wirklich CO_2-frei gestalten konnte, sondern an CCS-Technologien dachte. Das CO_2 sollte abgefangen und verflüssigt werden, um es durch eine mehrere hundert Kilometer lange Pipeline quer durch Deutschland zu geeigneten Lagerstätten nach Norddeutschland zu bringen. Mögliche Lagerstätten gibt es auf Sylt, an der Nordseeküste und im südlichen Kreis Ostholstein bis Lübeck, wo sich ausreichend unterirdische Hohlräume befinden, die das verflüssigte Gas aufnehmen könnten.

Zwar hat das RWE den Starttermin für das Kraftwerk auf

2014 terminiert und bereits eine Baugenehmigung für die dazugehörige Pipeline beantragt, die innerhalb eines halben Jahres gebaut werden könnte, aber das Genehmigungsverfahren wird sicher eine gewisse Zeit in Anspruch nehmen. Es ist mit langwierigen juristischen Auseinandersetzungen zu rechnen. Schon jetzt formiert sich politischer Widerstand. Die von der Pipeline und Lagerung betroffenen Anwohner und Fremdenverkehrsvereine befürchten eine abschreckende Wirkung auf die Touristen. Und auch sonst geht die Angst um. Horrorszenarien machen die Runde, dass bei einer Leckage den Bürgern ernsthafte Gefahren bis hin zum Erstickungstod drohten. Uns stehen also lauter kleine Gorleben ins Haus, lange bevor überhaupt eine Technik entwickelt, geschweige denn ausreichend erprobt worden ist.

Bis zu CO_2-armen Kohlekraftwerken ist es noch ein weiter Weg. Kaum ein Experte rechnet mit einem industriellen Einsatz von CCS-Technologien vor 2020, wenn überhaupt. Deswegen kann auch der Energieversorger Vattenfall für das Kohlekraftwerk Hamburg-Moorburg nicht versprechen, ab 2020 eine solche Technik einzusetzen, sondern höchstens, dass man sie einsetzen würde, wenn es sie denn gäbe. Trotzdem liegt in den CCS-Technologien die Zukunft. Rajendra Pachauri, der Vorsitzende des Weltklimarates IPCC aus Indien, betont immer wieder die Bedeutung von CCS im weltweiten Kampf gegen den Klimawandel. Kein Wunder, derzeit blasen die globalen Kohlekraftwerke jährlich 9 Milliarden Tonnen CO_2 in die Atmosphäre, das ist in etwa ein Drittel des gesamten CO_2-Ausstoßes.

Selbst wenn CCS bislang eher eine Option als ein Fakt ist, wird sie ein wichtiger Baustein auf dem Weg in eine andere Klima-Zukunft sein. Die EU-Kommission hat im Januar 2008 bereits den Entwurf einer Richtlinie zu CCS-Technologien vorgelegt und regelt darin auch schon, wie Unternehmen in den künftigen Boom-Markt der CO_2-Speicherung einsteigen können. Sie ist offenbar überzeugt, dass die Innovationsfähigkeit in

Europa noch längst nicht erschöpft ist, vertraut auf die kreative Ingenieurskunst und fördert über ein europäisches Forschungsrahmenprogramm die Entwicklung von sauberer Kohle und CO_2-Abscheidung und CO_2-Speicherung. Das Ziel ist die Reduzierung der CCS-Kosten auf unter 20 Euro pro Tonne und eine Minderung der CO_2-Emissionen um satte 90 Prozent.

Neubauten ohne Zukunft

Das klingt mehr als ambitioniert, aber manche Experten sind tatsächlich sicher, dass sich eine Lösung finden wird. Doch derlei Zukunftsmusik bedarf intensiver Forschung. Ärgerlicherweise oder besser dummerweise sind die Ausgaben für die Erforschung innovativer Energietechnologie in Deutschland in den vergangenen Jahren gesenkt worden. 2006 haben die Forschungsgelder für neue Kohletechnologien mit insgesamt 13 Millionen Euro nur knapp 3 Prozent der gesamten öffentlichen Forschung und Entwicklung im Energiebereich ausgemacht. Überhaupt wird Energieforschung in anderen Industrieländern größer geschrieben: Die USA und Japan geben im Vergleich zu Deutschland jährlich jeweils das Siebenfache aus. Und auch in Deutschland wäre locker mehr möglich. Zur Erinnerung: Die derzeitigen Steinkohlesubventionen betragen 2,7 Milliarden Euro jedes Jahr, das ist mehr als sechsmal so viel wie das gesamte Energieforschungsbudget. Wenn man nur einen Bruchteil davon für CCS-Forschung abzweigen würde, könnte man vielleicht bald mit interessanten Ergebnissen aufwarten. Allerdings sollte man nicht nur davon reden, sondern dringend damit anfangen. Und zwar möglichst heute! Von der Erforschung einer neuen Technologie bis zur Marktreife vergehen gemeinhin mindestens fünfzehn Jahre.

Letztendlich könnte sich das für Deutschland lohnen: Studien zur Abschätzung der CCS-Technologie kommen zu dem Schluss, dass sie Potenzial für bis zu 16 Prozent der weltweiten Stromerzeugung besitzt. Sollte eine kostengünstige handhabbare Technik gefunden werden und sich in der Anwendung weltweit durchsetzen, hätte entsprechendes Technikwissen »made in Germany« großen betriebs- und volkswirtschaftlichen Nutzen.

So gesehen spricht zwar auf Anhieb nicht viel für die Kohle als Energieträger der Zukunft, aber sehr viel für die Erforschung neuer Kohletechnologien, die wir in die ganze Welt verkaufen könnten. So würden wir dem Rest der Welt ein Wirtschaftswachstum auch mit der billigen Kohle als Energie ermöglichen, zugleich dafür sorgen, die CO_2-Emissionen zu reduzieren, und davon selbst wirtschaftlich profitieren. Auf der Hannover Messe 2008 wurden einige neue »mobile CCS«-Technologien vorgestellt: So zeigte der Konzern Hitachi, wie mittels eines »mobilen Einsatzkommandos« die CO_2-Emissionen von jedem Kohlekraftwerk abgetrennt werden können. Die Frage der Einlagerung müsste dann allerdings jeweils erst noch geklärt werden.

Es spricht aber auch manches für den Neubau von Kohlekraftwerken in Deutschland – und zwar nicht, weil Kohle in ausreichendem Maße vorhanden und kostengünstig ist, auch nicht, weil sie eventuell bald emissionsarm verarbeitet werden kann, sondern ganz simpel, weil die neuen Kohlekraftwerke effizienter sind als die alten und weil wir bei allen Klimasorgen immer auch die Versorgungssicherheit im Auge haben müssen. Wenn in Deutschland nicht bald die Lichter ausgehen sollen, müssen wir uns entscheiden: Wenn wir keine Atomkraft mehr wollen, können wir nicht gleichzeitig keine Kohlekraftwerke mehr wollen. Wo sollen vier Fünftel unserer Stromerzeugung so schnell herkommen? Neue Kraftwerke laufen fünfzig Jahre oder länger, da spielt es also durchaus eine Rolle, wie effizient sie Energie produzieren. Da wir ohnehin nicht um die Entwicklung von CCS-Technologien herumkommen und gut beraten wären, sie bald in Angriff zu nehmen, ist es unsinnig, radikal auf Kohlekraftwerke zu verzichten. Allerdings ist dieses Argument keineswegs eine Aufforderung, Deutschland mit Kohlekraftwerken zuzupflastern! Es wird ein mühsames Abwägen von Einzelfall zu Einzelfall sein, ob und welche alten Kohlekraftwerke man durch neue ersetzen kann und will. Dabei werden ökonomische Aspekte immer eine große Rolle spielen. Und auch die ändern sich von Jahr zu Jahr.

Aufgrund der weltweit hohen Nachfrage haben sich die Preise für neue Kohlekraftwerke binnen weniger Jahre nahezu verdoppelt, der hohe Stahlpreis tut ein Übriges. Wenn dieser Trend anhält, ist es für die Energiekonzerne möglicherweise irgendwann finanziell gar nicht mehr attraktiv, Kohlekraftwerke zu bauen. Dasselbe gilt, wenn die Verbraucher wirklich konsequent auf Ökostrom umsteigen würden und dadurch die Energieversorger zu anderer Energieerzeugung zwingen. Doch dazu später mehr.

Realistisch betrachtet gehören Kohlekraftwerke also lediglich zu den Brückentechnologien, bis wir bessere Lösungen gefunden haben – und darauf sollten wir hauptsächlich unser Augenmerk richten, aber bitte ohne die aktuellen Notwendigkeiten aus dem Blick zu verlieren!

Der verzögerte Ausstieg

Für eine bessere Lösung halten heute viele wieder die Kernenergie. Frankreich war schon immer eine Atomnation, aber auch das atomkritische Großbritannien setzt in jüngster Zeit aus Klimaschutzgründen wieder verstärkt auf Kernenergie. Der Anteil nuklearer Energie soll langfristig von 20 auf 40 Prozent gesteigert werden. Auch die italienische Regierung hat jüngst den seit 1987 gültigen Ausstieg aus der Atomenergie für beendet erklärt und den Bau neuer Kernkraftwerke in Auftrag gegeben. Auch in Deutschland liebäugeln viele mit dem »Ausstieg vom Ausstieg«, weil nur so die anspruchsvollen Klimaziele zu erreichen seien.

In großformatigen Werbeanzeigen rühmen Energiekonzerne die Atomkraftwerke als oberste Klimaschützer. Zwar wenden Kritiker ein, dass der aufwendige Bau eines Atomkraftwerks keineswegs CO_2-frei ablaufe, aber auch Windkrafträder bestehen aus Stahl und Beton und haben bis zur Fertigstellung einen erheblichen Energiebedarf und entsprechenden CO_2-Ausstoß, weswegen dieser Aspekt an dieser Stelle vernachlässigt werden soll.

Unter Klimagesichtspunkten gibt es in der Tat wenig gegen Atomkraft einzuwenden. Trotzdem sind zahlreiche Einwände gegen die Kerntechnologie nicht einfach von der Hand zu weisen. Auch nach fast fünfzig Jahren aktiver Atomkraft hat sich immer noch keine wirklich überzeugende Lösung für die Endlagerung der radioaktiven Abfälle gefunden. Der Salzstock im Schacht Konrad in Gorleben befindet sich immer noch in einer Testphase, und es ist völlig offen, was passiert, falls man eines Tages feststellt, dass eine dauerhafte Lagerung dort nicht möglich ist. Auch die sogenannten Castor-Transporte der radioaktiven Abfälle quer durch Europa sind eine wiederkehrende Gefährdung der Bevölkerung. Durch den vehementen Widerstand in der Bevölkerung entstehen erhebliche Zusatzkosten für die Sicherung des Transports, die nicht die Energiekonzerne aufbringen, sondern der Staat.

Fehlende Sicherung ist auch das Argument, mit dem Atomkraftgegner zu Recht ins Feld ziehen, wenn es um Gefahren durch Terrorismus geht. Tatsächlich sind vor allem die alten Meiler anfällig für Angriffe aus der Luft. Würde ein Flugzeug auf das derzeit älteste deutsche Kraftwerk, das AKW Biblis in Südhessen, stürzen, wären die Folgen weitaus schwerer als beim Terroranschlag am 11. September 2001 in New York. Nicht nur die Städte im Rhein-Main-Gebiet, sondern auch Paris, Berlin und Prag wären bedroht, so ermittelte eine Studie des Darmstädter Öko-Institutes im Herbst 2007. Neuere Kernkraftwerke sollen jedoch nach Auskunft der Betreiber höheren Schutz bieten.

Zudem hat die Atomkraft keineswegs eine blütenweiße Umweltweste. Denn die Vorgeschichte der Kernenergie, der Uranabbau nämlich, ist ein relativ schmutziges Geschäft. In Deutschland wird bereits seit vielen Jahren so gut wie kein Uran mehr abgebaut, aus Rücksicht auf Mensch und Umwelt. Dabei sind hier durchaus mittelgroße Reserven vorhanden, die aufgrund der hohen Uranpreise wirtschaftlich wieder interessant sein könnten. Aber derlei wäre politisch derzeit wohl kaum durchsetzbar. Deutschland hat die Uranförderung längst anderen Ländern überlassen – und damit auch die Probleme.

In Australien, einem der Uranlieferanten für deutsche Kernkraftwerke, listet die dortige Umweltbehörde über 200 gut dokumentierte Fälle auf, bei denen wegen Lecks Abwässer aus den Uranminen in die Landschaft geschwemmt wurden. Zwar ist das Gebiet insgesamt eher dünn besiedelt, aber die dort lebenden Ureinwohner sind von den Folgen des Abbaus durchaus betroffen. So wurde bei ihnen eine deutlich höhere Krebsrate beobachtet – sie ist fast doppelt so hoch wie andernorts. Zwar lässt sich der Zusammenhang zwischen Uranminen und Krebs nicht beweisen, weltweite Studien legen den Zusammenhang aber nahe. Sie belegen, dass auch in anderen Ländern Minenarbeiter im Uranabbau und Anwohner häufiger an Krebs erkranken.

Und schließlich ist auch Uran kein unerschöpflicher Rohstoff. Die wirtschaftlich nutzbaren Uranvorräte werden auf etwa 4,7 Millionen Tonnen weltweit geschätzt und werden voraussichtlich noch 65 Jahre halten, wenn der Verbrauch sich auf heutigem Niveau hält. Bei steigendem Verbrauch, wovon derzeit auszugehen ist, werden die Vorräte wahrscheinlich schon in dreißig bis vierzig Jahren zur Neige gehen. Uran wäre dann sogar noch vor Erdöl und Erdgas erschöpft.

Um den relativ knappen Rohstoff Uran besser auszunutzen, wurde der Reaktortyp des »Schnellen Brüters« entwickelt. Doch weil dabei hochgiftiges Plutonium erzeugt wird und anschließend verbrannt werden muss, stellt die Bruttechnologie ein erhebliches Gesundheitsrisiko dar. Deswegen ging der deutsche Prototyp, der Schnelle Brüter in Kalkar, der rund 5 Milliarden Euro kostete, nie in Betrieb. Weltweit gibt es nur einige wenige Testreaktoren in den USA, in Russland, Frankreich, Indien und Japan, wirtschaftlich unabhängig arbeitet keiner von ihnen.

Überhaupt ist Atomenergie auch nach fünf Jahrzehnten nicht aus sich selbst heraus wirtschaftlich tragfähig. Ohne Subventionen oder steuerliche Vergünstigungen ist der klimaneutrale Strom aus dem Kraftwerk derzeit nicht zu haben. Allein von Mitte der 1950er Jahre bis heute hat Deutschland die Atomenergie mit geschätzten 40 Milliarden Euro subventioniert. Erst unter den massiven Protesten der Anti-AKW-Bewegung und den kontroversen Diskussionen begann die Regierung Kohl seit Beginn der 1990er Jahre, die Subventionen und Fördermittel für die Kernenergie schrittweise zu verringern. Forschungsgelder für die Atomenergie flossen trotzdem bis 2002 in gedrosseltem Umfang weiter. Erst die rot-grüne Bundesregierung beschloss in ihrer Koalitionsvereinbarung 2003, die Forschungsgelder in diesem Bereich abzuschaffen.

Bis heute ist strittig, ob ohne Subventionen für die Unternehmen Atomkraft überhaupt rentabel wäre. Insofern wird nun interessant, wie sich die Dinge in England entwickeln werden. Anfang 2008 hat die englische Regierung grünes Licht für den Neubau von Atomkraftwerken gegeben. Aber sie hat im selben Zug festgeschrieben, dass es keine staatlichen Zuschüsse dafür geben soll. Die Energiekonzerne müssen also vollständig auf Subventionen verzichten. Nun wird sich also zeigen, ob sich

Banken und Kapitalgeber ohne weiteres überzeugen lassen, die hohen Investitionen für den Bau von Atomkraftwerken zu tragen, und auf eine entsprechende Rendite aus eigener Kraft spekulieren. In der Schweiz und in Italien, wo die Regierungen ebenfalls wieder den Bau neuer Kraftwerke genehmigen wollen, ist die Subventionsfrage bis zur Drucklegung dieses Buches noch nicht entschieden. Atomkraftwerke tragen ein hohes Finanzrisiko. Und das, obwohl die Betreiber für viele Kosten, die die Atomkraft verursacht, gar nicht aufkommen. So ist zum Beispiel umstritten, was die Entsorgung des radioaktiven Atommülls auf die Dauer kosten wird. Deswegen wurden die Energieunternehmen zu Entsorgungsrückstellungen verpflichtet, die sie daraus finanzieren, dass sie pro verkaufte Kilowattstunde Strom 1 Cent auf die hohe Kante legen. Geschätzte 50 Milliarden Euro hat die Atomindustrie bislang für die Entsorgung zurückgestellt. Ob dieser Betrag reichen wird und wann die Entsorgung gezahlt werden muss, das alles ist nicht wirklich geklärt.

Aber auch unabhängig davon gilt, was das zuständige Bundesministerium für Umwelt, Naturschutz und Reaktorsicherheit auf seiner Webseite schreibt: »Strom aus neuen Atomkraftwerken ist teuer und unrentabel – das lohnt sich nur noch, wenn sehr hohe staatliche Subventionen fließen. Je Kilowatt installierter Leistung kostet ein Atomkraftwerk etwa fünfmal so viel wie ein modernes effizientes Gaskraftwerk.« Und selbst wenn man dieser eher pessimistischen Einschätzung nicht folgt, so würden sich die Kosten des Atomstroms mindestens verdoppeln, wenn man all die oben genannten Faktoren mit einbezieht.

Sie merken, ich bin fürwahr kein Fan der Kernenergie. Ich kenne die Fakten. Ich weiß auch, dass der Atomausstieg politisch beschlossen ist und der letzte Meiler 2021 vom Netz gehen soll. Theoretisch ist das keine schlechte Idee. Doch was hat sie für Konsequenzen? Woher kommt dann unser Strom? Was haben wir für Alternativen?

Die Zukunft ist erneuerbar

Bis 2020 wird die erneuerbare Energie planmäßig von heute 14 auf vermutlich schon über 20 Prozent des Energiemix angewachsen sein. Selbst wenn wir optimistisch und mit gutem Willen von 25 oder gar 30 Prozent ausgehen, fehlen immer noch 10 bis 15 Prozent Energie, die bis dahin durch Atomstrom gedeckt werden. Wie wollen wir die ersetzen? Wir haben die Wahl:

Wir könnten das Land mit Kohlekraftwerken überziehen, auch wenn bis 2020 mit sehr großer Wahrscheinlichkeit noch keine marktreife CCS-Technologie entwickelt worden ist und wir also das Klima massiv durch zusätzliche CO_2-Emissionen belasten.

Die Alternative Gaskraftwerke würde zwar weniger CO_2-Emissionen bedeuten, aber unsere Abhängigkeit von Russland erhöhen, sofern es uns nicht gelingt, rechtzeitig die Infrastruktur zum Transport und zur Lagerung von verflüssigtem Gas (LNG) bereitzustellen. Da Gas nur in sehr wenigen Ländern der Welt gefördert wird, besteht hier eine noch größere Wahrscheinlichkeit, dass es zu Kartellbildung und Preisabsprachen kommt, als im Ölmarkt. Die Gaspreise werden deswegen langfristig genauso steigen wie die Ölpreise. Gas ist also keine Perspektive für die Zukunft.

Die dritte Möglichkeit wäre, den Energiebedarf zu reduzieren. Das hieße, entweder konsequent sämtliche Möglichkeiten der Effizienzsteigerung auszunutzen, was man gegebenenfalls durch strenge gesetzliche Regelungen durchsetzen müsste, oder den Energieverbrauch gesetzlich zu begrenzen, was etwa auf dasselbe hinausliefe. Letzteres wäre die von vielen so gefürchtete Ökodiktatur, die uns vorschreibt, wie viel Strom wir wofür verbrauchen dürfen. Eine Variante, die weder erstrebenswert noch politisch durchsetzbar scheint.

Oder entscheiden wir uns doch für die Atomkraft? Was auf

keinen Fall heißen dürfte, neue und weiterhin unwirtschaftliche Kraftwerke zu bauen, die durch hohe Subventionen gefördert würden – Geld, das wir für zukunftsträchtigere Energien sehr viel sinnvoller ausgeben könnten. Auch sollten keineswegs alte, marode Kraftwerke mit hohem Sicherheitsrisiko länger laufen. Aber: Es gibt keinen technischen Grund, moderne Kernkraftwerke vor Ende ihrer Laufzeit abzuschalten.

Wenn wir sehr schnell aus der Atomenergie aussteigen wollen, bedeutet das, dass wir auch sehr schnell Alternativen brauchen. Unter Zeitdruck entscheidet man sich aus Kostengründen leider immer noch hauptsächlich für Kohle. Wir brauchen aber Zeit. Zeit, um alternative Energien zu entwickeln und aufzubauen, aber auch Zeit, um die konventionellen Kohlekraftwerke über CCS nachhaltiger zu gestalten.

Der von vielen Ökopuristen angestrebte doppelte Ausstieg – aus Kernkraft und Kohle – ist jedenfalls derzeit völlig illusorisch, er würde die Eliminierung von mehr als 70 Prozent unseres Stroms bedeuten.

Ich halte es deswegen für nötig und sinnvoll, einen neuen Atomkonsens zu finden, in dem zwei Kernpunkte zu verankern sind: zum einen die Verlängerung der Laufzeiten sicherer Kernkraftwerke um fünfzehn Jahre. Zum anderen die Verpflichtung der Energieversorger, einen verbindlichen Energieeinsatzplan zu erarbeiten, der dann auch umgesetzt werden muss. Dazu sollten die Energieversorger einen Teil ihrer durch die Verlängerung erwirtschafteten Gewinne – immerhin eine Million Euro pro Tag! – in die Erforschung alternativer Energien stecken. Da wir nicht nur von der Kohle, sondern auch vom Öl möglichst schnell wegkommen müssen, brauchen wir dringend alternative Energien.

In jedem Fall ist ein intelligenter Energiemix nötig, der sich im Jahre 2020 mit entsprechenden Anstrengungen etwa folgendermaßen zusammensetzen könnte: 35 Prozent Kohle, 30 Pro-

zent erneuerbare Energien, 20 Prozent Erdgas, 15 Prozent Kernenergie. Wobei insbesondere die Kraft-Wärme-Kopplung (KWK)
viel stärker als heute genutzt werden sollte, sowohl bei Kohle-,
Gas-, aber auch bei Biomassekraftwerken. Bei gleichzeitiger Ener-
gieeffizienzverbesserung macht dies Deutschland fit für die andere Klima-Zukunft.

Das gäbe ein Optimum an Energiesicherheit, ein Maximum
an Klimaschutz und – wenn wir endlich den Emissionshandel
einsetzten – ein Minimum an Kosten. Bis dieses im Prinzip so
einfache wie geniale Instrument endlich greifen kann, muss die
Politik innerhalb der nationalen oder internationalen Möglichkeiten durch gezielte Förderung und geschickte Regulierung der
Energiemärkte versuchen, die richtigen Weichen für eine klimaneutrale Zukunft zu stellen.

9. Mobilität – Abgasfilter für den Weltverkehr

Big Boss auf zwei Rädern

Dass es auch andere rollende Statussymbole als dicke Autos gibt, lernte ich in Kalifornien, als ich Mitte der 1990er Jahren für meine Doktorarbeit an der Stanford University geforscht habe. Ich hatte ein bescheidenes Zimmer in einem größeren Haus in West Palo Alto gefunden, wo außer mir noch einige andere Postgraduates wohnten. Wir kamen oft abends alle zusammen und kochten und aßen gemeinsam. Die Vermieterin hatte sehr genaue Vorstellungen von einem gesunden und richtigen Leben. Niemand durfte rauchen, und es durfte auch niemand Fleisch essen, was mich nicht störte, da ich schon damals vegetarisch lebte.

Eines Tages kam der Exmann unserer Vermieterin mit einem Hollandrad die Einfahrt hinaufgefahren. Ich sprach ihn begeistert an: »Hey, von solchen Rädern gibt es in meiner Heimat, in Oldenburg, Tausende. Aber hier?!« Wir plauderten eine Weile, und er erzählte mir, dass er das Hollandrad extra aus Europa mitgebracht hatte, weil es ihm so gut gefiel. Als er wieder wegradelte, erfuhr ich von meinen Mitbewohnern, dass ich mit Steve Jobs gesprochen hatte, der gerade erst für ein Millionengehalt in den Vorstand der von ihm gegründeten Computerfirma Apple zurückgekehrt war. Ich staunte: So einer fährt mit dem Fahrrad durch Palo Alto!

Ein ähnliches Erlebnis hatte der ZDF-Nachrichtensprecher Claus Kleber, als er im Herbst 2007 für seine Reportage »Amerikas andere Seite« durch Kalifornien reiste. Er hatte sich mit dem Vorstand des dortigen Unternehmerverbandes in einem Nobelhotel verabredet und war bass erstaunt, als der Interviewpartner zu diesem Termin mit Radlerhosen und Fahrradhelm erschien und sein Rennrad lässig durch die Hotellobby rollte.

Kalifornien, und speziell das Silicon Valley, war schon immer ein wenig anders als der Rest der USA. Die Kreativität und Offenheit der Menschen, die hier leben und arbeiten, ist weltbekannt. Obgleich die Amerikaner eher den Ruf haben, sich einen Dreck um Umwelt und Klima zu scheren – Kalifornien beweist das Gegenteil. Das legendäre Tal an der amerikanischen Westküste, in dem in den 1990er Jahren die Internetrevolution ausgerufen wurde und die New Economy ihren Anfang nahm, ist längst zur Brutstätte einer weiteren Technologiewelle avanciert: die Ökos kommen. Die *New York Times* schlug unlängst vor, die »Dotcom-Ära« in die »Watt-Com-Ära« umzutaufen, schließlich hat sich die einstige Goldgräberregion nach den Informationstechnologien nun der Goldgrube der erneuerbaren Energien zugewandt.

Insgesamt 43 Unternehmen und Kommunen – von Hewlett-Packard, Oracle und Sun über Adobe und PG&E bis zur Stadt Palo Alto und dem Bezirk San Mateo County – haben sich zu einer Umweltkoalition zusammengeschlossen: Das Sustainable Silicon Valley (SSV) will den CO_2-Ausstoß um 20 Prozent unter die Werte von 1990 senken – und zwar bis 2010, also quasi sofort.

Kalifornien auf Innovationskurs

Nicht alle fahren Fahrrad. Google hat ein firmeneigenes Netz aus 32 Shuttlebussen durch die ganze Bay Area geschaffen, das die Mitarbeiter kostenlos nutzen können. Die Softwarefirma Hyperion bietet den Mitarbeitern eine Prämie von 5000 Dollar an, wenn sie sich ein spritsparendes Auto kaufen. Und die kalifornische Loha-Prominenz fährt sowieso Hybrid.

Der Multimillionär und Gründer des Webportals Infoseek zum Beispiel, Steve Kirsch, fährt einen Toyota RAV 4, allerdings in der EV-Version mit 12-Volt-Batterie und null Emissionen, dessen Produktion Toyota 2003 wieder einstellte, nachdem binnen fünf Jahren nur rund 1600 Modelle verkauft worden waren. Inzwischen fahren weltweit nur noch etwa 800 RAV4 EV auf öffentlichen Straßen, hauptsächlich in Kalifornien, wo sie durch Kampagnen wie »Don't Crush« vor der Verschrottung durch Toyota gerettet wurden.

Tom Hanks hat sich einen ganz normalen Toyota Scion zu einem beeindruckenden Ökoauto umbauen lassen: Bis zu 150 Stundenkilometer schnell saust das fünfsitzige Auto mit 163 PS über die Straßen Kaliforniens, dank eines mit Ökostrom geladenen Akkus ohne ein Gramm Emission. Der amerikanische Schauspieler nutzt ein Angebot von AC Propulsio. Die kalifornische Firma, die schon seit 1992 mit Elektroautos experimentiert, ersetzt einfach den herkömmlichen Benzinmotor durch einen Elektromotor. Ob der zugehörige Lithium-Ionen-Akku allerdings nach längerem Gebrauch die Ermüdungserscheinungen zeigt, die wir von denselben Akkus aus Handys kennen, wird sich erst mit der Zeit erweisen.

Beim Thema Mobilität ist Kalifornien jedenfalls mal wieder auf Innovationskurs. Das war es bereits einmal: nämlich als der amerikanische Bundesstaat als Vorreiter im Umweltschutz vor allen anderen bleifreies Benzin einführte. Bald darauf folgten andere Staaten dem Beispiel, in den 1980er Jahren begann in Deutschland der Verkauf bleifreien Normalbenzins. Heute ist bleifreies Benzin internationaler Standard, verbleites Benzin ist seit 2000 in der EU sogar verboten. In Zeiten wachsender Bedrohung durch den Klimawandel denkt man jedoch nicht mehr nur über einzelne umweltschädliche Bestandteile der Treibstoffe nach, sondern über gänzlich neue Konzepte der Mobilität.

Die politischen Diskussionen im Winter 2007 und Frühjahr 2008 um eine Begrenzung der CO_2-Emissionen von Autos in Europa nahmen eine so emotionale Dimension an, dass man zwischenzeitlich meinen konnte, es ginge darum, das Autofahren ganz zu verbieten. Politiker aus Frankreich und Deutschland stritten um Grammzahlen, die in der Bevölkerung kaum noch jemand verstand. Die deutsche Kanzlerin, sonst in Klimafragen immer sehr engagiert, zeigte sich plötzlich als Interessenvertreterin der Automobilindustrie. Der französische Präsident, nicht gerade als Umweltschützer bekannt, forderte strenge Grenzwerte. Schnell wurde deutlich, dass es in der Diskussion nicht mehr um Klimaschutz ging, sondern darum, den Wettbewerb zwischen der französischen, italienischen und deutschen Automobilindustrie zugunsten eines der Marktteilnehmer zu beeinflussen – denn deutsche Automobilhersteller bauen höher motorisierte Automobile als die anderen, was automatisch einen höheren CO_2-Ausstoß bedeutet. Man einigte sich im Sinne der Wirtschaft auf einen Grenzwert von 120 Gramm pro Kilometer, der aber nicht sofort, sondern erst in einigen Jahren greift. Viel zu schwach, klagten die Umweltschutzverbände, die sich sehr viel strengere Emissionsgrenzen gewünscht hätten.

Doch derlei war nicht im Sinne der Volkswirtschaft, denn hohe Emissionen sind langfristig leider teurer als strenge Grenzwerte – auch wenn es auf den ersten Blick anders aussieht. Dass Klimaschutz ökonomisch sinnvoller ist, kann ich nicht oft genug wiederholen. Wenn man bedenkt, dass die Mehrkosten für den gestiegenen Ölpreis allein im ersten Halbjahr 2008 die deutsche Volkswirtschaft 14 Milliarden Euro gekostet haben, stellt sich einmal mehr die Frage, ob kraftstoffsparende Innovationen wirklich teurer sind.

Sprit für den Status

Volkswirte gehen davon aus, dass es so etwas wie einen ökonomisch vernünftig handelnden Menschen gibt, den sogenannten Homo oeconomicus. Der ist allerdings nichts als eine leicht berechenbare Idealvorstellung und hat leider nur sehr wenig mit der Wirklichkeit zu tun. Echte Menschen sind in ihrem wirtschaftlichen Handeln selten berechenbar und oft weit von jeder Vernunft entfernt. Das zeigt sich immer wieder am Beispiel Mobilität, vor allem in Deutschland: Autos mit hohen Emissionen sind Autos mit hohem Spritverbrauch – und damit sehr viel teurer als andere. Gerade Luxuslimousinen wie der Audi A8, die 7er-Serie von BMW, die Mercedes-Benz-S-Klasse oder der Jaguar XJ sind nicht unter einem Emissionswert von 199 Gramm CO_2 pro Kilometer zu haben. Je nach Ausstattung stoßen sie mehr als 300 Gramm CO_2 pro Kilometer aus.

Interessanterweise emittieren schon Mittelklassewagen deutlich weniger CO_2: Ein 3er-Diesel-BMW liegt schon bei 144 Gramm CO_2, ein Audi A4 mit Dieselmotor bei etwa 154 Gramm CO_2. Und ein kleines Familienauto wie der Citroën C4 kommt in der Dieselversion sogar mit 120 Gramm aus, ein Kleinwagen wie der VW Polo ebenfalls mit Dieselmotor sogar mit nur 99 Gramm CO_2. Und natürlich liegt der Anschaffungswert der Premiumautos im Vergleich zur Mittelklasse bei einem Vielfachen, Gleiches gilt für die Betriebskosten. Insofern kann man sich an die simple ökonomische Faustregel halten: Je weniger Geld man fürs Auto ausgibt, desto weniger wird das Klima geschädigt.

Bei Licht betrachtet, gibt es keine ökonomischen Gründe, die uns daran hinderten, mit Autos zu fahren, die die Hälfte oder ein Drittel an Emissionen ausstoßen. Wollen die Menschen also das Klima schädigen? Oder ist ihnen wirklich egal, was die Welt und die Mobilität kostet? Nein, die Antwort hat einen gänzlich emotionalen Hintergrund: Schon die Namen der Modelle (BMW 325, Mercedes 500) bezeichnen nicht nur den Hubraum eines Autos, sondern signalisieren auch die soziale Bedeutung seines Fahrers. Nicht der Klimaschutz kostet Geld, sondern unser Statusdenken.

Zur Dienstwagenflotte des Berliner Senats gehörte noch im März 2007 ein Audi A8 mit 450 PS, der 334 Gramm CO_2 pro Kilometer in die Luft pustete. Im April 2008 gab die Innenverwaltung bekannt, dass nunmehr keiner der Dienstwagen mehr als 224 Gramm CO_2 ausstoße. Und die Umweltsenatorin Katrin Lompscher gab stolz bekannt, dass sie im Dienst einen Toyota Prius fahre, der mit 104 Gramm CO_2 pro Kilometer auskomme. Wie repräsentationsfähig ein Regierungsmitglied sei, hänge von der eigenen Leistung ab, nicht von der Größe des Wagens, sagte sie. Der Bremer Bürgermeister und Senatspräsident Henning Scherf fuhr übrigens gern mit dem Fahrrad zur Arbeit. Aber das klingt ja schon fast nach kalifornischen Verhältnissen.

Klimaschützer ohne jede Absicht

Große Autos sind schwerer als kleine, und jede zusätzliche luxuriöse Ausstattung – ob Klimaanlage oder Navigationssystem – bedeutet zusätzliches Gewicht. Doch jedes Gramm mehr am Auto muss bewegt werden und braucht Energie, und die bedeutet im Zeitalter fossiler Brennstoffe beim Auto CO_2-Ausstoß. Für die Forschung ist deswegen die zentrale Herausforderung, Mobilität leicht zu machen – im wahrsten Sinne des Wortes.

So mancher Ingenieur, der sich mit technischen Details an Karosserie, Motor oder Ausstattung von Fahrzeugen beschäftigt, beschäftigt sich genau genommen mit Aspekten des Klimaschutzes.

Vor einiger Zeit geriet ich auf einer Podiumsdiskussion zum Thema Klimaschutz mit Eggert Voscherau, Vorstandsmitglied der BASF, aneinander. Wir hatten uns schon eine ganze Zeit lang über die möglichen Auswirkungen von Klimawandel und Klimaschutz ausgetauscht, bis wir auf die Frage kamen, was genau man an Klimaschutz betreiben könne. Schnell empörte sich Herr Voscherau über politische Eingriffe in die Wirtschaft und den vermeintlich hysterischen »Klimabürokratismus« und behauptete zu guter Letzt, unsere Wirtschaft könne sich Klimaschutz nicht leisten und würde dadurch dem Untergang geweiht sein.

»Ich wundere mich«, entgegnete ich in aller Freundlichkeit, »dass Sie sich hier so aufregen. Schließlich verdient die BASF in großem Maß ihr Geld mit Klimaschutz. Sie müssten sich doch eigentlich über all diese Gesetze freuen.«

Er starrte mich verblüfft an; offensichtlich hielt er mich für völlig übergeschnappt. Also erklärte ich ihm, dass zum Beispiel die Automobilindustrie auch deswegen neue Kunststoffe nachfrage, weil sie nur so das Gewicht der Autos reduzieren könne. Natürlich wusste er ganz genau: Je weniger Gewicht ein Auto hat, desto weniger Kraftstoff braucht es, und desto weniger CO_2 stößt es aus. BASF leistet also einen nicht unerheblichen Beitrag dazu, Emissionen zu reduzieren, genau darum ginge es doch schließlich beim Klimaschutz. Und das Unternehmen profitiere von der Kunststoffproduktion schon lange. Bei der BASF gibt es eine umfangreiche Liste von Klimaschutztechnologien. Inzwischen wirbt das Unternehmen sogar explizit für den Klimaschutz, wie ich auf der Hannover Messe 2008 erfuhr, und auch auf der Internetseite des Konzerns heißt es: »BASF-Produkte können dreimal mehr Treibhausgasemissionen einsparen, als bei der Herstellung und Entsorgung aller BASF-Produkte emittiert werden.« Na bitte, es geht doch.

Auch ThyssenKrupp leistet einen wesentlichen Beitrag zur Gewichtsreduktion in der Automobilfertigung. In der Produktion werden Metalle mit dem Verfahren des »Hydroforming«, also mit Wasserdruck bearbeitet. Dadurch spart man aufwendige Schweißarbeiten und reduziert durch die entfallenden Schweißnähte das Gewicht der Metalle. Dank Hydroforming kann ThyssenKrupp Kunden wie Audi oder BMW leichtere Karosserieteile liefern, vom Dachrahmen bis zum Sitzquerträger.

Dass ThyssenKrupp damit zum Klimaschutz beitrug, war für das Unternehmen lange Zeit sekundär – wenn überhaupt von Bedeutung. Noch vor wenigen Jahren hatte mich die Leitungsebene des Konzerns zum Mittagessen in die Zentrale in Essen mit Blick über die ganze Stadt eingeladen. Man hatte gehört, dass ich die Einführung des Emissionshandels befürwortete und verschiedenste Institutionen in dieser Frage beriet. In einem persönlichen Gespräch wollte man mir meinen vermeintlichen Fehlglauben ausreden und mir vor Augen führen, wie sehr ich das Wohl der deutschen Wirtschaft mit solchen Ideen gefährdete.

Ich kann nicht behaupten, dass wir im Laufe dieses Mittagessens Freundschaft geschlossen hätten, aber vor kurzem bekam ich mit der Post eine dicke, silbern eingebundene Broschüre zugeschickt: ThyssenKrupp, genauer Ekkehard D. Schulz, der Vorstandsvorsitzende persönlich, bekennt sich darin zum Prinzip der Nachhaltigkeit. Auf knapp hundert Seiten preist ThyssenKrupp seine Bemühungen zum Klimaschutz und die vielfältigen emissions- und energiesparenden Innovationen des Hauses an, von denen es tatsächlich einige zu bieten hat. Der Emissionshandel wird dennoch kein Lieblingsinstrument bei ThyssenKrupp geworden sein, und trotzdem sieht das Unternehmen seine Chancen im Klimaschutz. Das freut mich.

Volle Fahrt voraus

Immer wichtiger werden Themen des Fahrzeuggewichts und der Energieeffizienz, weil die Ölpreise immer weiter steigen. So langsam verderben sie den in Bezug auf Klima so wenig ökonomisch denkenden Autofahrern den Spaß an der motorisierten Mobilität. Ihre größte Sorge ist, ob und wie lange sie es sich überhaupt noch leisten können, Auto zu fahren. Bislang ist der Einfluss des Benzinpreises auf das Mobilitätsverhalten jedoch nicht besonders groß. Die Erfahrung zeigt, dass die Menschen, solange es geht, ihr Konsumverhalten zugunsten der Mobilität einschränken. Für die nächste Tankfüllung wird gespart, und sei es am Essen.

In unzähligen Umfragen wurde in den letzten Jahren beteuert: Wenn der Benzinpreis noch weiter steigt, dann fährt doch keiner mehr Auto! Die Grünen riskierten einiges, als sie im Bundestagswahlkampf 1998 einen Benzinpreis von damals 5 Mark je Liter für angemessen erklärten. Da könnten sie auch gleich das Autofahren verbieten, hieß es empört. Heute sind wir schon bei einem Benzinpreis von 1,50 Euro und haben immer noch wachsende Verkehrszahlen. Wir fahren im Schnitt 9000 bis 12 000 Kilometer pro Jahr Auto, es kann sogar mit einem Anstieg um 13 Prozent bis 2025 auf 10 000 bis 14 000 Kilometer gerechnet werden. Trotzdem: Auf die Dauer wird der durchschnittliche Autofahrer solche Strecken nur zurücklegen wollen und finanzieren können, wenn der Verbrauch der Autos sinkt, selbst wenn der steigende Ölpreis damit nicht ganz kompensiert werden wird.

Natürlich fordern immer wieder einzelne Lobbygruppen eine Senkung der Mineralölsteuern oder gar staatliche Subventionen, die für den Verbraucher den Benzinpreis reduzieren. Manche halten sogar die »Abzocke« des Staates für die eigentliche Ursache der hohen Spritpreise. Da streiken dann Taxi- und Lkw-

Fahrer gegen die hohen Spritpreise, als wenn es ein Anrecht auf billiges Benzin gäbe und der Staat die Preise regulieren könnte. Doch das ist ein Irrtum. Der Staat leidet im selben Maße wie die Verbraucher unter den hohen Ölpreisen, denn die hohen Energiekosten treffen nicht nur die Ausgabenseite des Staates, sondern reduzieren durch die Bremswirkung auf das Wirtschaftswachstum auch die Steuereinnahmen. Zudem ist in keinster Weise sicher, dass mit dem Senken der Steuern wirklich der Benzinpreis fällt – auch das Gegenteil kann richtig sein, wenn man sich die Preispolitik der Energiekonzerne so anschaut. Es muss mittelfristig darum gehen, ein nachhaltiges Mobilitätskonzept auf den Weg und alternative Treibstoffe auf den Markt zu bringen – aber bitte keine verflüssigte Kohle!

Und so hat neuerdings – nicht aus Klimaschutzgründen, sondern aus der puren Freude am Fahren – eine hektische Suche nach alternativen Kraftstoffen begonnen. Öl ist allmählich viel zu wertvoll, als dass wir es in Automotoren verpuffen lassen können, schließlich brauchen wir es nicht nur als Treibstoff für unsere Mobilität, sondern zum Beispiel auch als Rohstoff für die Chemieindustrie. Auch Gas ist inzwischen so teuer, dass es auf die Dauer kein Ersatz für Erdöl sein kann. Und dann gibt es immer noch das Klimathema: Egal, wie schnell oder langsam der Öl- oder Gaspreis steigt, wir brauchen Alternativen zu fossilen Energien.

Mit Biodiesel zur Grillparty

Biodiesel heißt das Wort, das Autonarren Hoffnung macht. Die europäischen Erdölkonzerne fördern bereits die Entwicklung alternativer Treibstoffe aus Pflanzenöl, der zum Beispiel aus Raps gewonnen werden kann. Sie sind wie Dieselöl verwendbar, gelten aber als klimaneutral, weil sie bei der Verbrennung nur das

CO_2 freisetzen, dass die Pflanzen zuvor beim Aufbau ihrer Biomasse aus der Atmosphäre gefiltert haben. Außerdem gibt es keine Abfallprodukte, da alle überschüssigen Pflanzenteile als Futtermittel oder Rohstoffe für die Kosmetikindustrie oder Landwirtschaft verwendet werden können.

Deutschland hat allerdings ein Platzproblem. Wenn etwa die Hälfte der gesamten Ackerfläche für den Rapsanbau in vierjähriger Fruchtfolge genutzt würde, könnte man mit dem Ertrag nur etwa 5 Prozent des derzeitigen Gesamtverbrauchs an Dieselkraftstoff decken – keine realistische Perspektive. Insofern können wir aus eigener Landwirtschaft wohl nur 1 bis 2 Prozent der Dieselmenge durch Rapsöl ersetzen und zusätzlich aus anderen Ländern mit sehr viel größeren landwirtschaftlichen Nutzflächen den Biodiesel importieren, was derzeit auch schon geschieht.

Die Europäische Union hatte sich zum Ziel gesetzt, bis 2020 10 Prozent des Kraftstoffverbrauchs durch Biotreibstoffe zu ersetzen, eine Zielzahl, die in Deutschland, dem internationalen Marktführer in der Biodieselproduktion, bereits 2006 erreicht wurde. Biodiesel wird im gesamten Bundesgebiet schon an 1600 Tankstellen angeboten, das ist jede neunte Tankstelle.

Aufgrund des hohen Flächenbedarfs steht der Biodiesel allerdings auch in der Kritik. Der Pflanzenanbau für Dieselgewinnung steht in Konkurrenz zur Landwirtschaft, die die Ernährung der Weltbevölkerung sichern soll. »Teller statt Tank«, heißt der Slogan, mit dem Umwelt- und Sozialverbände diese unglückliche Wettbewerbssituation rhetorisch zuspitzen. Tatsächlich besteht erheblicher Regulierungsbedarf, wenn man auf Biodiesel als Treibstoff setzt. Es müsste sichergestellt sein, dass Landwirte ihre Felder nicht von Nahrungsmittel- auf Treibstoffproduktion umstellen und dadurch zwar den Engpass an den Tankstellen in den Industrieländern beheben helfen, aber zu einem sehr viel dramatischeren Engpass in den Speisekammern der Entwicklungsländer beitragen. Aber auch die weltweite Agrarpolitik muss auf die veränderten Rahmenbedingungen reagieren – Hunger gibt es nicht erst seit der Erfindung des Biosprits.

Im Sinne des Klimaschutzes muss außerdem verhindert werden, dass es zu großflächigen Rodungen der gerade für die CO_2-Kompensation so wichtigen Regenwälder kommt, um so Flächen etwa für Rapsanbau zu gewinnen. Wir stehen hier vor demselben Problem, das wir schon seit Jahren aus einem anderen Zusammenhang kennen. Wir wissen, dass es vernünftig ist, Regenwälder zu erhalten, wollen aber weder auf schicke Gartenmöbel aus Tropenhölzern noch auf leckere Grillwurst verzichten. Von dem Getreide, das für ein einziges Steak an ein Rind verfüttert werden muss, könnte auf der anderen Erdhalbkugel eine ganze Familie ernährt werden. Retten tun wir den Regenwald erst, seitdem wir dafür Bier trinken können – der Slogan müsste also korrekt heißen: »Teller statt Tank, Trend und Grillparty«. Es sind unsere Konsumentscheidungen, auf die Landwirte und Industrieunternehmen mit entsprechenden Angeboten reagieren. Wenn wir also wollen, dass der Regenwald geschützt wird, damit er als Lunge der Welt unsere Abgase aufnehmen kann, müssen wir dies entsprechend nachfragen. Also entweder auf das eine verzichten oder das andere bezahlen. Wenn die Landbesitzer mehr Geld damit verdienen, die Bäume im Regenwald stehen und wachsen zu lassen, als sie abzuholzen und die Steppe mit Rinderzucht oder Pflanzenanbau für den Biodiesel zu bewirtschaften, dann werden sie es tun. Garantiert!

Es gibt einen alten Witz unter Wirtschaftswissenschaftlern: Zwei Ökonomen kommen bei einem Spaziergang an einem Autohaus vorbei. Der eine deutet auf den ausgestellten Sportwagen und sagt: »Den will ich haben.« Als sie weitergehen, sagt der andere: »Offensichtlich nicht!«

Wir müssen entscheiden, was wir wollen, und entsprechend unser Geld lenken. Wert drückt sich nicht in Worten oder Preisschildern, sondern ganz allein in Handlungen aus.

Gesetzliche Regelungen – egal mit welcher moralischen Vehemenz vorgetragen – werden wir von Deutschland oder Europa aus nicht ans andere Ende der Welt tragen können. Wir können den Brasilianern oder Indonesiern nicht vorschreiben, was sie zu tun oder zu lassen haben. Aber unsere ökonomischen Möglichkeiten gehen weit über die politischen hinaus. Wenn CO_2-Kompensation mehr Geld bringt als die Verbrennung fossiler Energien und die Erzeugung von CO_2, dann wird die Rettung der Welt funktionieren. Auch hier würde ein weltweiter Emissionshandel helfen, weil die Waldbesitzer am Kongo oder am Amazonas auf attraktive Weise Geld mit CO_2-Zertifikaten verdienen könnten. Genau wie Europa oder die USA ihre Wertschöpfung aus der industriellen Produktion sicherstellen können, könnte dann auch Brasilien oder Indonesien von dem leben, was ihr Land als Wirtschaftsgut hergibt: jahrhundertealte Flora als perfekter CO_2-Filter unserer Atmosphäre. Der Regenwald als Dunstabzugshaube einer industrialisierten Weltwirtschaft.

Sprit aus Zuckerrohr und Müll

Zweiter Hoffnungsträger der Automobilisten ist Bioethanol. Die Südzucker AG investierte 2005 etwa 200 Millionen Euro in eine Kornmühle in Zeitz, die 700 000 Tonnen Weizen jährlich mahlt, um anschließend das Schrot zu Sprit vergären zu lassen. In Brasilien wird aus Zuckerrohr Sprit gemacht, 30 Prozent des dortigen Benzinbedarfs werden damit gedeckt. Und in Schweden hat sich bereits ein Gemisch aus Bioethanol und Benzin auf dem Treibstoffmarkt etabliert. Grundsätzlich bestehen hier dieselben Konflikte zwischen Treibstoff- und Nahrungsmittelherstellung wie beim Biodiesel. Aber Bioethanol muss nicht aus Pflanzen wie Raps, Mais oder Getreide, sondern kann aus Abfällen wie Holz,

Stroh oder anderer fester Biomasse gewonnen werden. Schnittgut aus Grünanlagen und Straßenlaub, Restholz aus der Möbelindustrie, natürliche Abfallprodukte, die bisher energetisch nicht genutzt werden, können hier zum Einsatz kommen. Das heißt, Bioethanol steht nicht zwangsläufig in Konkurrenz mit Nahrungsmitteln.

Die Shell-Tochter Choren Industries, ein Zusammenschluss, an dem auch die Autobauer Volkswagen und Daimler beteiligt sind, hat nach drei Jahren Forschung im Frühjahr 2008 in Sachsen eine erste Pilotanlage in Betrieb genommen, die Holzabfälle in Sprit verwandelt nach dem sogenannten »Biomass to Liquid«-Verfahren (BTL) der zweiten Generation. Die Raffinerie soll jährlich rund 18 Millionen Liter Biosprit herstellen. Das entspricht nach Unternehmensangaben dem Kraftstoffbedarf von 15 000 Fahrzeugen im Jahr. Studien der Fachagentur Nachwachsende Rohstoffe gehen davon aus, dass in Deutschland bis zu 20 Prozent des deutschen Dieselbedarfs über synthetischen Dieselkraftstoff gedeckt werden können.

Wie schnell sich solche neuen Treibstoffe auf dem Markt durchsetzen können, hängt auch vom Entwicklungstempo in der Motortechnik ab. Eine Initiative des deutschen Bundesumweltministeriums zur Förderung des Biosprits durch eine verordnete Beimischung von 10 Prozent Ethanol zum Benzin scheiterte im Frühjahr 2008, weil zu viele Altautos die Bioethanol-Benzin-Gemische nicht verkraften. Die entsprechende Verordnung ist einstweilen vertagt. Aber es besteht Grund zur Hoffnung, dass sie in nächster Zeit in anderer Form wieder vorgelegt wird und bis dahin die Automobilindustrie einen wichtigen technischen (Fort-)Schritt gemacht hat. Die steuerliche Begünstigung, die 2011 für Biodiesel ausläuft, gilt für Bioethanol noch bis 2015. Deutschland ist mit dieser Politik nicht allein, weltweit fördern etwa 30 Staaten den Markt für Biokraftstoffe.

Lange hat die Autoindustrie auf Wasserstoff als Treibstoff der

Zukunft gesetzt und auch schon eine Reihe von Modellen entwickelt, die damit betrieben werden können. Unter hohen Temperaturen und hohem Druck lässt sich das chemische Element Wasserstoff, das in fast allen lebenden Organismen vorkommt, gewinnen. Wasserstoff ist ein guter Energieträger und wird als solcher in zahllosen Anwendungen der Industrie eingesetzt, zum Beispiel beim Schweißen, in der Kühlung, bei der Fetthärtung etwa in der Margarineproduktion oder auch als Treibgas für Ballons oder Luftschiffe.

Wasserstoff ist allerdings keine alternative Energie wie Sonne oder Wind, sondern braucht selbst sehr viel Energie, um erzeugt zu werden. Nicht Wasser ist dabei die Primärenergie, sondern Öl, Kohle, Atom oder erneuerbare Energien. Auch ist noch nicht geklärt, wie man Wasserstoff über Tankstellen verteilen kann und wie zum Zweck der Treibstoffeinsparung leichtere Tanks konstruiert werden können. Derzeit bringen die Tanks viermal so viel Gewicht auf die Waage wie der Wasserstoff, den sie transportieren sollen.

Neue Mobilitätskonzepte auf dem Vormarsch

Angesichts steigender Ölpreise und derzeit noch fehlender Spritalternativen fürchtet so mancher das Ende des Automobilzeitalters. Als ausgerechnet Bosch, der größte Automobilzulieferer der Welt, im Juni 2008 ankündigte, für eine Milliarde Euro den Solarzellenhersteller Ersol übernehmen zu wollen, ging ein Rauschen durch den Wirtschaftsblätterwald. Mit diesem einen Firmenkauf gab Bosch mehr Geld aus als für alle Akquisitionen des Jahres 2007 zusammen. Man wertete diesen spektakulären Kauf als Signal zum Abschied aus der Automobilbranche, die bislang 61 Prozent des Bosch-Umsatzes ausmachte.

Doch vielleicht hat Bosch nur begriffen, dass die Zukunft des

Individualverkehrs nicht im Ottomotor, sondern im Elektro-motor liegt bzw. in einer Form des Hybridmotors. Denn in den letzten Jahren ist deutlich geworden, dass die Entwicklung effi-zienter Wasserkraftmotoren noch Jahrzehnte dauern wird und Biodiesel und Biogas das Erdöl nicht komplett werden ersetzen können. Wenn nicht wirklich alle Autofahrer auf Bus und Bahn umsteigen, muss Ökostrom die Zukunft der Automobile sichern. Schließlich ist die unabhängige Mobilität ein hohes Gut in den westlichen Gesellschaften, die mit sozialem Status, aber auch hohem Lebensstandard verknüpft ist. Die Abschaffung des Indi-vidualverkehrs wäre ein so starker sozial-kultureller Umbruch, dass sie derzeit unvorstellbar ist. Ein solcher Veränderungspro-zess würde mehr als ein Jahrzehnt brauchen, selbst wenn wir jetzt schon die Weichen für einen Richtungswechsel stellen.

In jedem Fall sind neue Mobilitätskonzepte auf dem Vor-marsch. Unnötigen Verkehr wird es spätestens dann nicht mehr geben, wenn permanent steigende Energiepreise die Schmerz-grenze erreichen oder wenn die Einführung eines Emissions-rechtehandels den wahren Preis dieser Energieverschwendung transparent macht. Die Zeiten sind bald vorbei, in denen ineffi-ziente Mobilität – beispielsweise durch Billigflieger oder trans-portintensive Produktionsverfahren – stattfindet. Mobilität, in welcher Form auch immer, wird nicht mehr billig sein, jeden-falls nicht billig genug!

Auch die Zersiedelung weiter Landstriche, einst großzügig durch Pendlerpauschalen und Eigenheimförderung vorangetrie-ben, wird ein Ende finden. Statt lange Distanzen mit dem Auto oder dem Flugzeug zu bewältigen, wird es zu einer stärkeren Konzentration in Ballungsgebieten kommen. Durch die Zentra-lisierung in Metropolen wird insbesondere der öffentliche Nah-verkehr an Bedeutung gewinnen, aber auch Car-Sharing-Mo-delle, Fußgänger- oder Fahrradverkehr werden eine wachsende Rolle spielen.

Großes Wachstum wird auch auf den Schienenverkehr zukommen. Die Bahn ist nicht nur das sicherste, sondern neben dem Binnenschiff auch das umweltfreundlichste Gütertransportmittel. Der Transport mit dem Güterzug verbraucht zwei Drittel weniger Energie und drei Viertel weniger CO_2 als der mit dem Lkw. Wobei es natürlich immer darauf ankommt, wie die von der Bahn genutzte Elektrizität hergestellt wird – aber gemessen pro Passagier ist die Bahn sogar dann noch deutlich klimagünstiger, wenn der Strom mit Braunkohle produziert wird. Auch die Deutsche Bahn will ihre Emissionen weiter reduzieren und betreibt seit 2002 energische Anstrengungen in dieser Richtung. Verglichen mit 1990 hat das Gütertransportunternehmen der Bahn-AG, Raillion Logistics, durch ein Investment von rund 0,5 Milliarden Euro und die klimafreundliche Modernisierung älterer Dieselloks seine CO_2-Emissionen um sagenhafte 43 Prozent gesenkt.

Renaissance des Segelschiffs

Was Autoliebhaber fürchten, ist für Hardcore-Ökos eine paradiesische Vorstellung: das Ende des motorisierten Individualverkehrs. Doch unsere Welt wird nicht vollkommen ohne Autos, Lastwagen und Flugzeuge auskommen. Die Weltwirtschaft ist auf Mobilität und gut ausgebaute Infrastruktur angewiesen. Ganz nach dem Motto der Brummi-Werbung: »Solange man den Apfel noch nicht übers Internet versenden kann, müssen wir ihn über die Straßen transportieren.« Logistik und Verkehr gehören zu den wichtigsten Wachstumsbranchen.

Zu einem Langstreckenflug gibt es praktisch keine Alternative. San Francisco liegt etwa 10 500 Flugkilometer von Berlin entfernt. Das bedeutet nach Berechnungen von atmosfair 6,4 Tonnen CO_2 pro Passagier, was bei einem Emissionspreis von 30 Euro pro Tonne also etwa 190 Euro ausmacht. Nur bei einem wirklich wichtigen Flug ist man bereit, diesen Mehrpreis zusätzlich zu den Flugkosten zu bezahlen.

Fluggesellschaften klagen schon jetzt über die Preissteigerungen im Energiemarkt, die sie durch Effizienzsteigerung an anderen Stellen, etwa mit Kosteneinsparungen durch papierlose elektronische Tickets, nicht mehr kompensieren können. Forderungen von Flugverboten für alte Maschinen machen neuerdings die Runde. In Europa gibt es noch etwa 700 alte Flugzeuge, die rund ein Fünftel mehr Treibstoff verbrauchen als neue, umweltfreundliche Maschinen. Zwar hoffen jetzt Flugzeugbauer wie Airbus auf das Geschäft mit der umweltfreundlichen Modernisierung der Luftfahrtflotte. Doch zahlreiche große Fluggesellschaften schwächeln derzeit und haben keine finanziellen Mittel für die notwendige Modernisierung.

Offenbar sind höhere Flugpreise im Markt nicht durchsetzbar. Die Flugreisenden geizen mit dem Geld. Während in anderen Branchen solche Krisen zu Übernahmen der Kleinen durch die Großen führen, warten die Unternehmen der Luftfahrtbranche derzeit darauf, dass sich die Lage durch Pleiten konsolidiert. Es fehlt das Geld für große Geschäfte, zumal alle von der berechtigten Sorge getrieben werden, dass noch längst nicht das Ende der Energiepreisspirale erreicht ist. Wenn erst der Verkehrssektor – und damit auch die Fluggesellschaften – in den Emissionsrechtehandel einbezogen werden, kämen zu den hohen Treibstoffkosten auch noch erhebliche Emissionskosten auf die Branche zu.

Es ist also kein purer Altruismus, wenn der Virgin-Gründer und Milliardär Richard Branson sich neuerdings für Umwelt- und Klimaschutz engagiert. Drei Milliarden Dollar will der Unternehmer für die Erforschung erneuerbarer Energien spenden. Von etwaigen Innovationen im Energiesektor dürften aber auch die Flug- und Bahngesellschaften wie Virgin Atlantic Airways profitieren, an denen Branson und seine Virgin Group weltweit beteiligt sind.

Auch für Fracht- und Passagierschiffe, die beim Schadstoffausstoß locker mit Flugzeugen mithalten können, sind die steigenden Energiepreise und der teure Emissionshandel ein Problem. Laut einer Studie des Deutschen Zentrums für Luft- und Raumfahrt ist die Seeschifffahrt für 2,7 Prozent der weltweiten CO_2-Emissionen verantwortlich, dazu etwa ein Zehntel des globalen Schwefeldioxids und bis zu 25 Prozent der Stickoxide.

Da sind neue Kraftstoffe oder neue Ideen gefragt. Kein Wunder also, dass mancher eine Renaissance des Segelschiffs – wenn auch mit modernerer Technik ausgestattet – erwartet. Die Bremer Reederei Beluga Shipping entwickelte einen 132 Meter langen Frachter, der zusätzlich zu der herkömmlichen Motorisierung mit einem 160 Quadratmeter großen Zugdrachen ausgestattet ist. Mit dessen Hilfe können die stärkeren Winde, die in 100 bis 300 Meter Höhe wehen, ausgenutzt und damit bis zu 20 Prozent Treibstoff eingespart werden. Die Auftragsbücher des Unternehmens sind voll, und die Forschungsabteilung arbeitet bereits an der nächsten Generation von Zugdrachen, die 320 Quadratmeter Fläche einnehmen und noch mehr Zugkraft entwickeln soll.

Effizienz macht mobil

Wir werden auf Mobilität nicht verzichten können und wollen – und angesichts einer zusammenwachsenden Weltwirtschaft auch nicht sollen. Selbst wenn es in den westlichen Industrienationen durch Verzicht auf Verkehr und verändertes Mobilitätsverhalten erhebliche Einsparmöglichkeiten gibt, die Wachstumsbedürfnisse in den Schwellenländern wie Indien und China sind erheblich. Hier wollen die Menschen endlich von Fahrrad und

Pferd umsatteln auf motorisierten Individualverkehr – und man kann es ihnen nicht verdenken, geschweige denn verbieten.

Die Welt braucht keine Verbote, sondern gute Ideen. Innovation ist die große Chance für die deutsche und europäische Wirtschaft. Produkte und Dienstleistungen des heutigen Weltmarktes im Bereich Mobilität machen nach Berechnungen des Bundesumweltministeriums derzeit 180 Milliarden Euro aus. Bis 2020 könnte sich das Volumen verdoppeln.

Das sind ungeahnte Wachstumsmärkte für klimafreundliche Automotoren, Biokraftstoffe und Abgasfiltersysteme. Effizienz macht mobil, verkündet die Fraunhofer-Gesellschaft deswegen und betreibt intensive Forschung zur Reduzierung des Treibstoffbedarfs im Verkehrssektor. Brennstoffzellen und Leistungselektronik für Hybridfahrzeuge, Strategien für biogene Treibstoffe, aber auch die Entwicklung intelligenter Verkehrsführungs- und Informationssysteme stehen auf der To-do-Liste der Forscher. Auch die Vermeidung von Staus hilft, Energie und damit Emissionen zu sparen.

Wir können davon ausgehen, dass sich der Umsatz mit Effizienztechnologien bis 2030 nicht nur im Mobilitätssektor, sondern in allen Branchen vergrößern wird. Nach unseren Berechnungen wird er sich weltweit von derzeit rund 400 Milliarden Euro auf eine Billion Euro im Jahr 2030 mehr als verdoppeln. Entsprechende Anbieter haben hier größte Wachstumschancen. Der Anteil der Effizienztechnologien am Industrieumsatz wird von heute 4 Prozent auf schätzungsweise über 15 Prozent klettern. Der Verkehrssektor wird sich auf diese Weise mehr und mehr zu einer Hochtechnologiebranche entwickeln.

»Gib Gummi und nicht Gas!«

Doch was nützt es, wenn ein Unternehmen nachhaltige Produkte anbietet, der Kunde sie aber nicht kauft? Derlei könnte man nun seufzend in die Runde werfen und auf die Misserfolge der Vergangenheit verweisen.

Der Volkswagen-Konzern stellte 2005 die Produktion der sogenannten Dreiliterautos wieder ein, die er erst wenige Jahre zuvor auf den Markt gebracht hatte. Etwa 7000 verkaufte Dreiliter-Audis und ca. 30 000 verkaufte Dreiliter-Lupos rechtfertigten die Produktionsmaschinerie nicht, und kein Ökonom wird dem widersprechen.

Paradoxerweise mokierten sich die sonst so werbeskeptischen Ökoveteranen ausgerechnet über die fehlenden Marketingaktivitäten des Konzerns rund um die neuen Ökoautomobile. Ihr Argument: Schließlich würde im Normalfall niemand zu überhöhten Preisen Pseudo-Chips aus gepresstem Maismehl mit Farbstoff und Geschmacksverstärker kaufen wollen. Wenn man sie aber in schicke Dosen verpackt, diese mit bunten Bildern beklebt und mit entsprechender Marktmacht in die Supermärkte bringt, könnte man schnell zum Marktführer aufsteigen. Hätte man Entsprechendes nur ansatzweise mit den Dreiliterautos versucht, wäre der Umsatz ein ganz anderer gewesen – zumal die Kunden ja eigentlich energiesparend Auto fahren wollen!

Mag sein, aber es fehlte nicht nur an Werbung, es gab noch weitere Gründe, warum die Dreiliterautos floppten: Technik, Ausstattung und Preispolitik waren sicher nicht optimal. Volkswagen hat viel in die Entwicklung der Niedrigenergieautos investiert, allerdings mit einer komplett falschen Markteinschätzung. Unter anderem glaubte man, das Umweltauto nur als hochpreisiges Produkt an eine exklusive Käuferschaft verkaufen zu können. Das hat sich als Irrtum erwiesen. Hätten die Konzerne geahnt, dass sich mit Ökomobilen Geld verdienen ließe, wären sie vermutlich eher darauf eingestiegen. Doch die Marktforschung hat in diesem Fall versagt – oder zumindest andere Ergebnisse ermittelt, als den Klimaschützern recht wäre.

Nicht zuletzt gilt auch hier, dass es eine Frage der Kosten-Nutzen-Kalkulation zu sein scheint, ob sich jemand für Umweltschutz oder dagegen entscheidet. Denn: Was bringt Klimaschutz? Oder: Wie teuer darf Klimaschutz sein? Oder wie teuer muss der Klimawandel werden, damit die Menschen sich überlegen, ob sie ihn vermeiden oder wenigstens einschränken können?

Bis heute ist man sich im Unklaren darüber, wie groß die Bereitschaft der Kunden ist, die Umweltfreundlichkeit eines Produktes zu bezahlen. Inzwischen lehrt die Erfahrung: Menschen zahlen nur dann mehr Geld für umweltbewusste Produkte, wenn dadurch ein Zusatznutzen entsteht. Imagegewinn könnte ein solcher Nutzen sein, wie sich leicht am Konsumentenverhalten gerade in der Automobilbranche nachvollziehen lässt.

Vor allem beim Thema Mobilität dürfte auch Spaß ein wichtiges Kaufargument sein. Das gilt besonders für Sportwagen, die emissionsfrei von null auf hundert beschleunigen. Der Tesla Roadster, ein zweisitziger Sportwagen des kalifornischen Herstellers, jedenfalls wird schneller verkauft, als er gebaut werden kann: Die erste Serie des klimafreundlichen Flitzers, der mit einem 238-PS-Elektromotor ausgestattet ist und eine Reichweite von etwa 250 Meilen hat, war im Handumdrehen ausverkauft, obgleich er mit einem Stückpreis von 100 000 Dollar nicht gerade zum Schnäppchenpreis angeboten wird. Klimaschutz kann und darf eben auch Spaß machen, oder wie es der Tesla-Werbeslogan formuliert: »Burn Rubber, not Gasoline« – sinngemäß: Gib Gummi und nicht Gas.

Forscher, höret die Signale!

Für den Homo oeconomicus dürften geringere Verbrauchskos-
ten der ausschlaggebende Zusatznutzen bei der Entscheidung
für den Klimaschutz sein, wie zum Beispiel beim Kühlschrank-
kauf: Die Produkte aus den Energieklassen B und höher werden
so gut wie nicht mehr nachgefragt, solche Geräte gibt es fast
nur noch im Gebrauchtmarkt. Die steigenden Ölpreise sind
der stärkste Absatzmotor für energiesparende Vernunftmodelle.
Allerdings darf der Anschaffungspreis nicht sehr viel höher liegen als bei vergleichbaren Modellen mit hohem Verbrauch. Wer
als Verkäufer angesichts höherer Preise mit geringeren Kosten
argumentiert, muss damit rechnen, dass die Kunden zum Ta-
schenrechner greifen.

Nach dem Flop mit dem Dreiliterauto schaut die amerikanische und europäische Automobilindustrie jetzt neidvoll auf die
asiatischen Hersteller, die mit der in Deutschland entwickelten
Hybridtechnik nicht nur ein innovatives, sondern auch benzin-
sparendes und damit kostengünstiges wie klimafreundliches Produkt auf den Markt gebracht haben, das reißenden Absatz findet.
Jetzt wird allerorten mit viel Aufwand versucht, den Vorsprung
der asiatischen Konkurrenz wieder aufzuholen.

Die Zukunft der Mobilität liegt nicht im Verzicht und auch
nicht in der Rückkehr zu Heißluftballon oder Pferdekutsche,
sondern in der Entwicklung neuer, effizienter Verkehrstechni-
ken und nachhaltiger Mobilität. Wenn wir lernten, wie die Vögel
zu fliegen, würde uns kein Klimaschützer mehr den Urlaub in
der Dominikanischen Republik vermiesen – deswegen: Der Ausweg wäre die Erfindung eines Flugzeugs, das ohne Kerosin fliegen könnte, das keine fossile Energie verbrennt und somit auch
kein CO_2 verursacht. – Forscher, höret die Signale!

10. Klima-Immobilien – Hightech unterm Ökodach

Ausweg aus der Branchenkrise

Damit hatte ich wirklich nicht gerechnet! Dirk U. Hindrichs, der Unternehmer des Bielefelder Fenster- und Solarunternehmens Schüco, hatte mich in sein Forschungslabor eingeladen, um mir zu präsentieren, woran sein Unternehmen gerade arbeitete. Nun, im März 2008 standen wir also in einer großen Halle und schauten durch eine Scheibe auf den dahinter liegenden Präsentationsraum. Dort waren verschiedene Fenster und Solarmodule für Gebäudefassaden aufgestellt, die offenbar alle aus dem Produktportfolio des Unternehmens stammten. In einer entspannten Unterhaltung erzählte Hindrichs von den Vorzügen der diversen Systeme für die Gebäudefassaden, und nebenher zog jemand unauffällig an einer Reißleine.

Und dann passierte es: Plötzlich prasselten fast golfballgroße Hagelkörner auf die Glasscheiben, so dass ich sicherheitshalber die Hände vors Gesicht hielt. Dabei bestand gar keine Gefahr. Der Geschäftsführer schmunzelte: »Das ist die Klima-Zukunft. Unsere Fassaden werden schon bald sehr viel mehr aushalten müssen als heute. Wir arbeiten daran, dass sie trotzdem nicht zerbrechen.« Erst hatte man bei der Konstruktion dieser Fenster und Solarmodule nur an klassische Sicherheitstechnik für den

Hochsicherheitsbereich von Ministerien, Verwaltungs- und militärischen Gebäuden gedacht; inzwischen ist klar, dass durchschusssichere Fenster auch Schutz gegen schweren Hagel darstellen – und somit bald zum Massengeschäft werden.

»Die Märkte gehören denen, die sie sehen.« – Mein Lieblingsschlusssatz in vielen meiner Vorträge, in denen ich die Zusammenhänge zwischen Klimawandel und Zukunftschancen erörtere. Diesen Satz scheint Hindrichs zum Leitmotiv seines unternehmerischen Handelns gemacht zu haben. Damit ist der Bielefelder seiner Branche weit voraus. Andere Bauzulieferer montieren immer noch Fenster von gestern. Schüco hat vor über zehn Jahren begriffen, dass damit auf die Dauer kein Geschäft mehr zu machen ist. Man steckte mitten in einer Branchenkrise. Einen Ausweg brachte die »Entdeckung« des Klimawandels. Der 1951 gegründete Mittelständler erkannte, dass in den Prognosen der Klimaforscher und den politisch diskutierten Maßnahmen zum Klimaschutz früher oder später ein lukrativer Markt stecken würde: der Markt des Energiesparens und Energiegewinnens.

People, Planet & Profit

Energiesparen – bei diesem Stichwort denken die meisten Menschen zuerst an Verzicht. Licht aus! Runter vom Gas! So oder so ähnlich lauten die üblichen Schlagworte, die zum Sparen von Energie auffordern. Schüco dachte nicht an Verzicht, sondern an Erfolg – und an Investition – und stellte das Unternehmen auf Zukunft um.

Die größten und leichtesten Energieeinsparpotenziale liegen in der Gebäudehülle. Es könnte knapp ein Fünftel des Energiebedarfs von Immobilien allein dadurch eingespart werden, wenn man die Gebäude mit effizienter Dämm- und Klimatechnik ausstatten würde. Irgendwann, so erkannte Schüco damals, würde das Energiemanagement in den Fokus von Politik und Wirtschaft geraten. Oder die Energiekosten würden so sehr steigen, dass die Hauseigentümer selbst auf Idee kämen, dass Energiesparen nicht dasselbe meint wie Frierenmüssen. Und dann würde jemand gebraucht, der zuverlässige und kostengünstige Gebäudetechnik nach modernsten Klimaerkenntnissen liefert. Also investierte Schüco in Forschung und Entwicklung und kam schnell auf die Idee, Fassadentechnik so zu gestalten, dass sie nicht nur Energie spart, sondern sogar gewinnt.

Heute erwirtschaftet Schüco ein Viertel des Gesamtumsatzes von 1,8 Milliarden Euro mit Solargeschäften. Aus dem Fensterzulieferer ist ein zukunftsorientierter Arbeitgeber von 5000 Mitarbeitern geworden.

»Die Nr. 1 im Bereich Gebäudehülle«, wie Schüco sich selbst stolz nennt, hat längst auch ein Auge auf den amerikanischen Markt geworfen. Dort hat Kaliforniens Gouverneur Arnold Schwarzenegger bereits im Jahr 2004 das »Grüne-Gebäude-Programm« ins Leben gerufen, das die Entwicklung energetischer Gebäudebestandteile und die Sanierung von bestehenden Immobilien fördert. Mit dem »Millionen-Solardächer-Programm« unterstützt die kalifornische Regierung außerdem die Installation von Photovoltaikanlagen. Das Programm soll 3000 Megawatt saubere Energie produzieren und gleichzeitig den Ausstoß von Treibhausgasen um 3 Millionen Tonnen reduzieren. Schwarzenegger bringt es medienwirksam auf den Punkt: »Das hat dieselbe Wirkung, als würde man eine Million Autos von der Straße nehmen.«

In Amerika kommen solche Programme inzwischen gut an. Dort haben die Menschen beim Hurrikan Katrina in New Orleans am eigenen Leib erfahren, was ich im Forschungslabor nur ahnen konnte: Fenster und Türen sind – neben den Dächern – die Achillesfersen der Häuser. Ganz Amerika sah damals in unzähligen Wiederholungen die Fernsehbilder des Schreckens und verlor damit eine Illusion: My home ist my castle? Nur, wenn wir die Folgen des Klimawandels rechtzeitig einkalkulieren.

Die Holländer leben seit eh und je auf riskantem Boden: Mehr als ein Viertel der Fläche der Niederlande liegt unterhalb des Meeresspiegels. Deiche schützen das Land vor Überschwemmungen. Den Klimawandel betrachtet man hier deswegen mit Argusaugen. Bei steigendem Meeresspiegel wäre Holland in Not – und zwar in größter. Aber wer seine Heimat liebt, lässt sich etwas einfallen. In den Niederlanden gibt es seit neuestem sogenannte Amphibienhäuser.

Brechen die Deiche und wird das Land überflutet, schwimmt das Amphibienhaus mit dem Wasserspiegel auf einer Art Teleskopstange in die Höhe. Durch diese Stahlpylone ist das Haus im Boden obendrein verankert, so dass es nicht wegschwimmen kann. Der Keller der Häuser besteht aus einer wasserdichten, schwimmfähigen Wanne, die bei steigendem Wasser für genügend Auftrieb sorgt. Bis zu 5,50 Meter ist hier Luft nach oben. Flexible Leitungsrohre versorgen das schwimmende Haus mit Strom und Trinkwasser.

Keine schrille Zukunftsvision, sondern bereits Realität: Das Bauunternehmen Dura Vermeer bietet solche Leichtbauhäuser für etwa 300 000 Euro an. In Maasbommel an der Maas steht eine Mustersiedlung mit den ersten 34 Prototypen – auf der »falschen« Seite der Deiche. Die Bewohner fürchten das Wasser nicht und auch nicht die hohen Kosten, die man sich in den Niederlanden zum Glück leisten kann. Wer meint, 300 000 Euro sei ein stolzer Preis, weiß nicht, wie sehr die Niederländer durch Deichbau, Sturmflutwehre und Dränagetechniken finanziell belastet werden. Rund 2 Milliarden Euro verlangten die regionalen Behörden allein 2006 von den 16 Millionen Einwohnern als Wassersteuer für die Regulierung des Grundwassers und den Hochwasserschutz. Großprojekte verschlingen zusätzlich mehrere Milliarden Euro, wie zum Beispiel der sogenannte »Deltaplan«: Rund um Zeeland riegeln bis zu 40 Meter hohe Sturmflutwehre die Mündungsarme von Rhein, Maas und Schelde ab und verkürzen die Küstenlinie damit um 300 Kilometer.

Doch in den Niederlanden weiß man, was man sich erspart. Bei der letzten großen Sturmflut im Februar 1953 brachen an 60 Stellen die Deiche. In den eisigen Wassermassen kamen 1835 Menschen ums Leben, und fast 200 000 Hektar fruchtbares Land wurden überflutet – also so viel Fläche wie die gesamte Rebfläche Argentiniens, des fünftgrößten Weinbaulands der Erde.

Der Erfinder des Amphibienhauses, Dura Vermeer, ist mit etwa einer Milliarde Euro Umsatz und 3500 Mitarbeitern eines der größten Unternehmen der niederländischen Baubranche. Keine verrückte Idee, sondern blanker Geschäftssinn treibt die Innovation. Das wachstumsstarke Unternehmen gehört schlicht zu den weitsichtigen Bauunternehmen, die frühzeitig auf Innovation und Klimaschutz setzen – nicht zufällig stehen drei P in der Firmenphilosophie: »People, Planet en Profit«.

Wer klüger ist, baut vor

Die Beispiele zeigen: Die Baubranche gehört zu den Gewinnern des Klimawandels – so oder so. Wenn der Klimawandel ungebremst eintritt, wird mit jedem Grad mehr, um das sich die Erde erwärmt, auch das Ausmaß an Zerstörung von Gebäuden und Infrastruktur zunehmen. Jeder Wirbelsturm und jedes Hochwasser werden Schäden an Immobilien hinterlassen, die es dann zu reparieren gilt. Insofern könnten die meisten Bauunternehmen getrost die Hände in den Schoß legen und darauf warten, dass die Klima-Zukunft kommt. Wer klüger ist, baut vor und beginnt mit dem klimabedingten Geldverdienen schon jetzt. Denn die Anpassungsmaßnahmen beginnen bereits heute. Küstenschutz, Hochwasserschutz, Kanalisation und Abflusssysteme –

die Liste der Bauarbeiten, die notwendig sind, um einer wärmeren Klima-Zukunft und den entsprechenden Nebenwirkungen standzuhalten, ist lang.

Neben der Anpassung gibt es zunehmend präventive Maßnahmen, wie zum Beispiel den Bau von Gebäuden mit null Emissionen. Auch erfordert der Klimaschutz die Entwicklung völlig neuer Energiekonzepte für Gebäude. Mehr als drei Viertel des Energieverbrauchs von Häusern gehen heute in der Regel auf das Heizen zurück, die Warmwasserbereitung verbraucht etwa 12 Prozent, die Elektrogeräte 10 Prozent, und für die Beleuchtung wird nur 1 Prozent benötigt. Der klimabewusste Hausbesitzer, der stolz auf seine Energiesparlampen deutet, sollte also vielleicht auch mal auf die Heizungsanlage im Keller schauen. Ineffiziente Heizsysteme, schlecht isolierte Fenster und Türen sowie fehlende Wärmedämmung kommen die Hauseigentümer jedes Jahr teurer zu stehen.

Die Immobilienbranche erlebt eine grüne Welle bislang unbekannten Ausmaßes. Immer mehr Architekten entwerfen »Ökohäuser« oder zumindest Energiesparhäuser. Stararchitekten bauen nicht nur spektakulär gestaltete Hochhäuser der Superlative, sondern auch »Green Buildings« – manchmal beides auf einmal.

Der 32-stöckige Torre Agbar in Barcelona des französischen Architekten Jean Nouvel beispielsweise schillert dank innovativer Glas-Aluminium-Fassade in allen Farben und erhielt 2006 den internationalen Hochhauspreis. Auftraggeber waren die Wasserwerke Aguas de Barcelona, kurz Agbar, ein Unternehmen übrigens, das schon heute vom Klimawandel betroffen ist. Im April 2008 erlebte Barcelona die schlimmste Trockenperiode seit langem. Obgleich alle Springbrunnen, Fontänen und Wasserspiele der Stadt zum Bedauern der Touristen ausgeschaltet waren und die Bevölkerung zum Wassersparen aufgerufen wurde, reichten die Reserven nicht. Per Pipeline sollte Wasser aus den umliegenden Regionen in die Metropole geleitet werden, doch auch dort ist das Wasser nicht im Übermaß vorhanden, also gab es Streit. Schnell sprach ganz Spanien vom »Wasserkrieg«. König Juan Carlos persönlich sah sich veranlasst, zur Ruhe zu mahnen. Doch die Not war groß. Wasser, egal woher, lautete die Devise. Im Mai brachte man zeitweilig per Tankschiff kubikliterweise Wasser aus Frankreich und aus der südspanischen Stadt Tarragona in die katalanische Metropole.

Doch jetzt sollen neue Pipelines gebaut werden. 180 Millionen Euro muss die Stadt in die Neubauten investieren, damit die 5,5 Millionen Einwohner von Barcelona im Oktober noch ausreichend Trinkwasser haben. Die Angst, dass sich durch solche Nachrichten Touristen abschrecken lassen, ist groß. Wenn die wegblieben, wären die Kosten durch die ausbleibenden Einkünfte noch einmal höher.

Offenbar haben die Aguas de Barcelona aus solchen Erfahrungen gelernt und bemühen sich jetzt um Klimaschutz. Der Büroturm jedenfalls berücksichtigt die zentralen Regeln ökologischen Bauens. Natürliche Lüftung statt Klimaanlage, Ausrichtung des Gebäudes zum Sonnenlicht, Verwendung von ungiftigen und recycelten Baumaterialien, Einsatz der energieeffizientesten Techniken und erneuerbarer Energien.

Eines der spektakulärsten Hochhäuser der Welt, der 508 Meter hohe Taipei 101 in Taiwan, gehört ebenfalls zur Klimaavantgarde. Der asiatische Superturm steht mitten in einem Erdbeben- und Taifungebiet und wurde so konstruiert, dass er elastisch genug ist, um seismischen Aktivitäten standzuhalten, aber auch stabil genug, um starkem Wind zu trotzen. Insgesamt hat der Bau 1,5 Milliarden Euro gekostet, der größte Teil davon floss angeblich in die Technologie, die den Turm vor den Naturgewalten schützt.

Er soll der sicherste Turm der Welt sein, der höchste ist er allerdings jetzt schon nicht mehr. Das ist seit Juli 2007 Burj

Dubai, obgleich der bislang lediglich als (gewaltige) Baustelle existiert und erst 2012 fertig sein soll. Der »Turm von Dubai« steht in einem Land, in dem es Energie fürwahr genug gibt. Trotzdem soll das Hochhaus 20 Prozent mehr Energie erzeugen, als es verbraucht. Dabei hat man sich wie auch sonst in Dubai keineswegs dem Maßhalten verschrieben. Höhepunkt an Luxus ist sicher, dass im »Rotating Tower«, wie das Gebäude auch genannt wird, tatsächlich jedes der 68 Stockwerke unabhängig vom anderen gedreht werden kann. Das hat allerdings nichts mit dem Klima, sondern nur mit der Aussicht und den persönlichen Vorlieben der zukünftigen Bewohner zu tun. Für die ist das ausgeklügelte Klimaschutzsystem zur Nutzung von Wind- und Sonnenenergie, das das Hochhaus zugleich in ein kleines Kraftwerk verwandelt, dann wohl fast schon Nebensache.

Platin-Label mit goldener Zukunft

Als der ambitionierteste umweltfreundliche Wolkenkratzer des Jahres 2005 wurde von Experten ein Hochhaus in New York betitelt: Direkt neben einem anderen knapp zehn Jahre alten Ökohochhaus-Pionier, dem 4-Times-Square, wird derzeit an der Ecke 6th Avenue und 42. Straße der Bank of America Tower gebaut. Er soll nach dem Empire State Building das zweitgrößte Hochhaus der Stadt werden. Wären solche Superlative noch vor zwanzig Jahren das Synonym für »energiefressende Klimamonster« gewesen, ist der Bank of America Tower heute ein wahres Klimawunder:

Der Wolkenkratzer produziert 70 Prozent der verbrauchten Energie selbst. Auf dem Dach wird Regenwasser gesammelt und für die Toilettenspülung verwendet. Zum Gebäude gehören eine Windturbine, eine 4,6 Megawatt starke Kraft-Wärme-Heizanlage und ein Garten. Das Hochhaus wurde zu großen Teilen aus

Recyclingmaterial erbaut oder zumindest aus Materialien, die aus weniger als 500 Meilen Entfernung geliefert wurden.

In den USA gibt es für solche »Green Buildings« ein spezielles Zertifikat, das den Namen »Leadership in Energy and Environmental Design«, kurz LEED, trägt und in vier Kategorien verliehen wird: als simples Zertifikat, in Silber, in Gold und in Platin. Entwickelt wurde es von einer nichtstaatlichen Non-Profit-Organisation, dem US Green Building Council (USGBC), dem etwa 15 000 Institutionen und Unternehmen der Immobilien- und Baubranche angehören. Seit Einführung des LEED wurden in den USA schon mehr als 1400 Projekte beurteilt. Der American Bank Tower übrigens soll das Platin-LEED bekommen.

Das sind beileibe keine Einzelbeispiele. Der US-amerikanische Markt für ökologisches Bauen umfasste nach Angaben des USGBC schon 2005 mehr als 7 Milliarden Dollar, 2007 waren es 12 Milliarden, und der Markt soll erwartungsgemäß auf 60 Milliarden Dollar in 2010 anwachsen. Zum Vergleich: Im Jahre 2007 betrug das gesamte Bruttoinlandsprodukt der amerikanischen Baubranche etwa 560 Milliarden Dollar, das von Papierprodukten 16 Milliarden Dollar.

Auch in Großbritannien, der Schweiz, in Kanada, Norwegen, Frankreich und Schweden gibt es Zertifikate für umweltgerechte Immobilien. Doch nutzt jedes Zertifikat derzeit noch eigene Informationsquellen, Systematiken und Bewertungskriterien, weswegen sich die Beurteilung der Gebäude je nach System und Land erheblich unterscheidet. Angesichts der wachsenden Globalisierung auch in der Immobilienbranche und der weltweiten Auswirkungen von Umweltbelastungen gibt es mittlerweile große Bestrebungen, ein international einheitliches Zertifizierungssystem zu entwickeln. In Kanada wurde deswegen das Projekt »Green Building Challenge« gestartet, das weltweit standardisierte Kriterien zur ökologischen Bewertung von Immobilien entwickeln will. Dabei geht es nicht nur um die energiesparende Bewirtschaftung der Gebäude, sondern auch um Flächen-, Wasser- und Materialverbrauch.

2007 wurde endlich auch hierzulande die »Deutsche Gesellschaft für nachhaltiges Bauen« gegründet, die mit Hilfe von Wissenschaftlern ein erstes deutsches Öko-Siegel entwickeln will. Weil es in Deutschland bislang kein eigenes Zertifikat gibt, lassen sich Unternehmen wie Siemens oder die Citibank ihre Neubauten nach dem amerikanischen LEED-Standard zertifizieren. Die Deutsche Bank strebt bei der Sanierung ihrer Bürotürme in Frankfurt den höchstmöglichen Platin-LEED-Standard an. Die Schweiz hat bereits eigene Qualitätslabel, die Energieverbrauch, Ausbau erneuerbarer Energien und Nachhaltigkeit berücksichtigen. Allerdings sind auch die Schweizer Siegel, wie beispielsweise Minergie, bisher noch freiwillige Kür und keine Pflicht.

Den Investoren und Eigentümern geht es dabei weniger um das ökologische Gewissen als um langfristige Renditesicherung. Denn mit einer Nutzungsdauer von vierzig bis achtzig Jahren reichen heutige Neubauten und Sanierungen weit in die Zukunft. Ein gutes Öko-Rating und geringe Lebenszykluskosten sichern die Marktfähigkeit der Objekte. Nach Angaben des USGBC können LEED-zertifizierte Häuser die Mehrkosten des ökologischen Bauens im ersten oder zweiten Jahr hereinholen. Das liegt zum einen daran, dass Green Buildings nach einer USGBC-Studie um 3,5 Prozent besser belegt sind, 3 Prozent höhere Mieten abwerfen und die Verzinsung der Investition um 6,6 Prozent steigen könnte.

Das erste in der Gold-Kategorie LEED-zertifizierte Gebäude der USA, The Solaire in New York, erzielt im Vergleich zum lokalen Marktpreis um 5 Prozent höhere Mieten. Der Immobilienberater Jones Lang LaSalle rechnet damit, dass sich in den nächsten Jahren und Jahrzehnten eine Art Zweiklassensystem in der Immobilienbranche herausbilden wird. Grüne Immobilien werden demnach zum Standard und die erste Klasse bilden. Die ING Real Estate Investment Management (ING REIM), die zu den größten Immobilien-Investmentunternehmen der Welt gehört, erklärte gegenüber der *Wirtschaftswoche*: »Wir kaufen keine Immobilien mit schlechter Energieperformance.«

Die Immobilienunternehmen richten neuerdings sehr viel mehr Aufmerksamkeit auf den Energiebedarf ihrer Objekte als jemals zuvor. Niemand will zweitklassige Objekte in seinem Immobilienbestand haben. Trotz alledem wissen immer noch die wenigsten Hauseigentümer, welchen Energiestandard ihr Haus eigentlich hat. Es gibt gefühlte und reale Werte, die oftmals weit auseinanderklaffen.

Nicht schick, aber streng

In Deutschland, dem Land, das sich für den Um-Weltmeister schlechthin hält, ist in Bezug auf Green Buildings bislang wenig Aufsehenerregendes passiert. Bedauerlicherweise, zumal Experten im »grünen Bauen« den Zukunftsmarkt sehen. Umso beunruhigender, dass Deutschlands größtes städtebauliches Zukunftsprojekt, die sogenannte HafenCity in Hamburg, derzeit noch frei von ökologischen Sensationen ist. Lediglich beim Hochwasserschutz hat man eine Klimawandelreserve eingeplant, falls der Meeresspiegel tatsächlich steigt und das Wasser die Elbe hinaufgedrückt wird.

Auch in Berlin wurden bei den zahlreichen Neubauten am Potsdamer Platz seit den 1990er Jahren ökologische Kriterien weitestgehend vernachlässigt. Lediglich das Reichstagsgebäude wird als nachhaltig gefeiert, schon allein weil Sir Norman Foster, der seit Jahrzehnten als weltweiter Vorreiter moderner energieschonender Architektur gilt, für den Umbau verantwortlich war. Doch Experten kritisieren Fosters Bauten, weil der Architekt hauptsächlich mit Stahl und Glas arbeitet. Glasbauten, so die Kritik, seien jedoch ökologisch wenig sinnvoll und kaum wirtschaftlich zu betreiben und in etwa so klimaschützend wie ein Straßenkreuzer. Und dass Foster in den USA als Ökoavantgarde gefeiert werde, läge nur daran, dass die Amerikaner jeden als Klimaschützer bejubeln, der vor dem Schlafengehen das Licht ausmacht.

Tatsächlich sind die umweltbewussten Deutschen die besseren Klimaschützer, die Amerikaner verstehen nur mehr von Marketing. In Deutschland gibt es sehr viel strengere Gesetze im Immobilienmarkt. Energieschleudern, wie sie in den USA an jeder Straßenecke stehen, wären in Deutschlands Vororten gar nicht erlaubt.

Schon seit 2002 gibt es eine relativ strenge Energieeinsparverordnung, die in den nächsten Jahren sicher noch erweitert wird. So plant die Bundesregierung, die Mindestanforderungen an gewerbliche Immobilien ab 2009 um durchschnittlich 30 Prozent zu verschärfen. Statt 20 Liter Heizöl oder 200 Kilowattstunden pro Quadratmeter dürfte ein Büro dann nur noch 14 Liter verbrauchen – für alles zusammen: Heizung, Warmwasser, Beleuchtung, Lüftung und Klimaanlage. In der Europäischen Union tritt 2009 eine Richtlinie in Kraft, die in ganz Europa für Energieeffizienz in Gebäuden sorgen soll.

Der baden-württembergische Ministerpräsident Günther Oettinger will Hauseigentümer massiv unter Klimadruck setzen und zwingt sie seit April 2008 mit einem Landesgesetz, unter bestimmten Voraussetzungen erneuerbare Energien einzusetzen. Ab 2009 sind per Gesetz bundesweit Ökoheizungen in Neubauten Pflicht, für den Einbau in Altbauten gibt es Fördergelder.

Die hessische Stadt Marburg, die von einem grünen Bürgermeister regiert wird, plant sogar, eine Solaranlage für jedes Haus zur Pflicht zu machen – sowohl für Neubauten als auch für alte Gebäude, deren Dächer oder Heizungsanlagen saniert werden.

Davon ausgenommen werden sollen nur bestimmte, unter Denkmalschutz stehende Gebäude und Häuser mit Dächern, die immer im Schatten sind. Ähnliche Vorschriften gibt es auch in anderen deutschen Kommunen, dort allerdings bislang nur für begrenzte Neubaugebiete.

Dem Bauherrn auf die Klimasprünge helfen

In Deutschland gibt es also keine spektakulären Hochhäuser mit Platin-Siegel, dafür aber ein strenges Gesetzbuch, das zu relativ klimafreundlichem Bauen in der Breite führt. Ist Deutschland also doch schon Klimaweltmeister? Tja, unter Blinden ist der Einäugige König. Wer den Klimaschutz im deutschen Immobilienbestand unter die Lupe nimmt, muss ganz sicher ein Auge zudrücken. Die Einsparpotenziale sind auch hier noch immens. Schon die groben Schätzungen zeigen, dass sich die Gebäudeemissionen leicht um 40 Prozent senken ließen. Vermutlich im Einzelfall noch deutlich mehr. Aber kaum jemand kennt die Energiebilanz seines Eigenheims.

Erst seit Januar 2008 ist in Deutschland und in Österreich jeder Hauseigentümer verpflichtet, für sein Haus einen Energiepass vorzulegen, wenn er die Immobilie verkaufen oder vermieten will. Bei Verkauf und Neuvermietung ohne Nachweis drohen Bußgelder bis zu 15 000 Euro. Das klingt rigide und weckt auch Proteste zahlreicher Hauseigentümerverbände.

Die Gegenargumente zielen – wie eigentlich immer bei staatlichen Regulierungen – auf das Beharren der Selbstregulierungskräfte des Marktes. Der Staat solle hier nicht eingreifen, weil sich derlei im freien Spiel der Marktkräfte zwischen Angebot und Nachfrage selbst reguliere. Alles andere sei vielleicht gut gemeint und vielleicht auch im Sinne des Klimas, aber eine Form von Ökodiktatur und deswegen strikt abzulehnen. Zumal sich ja allmählich ein wachsender Markt für sogenannte »Passivhäuser« etabliert, so dass über kurz oder lang energiefressende Altbauten von der Baufläche verschwinden werden. Das stimmt – jedenfalls auf den ersten Blick.

Waren bisher Nachhaltigkeitsstrategien eine Liebhaberei einiger weniger Naturfreunde, ist der grüne Stempel jetzt Teil der Wertsicherung im Immobilienmanagement. Ein Öko-Siegel, egal welcher Art, ist ein wertsicherndes oder gar wertsteigerndes Zertifikat. Das wird auch den Immobilienmarkt verändern. Im Neubaubereich ist die Verschiebung zum ökologischen Bauen bereits deutlich spürbar. Der Anteil von Niedrigenergiehäusern – Häusern also, die die heutigen niedrigen Energieanforderungen nicht nur erfüllen, sondern sogar um mehr als 30 Prozent unterschreiten – wächst beständig. Im Fertighausbereich ist ein direkter Preisvergleich möglich: Niedrigenergiehäuser kosten etwa 10 Prozent mehr als das herkömmliche Fertighaus. Ist den Häuslebauern der Klimawandel zu Kopf gestiegen? Nein, sie können nur rechnen. Wenn das Haus wenig oder keine Energie mehr verbraucht, ist man unabhängig von steigenden Energiepreisen. Das ist eine Freiheit, die sich mancher Hauseigentümer inzwischen einiges kosten lässt.

Allerdings werden in Deutschland jedes Jahr, wie das Statistische Bundesamt präzise ermittelte, nur knapp 100 000 Gebäude neu errichtet – das sind nicht mehr als 0,5 Prozent aller Gebäude in Deutschland. Der Gebäudebestand in Deutschland umfasst rund 17,3 Millionen Wohngebäude mit 39 Millionen Wohneinheiten, von denen 75 Prozent vor 1979 gebaut wurden. Dazu kommen rund 1,5 Millionen Nichtwohngebäude, darunter auch öffentliche Gebäude wie beispielsweise rund 40 000 Schulen. Zwar hat der Bundesminister für Verkehr, Bau und Stadtentwicklung ein Energiesparprogramm auf den Weg gebracht, der Nachholbedarf in puncto Wärmedämmung und Energieverbrauch ist dennoch enorm.

Hier auf den Markt zu vertrauen ist insofern blauäugig, als es nicht dieselben sind, die investieren müssten und die davon profitieren. Ein Mieter, dem die Heizkosten über den Kopf wachsen, wird trotzdem nicht in die Heizungsanlage seines Vermieters investieren – schließlich tritt der Spareffekt erst über einen langen Zeitraum ein. Der Vermieter hingegen hat kein Interesse daran, die Energiekosten seines Mieters zu reduzieren – warum sollte er fremdes Geld sparen? Er wird nur dann in seine Immobilie investieren, wenn er die Mehrkosten auf die Miete aufschlagen kann oder keinen Mieter mehr für seine Wohnung findet.

Die Selbstregulierung des Marktes ist in solchem Fall sehr, sehr träge. Darauf zu bauen ist kein zukunftsweisender Weg. Eine Immobilie hat in Deutschland eine Lebensdauer von vierzig bis achtzig Jahren. Es würde also mehrere Jahrzehnte dauern, bis sich der Immobilienbestand in Deutschland substanziell verändert hat. Gesetzliche Regelungen können da deutlich schneller für Veränderung sorgen und dem Bauherrn auf die Klimasprünge helfen. Klimafreundliche Modernisierungen werden zudem staatlich durch günstige Darlehen oder Zuschüsse gefördert (worüber sich übrigens kaum jemand beschwert). Und um dem Vermieter nicht allein die Bürde der Kosten und dem Mieter das Glück der Ersparnis zu überlassen, darf der Vermieter 11 Prozent seiner Kosten jährlich auf die Miete umlegen. So wird es für alle Parteien ein gutes Geschäft. Der Mieter spart Nebenkosten, und der Vermieter investiert in den Werterhalt seiner Immobilie.

Milchmädchens Heizkostenrechnung

Man mag angesichts des aktuellen Ökobooms in der Baubranche den Eindruck bekommen, dass sich der Markt doch von selbst entwickelt, aber der Schein trügt. Denn der Run auf neue Heizungssysteme, Wärmedämmung und dergleichen hat eher mit den derzeit explodierenden Energiepreisen zu tun als mit gewonnenen Einsichten über den bevorstehenden Klimawandel.

Ja, es gilt sogar fast das Gegenteil: Es gibt angeblich nicht wenige Optimisten, die im Klimawandel sogar die Rettung vor der nächsten Heizölrechnung sehen. Sie hoffen, dass sie in ein paar Jahren Energiekosten sparen, weil sie in den zu erwartenden wärmeren Wintern weniger heizen müssen. Was für eine Milchmädchenrechnung! Denn erstens wird es noch eine Weile dauern, bis sich die Erde im Schnitt um über 2 Grad erwärmt, und zweitens ist das dann nicht nur im Winter, sondern das ganze Jahr über zu spüren. In den Sommermonaten werden die Spitzentemperaturen auf dem Außenthermometer so weit steigen, dass wir zeitweilig nicht mehr vor die Balkontür treten wollen. Wir werden mit Ventilator und Klimaanlage mehr Energie zur Kühlung verbrauchen, als wir jemals im Winter sparen – falls wir überhaupt etwas sparen. Für unsere Heizkosten ist es letztlich egal, ob die Außentemperatur +1 Grad oder −1 Grad beträgt. Heizkostenrelevant ist vielmehr die Raumtemperatur, und die hängt mehr von der Wärmedämmung als von der Außentemperatur ab.

Klar, gerade angesichts gestiegener Öl- und Gaspreise spüren die Verbraucher derzeit im wahrsten Sinne des Wortes, was es heißt, beim Gedanken an den Klimawandel kalte Füße zu bekommen. Verzweifelt versuchen sie, mit Wollpullover und Daunendecke sich gegen steigende Energiekosten zu schützen. Wer die Heizung runterdreht und die Raumtemperatur um ein Grad senkt, kann erheblich Energie sparen, rechnen Verbraucherschützer vor. Das ist sicher richtig und ein guter Anfang, aber auf Dauer keine Lösung. Den idealen Sparstrumpf, der wärmt und verhältnismäßig wenig kostet, findet man in innovativen Niedrigenergiesystemen – da darf es dann auch im Wohnzimmer wieder ein Grad wärmer sein.

Auch aus persönlicher Erfahrung weiß ich allzu genau, dass das Hochdrehen der Heizung und der warme Ton der Wandfarbe in einem noch so schönen Altbau kaum ausreichend sind, um ein angenehmes Raumklima zu schaffen. Dies kann nur durch gezielte Dämmung der Gebäudehülle – also dichte Fenster, ein gutes Dach und gedämmte Wände und Keller – erreicht werden. Ich bin froh, dass mein Mann als Architekt mir dies schon vor vielen Jahren erklärt hat, so dass meine mehrlagigen Strickkombinationen und die dicken Wollsocken inzwischen endgültig im Schrank bleiben können. Und was auch wichtig ist: In Verbindung mit intelligenter Haustechnik bleibt das Gebäude auch im Sommer angenehm kühl – in Zeiten des Klimawandels, in denen ein Jahrhundertsommer den nächsten jagt, ein unbedingtes Muss.

Immer noch denken allerdings viel zu viele Hauseigentümer viel zu kurzfristig. Sie ändern nicht grundsätzlich Wärmedämmung und Heizsystem, sondern vergleichen nur aktuelle Energieangebote und wechseln von einem Energieanbieter zum anderen oder höchstens von einem fossilen System zum anderen, etwa von Öl zu Gas, im Glauben, so Geld zu sparen. Auf Dauer wird ihnen das nichts nützen. Denn über kurz oder lang werden nicht nur die Preise für den Einkauf der fossilen Energien weiter steigen, sondern auch zusätzliche Kosten für die Emissionen entstehen. Dann ist es egal, ob man mit Öl, Gas oder Kohle heizt – fossile Wärme wird ein teurer Spaß.

Um langfristig Kosten zu vermeiden, bedarf es zwangsläufig einer völligen Loslösung von fossilen Energien. Die Ära des Öls geht definitiv zu Ende, Kohle und Gas sind höchstens als Brückentechnologie noch eine Zeitlang interessant. Die Zukunft liegt in erneuerbaren Energien. Auch wenn das immer noch nicht bei allen Verbrauchern angekommen ist. Es soll sogar Leute geben, die davon träumen, dass der Ölpreis eines Tages wieder dauerhaft sinken könnte. Mal abgesehen davon, dass das ein Albtraum für unser Klima wäre, sind solche Fantasien zum Glück jenseits jeder Wahrscheinlichkeit. Und ich will Ihnen auch erklären, warum.

11. Klima-Anlagen – Gewinner und Verlierer des Klimawandels

Sturmschufte vor Gericht

22. April 2019. Das Sturmtief Alfons tobt über den Südwesten Deutschlands. In der Pfalz haben heftige Windböen eine 7 Meter breite Schneise in den naturgeschützten Wald geschlagen. In Kaiserslautern wurden in der Innenstadt von mehreren Häusern die Dächer heruntergerissen. Die Sachschäden gehen in Milliardenhöhe. Viele Hauseigentümer stehen vor dem großen Nichts. Zu allem Überfluss war ihr Hab und Gut mit einer Hypothek belastet. Nun ist alles verloren. Wer bezahlt die Raten, wer die Reparaturen der Fenster, wer das neue Dach?

Die meisten Hausbesitzer haben ihr Eigentum gegen Sturmschäden versichert. Aber wenn es nicht der Sturm war, sondern jemand absichtlich oder fahrlässig die Ziegel vom Dach gerissen hat, dann würde man nicht die Versicherung anrufen, sondern die Polizei und den Schuldigen zur Verantwortung ziehen.

Und wie ist das beim Klimawandel? Gibt es etwa einen Sturmschuft, den wir schnell verhaften müssen? Und der den Schaden zahlt? Es ist eine simple Logikübung: Wenn der Sturm die Folge des Klimawandels ist und der Klimawandel zum größten Teil menschengemacht, dann muss man nur noch herausfinden, welcher Mensch bzw. welche Menschen für den Klimawandel und damit auch den Sturm verantwortlich sind. Bingo!

Wer das für eine theoretische Gedankenspielerei oder ein juristisches Lehrbeispiel aus dem Hochschulbetrieb hält, ahnt nicht, was in den USA möglich ist! Das amerikanische Rechtssystem lässt vor den Gerichten Klagen zu, über die unsereins nur erstaunt den Kopf schüttelt. Herumgesprochen hat sich besonders die Klage einer alten Dame, die sich mit heißem Kaffee verbrühte und erfolgreich gegen eine Fast-Food-Kette klagte, die ihr das Getränk so heiß verkauft hatte. Eine kuriose Geschichte. Ebenso absurd kam es uns vor, als um die Jahrtausendwende ein unheilbar an Lungenkrebs erkrankter Raucher gegen den Tabakkonzern Philip Morris klagte und ebenfalls eine astronomische Schadensersatzsumme zugesprochen bekam. Kurz und gut: Wo auch immer in den Vereinigten Staaten Schaden entsteht oder entstehen könnte, prüfen Anwälte, wer dafür haftet und wieso. Wer ist schuld am Unglück des Einzelnen, und wer trägt die Verantwortung für das Ereignis? Gibt es jemanden, den man zur Rechenschaft ziehen kann? Gegen wen kann man klagen?

So gibt es bereits die »Katrina«-Klage, eine Sammelklage von Geschädigten gegen Ölunternehmen. Vorgeworfen wird ihnen die Mitverantwortung am Hurrikan von 2005. Ebenso wird bereits darüber verhandelt, ob der Energiekonzern Murphy Oil oder der Autohersteller General Motors Entschädigungen zahlen muss. Unternehmen wie der Energiekonzern American Electric Power werden verklagt, weil sie es unterlassen haben, ihre CO_2-Emissionen zu mindern.

Und plötzlich sehen sich alle Unternehmen mit hohem CO_2-Ausstoß juristischen Risiken ausgesetzt, an die sie noch vor wenigen Jahren nicht im schlimmsten Albtraum gedacht hätten. Ob Öl-, Kohle- oder chemische Industrie, Fleischproduzenten und Luftfahrtunternehmen – sie alle fürchten Klagen von Klimageschädigten. Selbst Banken müssen neuerdings damit rechnen, dass Umweltschützer sie verklagen, weil sie Kredite an Unternehmen vergeben haben, die fossile Brennstoffe verwenden – darüber zum Beispiel wird gerade im Prozess Friends of Earth versus Mosbacher Banken verhandelt. Selbst Behörden müssen damit rechnen, juristisch überprüft oder gar belangt zu werden, weil sie nicht alle Möglichkeiten genutzt haben, um Treibhausgasemissionen zu verhindern.

Als Kläger treten Städte oder Bundesstaaten auf, die in besonderer Weise vom Klimawandel betroffen sind, aber auch Umweltorganisationen oder Privatpersonen, die von Extremwetterereignissen heimgesucht wurden. Juristen erwarten auch, dass sich Vertreter aus Branchen, die als Verlierer des Klimawandels gelten, etwa Fischerei oder Tourismus, auf den Weg zum Gericht machen.

Risikofaktor für Investoren

Schon 1999 wurde eine Verfassungsklage zugelassen, die sich langsam durch die Instanzen bis ganz nach oben an den obersten amerikanischen Gerichtshof, den Supreme Court, kämpfte. In Sachen »Massachusetts gegen die US Environmental Protection Agency, EPA« fällte das Gericht 2007 ein spektakuläres Urteil: Die Umweltschutzbehörde, die EPA, wurde von den Bundesrichtern verurteilt, regulierend in den Schadstoffausstoß einzugreifen. Die Behörde dürfe sich nicht weigern, ihre Möglichkeiten zur gesetzlichen Emissionsminderung auszuschöpfen.

Das amerikanische Rechtssystem hat sich in dieser historischen Urteilsverkündung recht überraschend als Ökobastion im Land der Klimakiller entpuppt. Die Erderwärmung, so die Botschaft der Richter, ist eine Herausforderung, der sich alle stellen müssen.

Solche Urteile gelten als bahnbrechend, weil darin festgeschrieben wird, dass Treibhausgase genauso zu bewerten sind wie jede andere Umweltverschmutzung. In der Konsequenz wird damit das Fahren einer Luxuslimousine mit hohem CO_2-Ausstoß genauso zum Umweltdelikt, wie seinen alten Kühlschrank in den Wald zu werfen.

Experten rechnen damit, dass in den nächsten Jahren weitere Urteile dieser Art gefällt werden und zu Präzedenzfällen für eine lange Liste weiterer Verfahren werden. So hat der Supreme Court den Südstaaten, denen bei steigendem Meeresspiegel besonders großer Schaden droht, vorsorglich das Recht zur Klage zugestanden. Selbst wenn sie mit ihrer Klage keinen Erfolg haben sollten, ist der Imageschaden für die Beklagten enorm. Klimaschutz könnte billiger sein. Genau darum geht es den Klägern, wenn sie den Weg zum Gericht wählen – um die öffentliche Diskussion.

Nur schlimmstenfalls werden am Ende sogar Schadensersatzzahlungen in Millionenhöhe zugesprochen. Aber bis dahin ist es ein weiter Weg. Denn selbst wenn die Gerichte eine Haftungsschuld feststellen, bleibt die Frage, wie die Höhe des Schadens zu berechnen ist. Hat der Klimawandel den Sturm verursacht oder nur verstärkt? Wie hoch wäre der Schaden bei geringerer Windstärke gewesen? Und wie ist zu bewerten, dass es eine Vielzahl von Mitschuldigen gibt? Jeder Autofahrer, jeder Gast auf der Grillparty, jeder Flugreisende – im Prinzip jeder Bürger eines Industriestaates müsste seinen Anteil am Schadensersatz leisten.

Die amerikanischen Juristen werden sich also noch ein Weilchen herumstreiten. Doch Versicherungen, Banken, aber auch zahlreiche Unternehmen wachen mit Argusaugen darüber, zu welchen Urteilen und welchen Urteilsbegründungen sich die Gerichte von Fall zu Fall durchringen. Eines Tages könnten diese Gerichtsurteile auch sie selbst betreffen. Der Klimawandel ist zum juristischen und finanziellen Risiko geworden.

Öko-Rankings der Wirtschaft

Nicht nur Versicherungen, sondern auch alle anderen Experten für Geldfragen, Banken und Investmenthäuser, sind voller Sorge um die Folgen des Klimawandels und darum, welche Risiken damit einhergehen könnten. Schließlich wollen die Anleger und Investoren möglichst alle Risiken vermeiden oder zumindest kennen.

Das Klima ist für Investoren in mehrfacher Hinsicht zu einem Risikofaktor geworden: Unternehmen können von Extremwettereignissen wie Sturm, Hagel oder Hochwasser betroffen und dadurch finanziell beeinträchtigt werden. Direkte Klimaschäden können auch entstehen, weil das Unternehmen auf Rohstoffe angewiesen ist, die aufgrund des Klimawandels großen Preisschwankungen ausgesetzt sind oder aufgrund von einbrechenden Ernteerträgen sogar zeitweilig komplett ausfallen. Außerdem können Gewinne ausbleiben, weil das Unternehmen gezwungen ist, in Anlagen zur Anpassung an den Klimawandel zu investieren, also Hochwasserschutz oder Gebäudetechnik wie Kühlanlagen oder Ähnliches.

Sogenannte »indirekte Risiken« durch den Klimawandel entstehen, weil Gesetzgeber – und zwar in jedem Land, mit dem ein Unternehmen in Geschäftsbeziehung steht – vermutlich in naher Zukunft diverse Regelungen zum Klima- oder Umweltschutz erlassen werden, so dass »Umweltverbindlichkeiten«, faktisch also Kosten für ein Unternehmen, auftreten könnten. Aber auch an die finanziellen Folgen von Imageschäden durch »Nichtstun« denken die Investoren. Sie erkennen solche Entwicklungen, beobachten, ob und wie die Unternehmen sich darauf einstellen, und entscheiden dann über ihre Aktienzukäufe oder -verkäufe.

In weiser Voraussicht gründeten im Jahr 2000 zahlreiche Finanzexperten in London eine Organisation namens »Carbon Disclosure Project« (CDP) mit dem einzigen Zweck, Unternehmen über ihre Klimastrategien zu befragen und diese Informationen finanzkräftigen Investoren zur Verfügung zu stellen. Inzwischen sind mehr als 300 Banken und Institutionen im CDP zusammengeschlossen, die gemeinsam ein Vermögen von mehr als 50 Billionen US-Dollar verwalten. Jährlich werden vom CDP weltweit etwa 2400 Unternehmen auf ihre Risiken bezüglich des Klimawandels, ihrer Treibhausgasemissionen sowie ihrer Klimaschutzmaßnahmen befragt.

Binnen weniger Jahre hat sich dadurch fundiertes Wissen und Datenmaterial über die Energieeffizienz von Produktionen, individuelle Schadstoffmengen und spezifische Klimastrategien angesammelt. Auf Basis dieser Daten entsteht der »Climate Disclosure Leadership Index«, eine Art Klimaschutz-Rangliste der Wirtschaft. Die hat derzeit natürlich noch relativ geringe Aussagekraft, weil nur die Unternehmen bewertet werden, die sich am CDP beteiligen – die Datenerhebung beruht auf Selbstauskunft. Da man jedoch annehmen kann, dass aktive Klimaschutzvorreiter sich auch am CDP beteiligen, dürfte es wohl kaum Unternehmen geben, die sich noch stärker im Klimaschutz engagieren als die besten im CDP-Index.

Innerhalb ihrer Branchen sind auch einige deutsche Unternehmen ganz weit oben in den 2007-Rankings zu finden, zum Beispiel DaimlerChrysler vor Nissan in der Automobilbranche oder Bayer neben DuPont und Dow Chemicals in der Chemieindustrie. Lediglich zwei Unternehmen wurden 2007 mit einem Triple-A und einem Maximal-Score von 100 Punkten bewertet: das spanische Energieunternehmen Iberdrola, einer der größten privaten Stromversorger der Welt und drittgrößter Stromversorger Europas, sowie die multinationale Bergbaugesellschaft Rio Tinto, das drittgrößte Abbauunternehmen der Welt mit Sitz in London und Melbourne.

Die Unternehmensberatungen Arthur D. Little und E. Capital Partners International haben gemeinsam einen »Carbon Winners Equity Index« entwickelt und dafür 1000 ausgewählte Unternehmen untersucht, die mit mehr als einer Million Dollar an der Börse notiert sind. Bei der Studie wurde der Umsatz ins Verhältnis zum CO_2-Ausstoß der Unternehmen gesetzt – mit überraschendem Ergebnis: Unternehmen mit guter CO_2-Bilanz und besonders anspruchsvollen Zielen für die Reduktion ihrer zukünftigen Treibhausgasemissionen, die sogenannten »Carbon Winners«, hatten einen höheren Börsenwert als die übrigen Unternehmen – und zwar um satte 20 Prozent. Schlussfolgerung der Unternehmensberater: »Eine erfolgreiche Unternehmensentwicklung wird mehr und mehr von einem tiefgreifenden Verständnis für künftige Umweltstrategien abhängen.«

Derzeit trifft eine solche Klassifizierung durch Klimarisiken oder Nachhaltigkeitsindizes vor allem die großen Industrien, die Energieversorger, die Logistik- oder die Automobilbranche. Zukünftig müssen aber auch Mittelständler damit rechnen, dass Banken vor der Kreditvergabe die Klimarisiken bzw. -chancen eines Unternehmens genau kennen wollen. Je nach Risikolage wird der Kredit dann günstiger oder teurer ausfallen.

Mit Katastrophen Geld verdienen

Großmeister des Risikomanagements sind die Versicherungen, schließlich verdienen sie mit Katastrophen ihr Geld – oder damit, dass die Katastrophen ausbleiben. Sie berechnen stets, mit welcher Wahrscheinlichkeit ein Ereignis eintritt, verteilen dann die eventuell daraus resultierenden Kosten auf möglichst viele Schultern und hoffen schließlich, dass das Ereignis nicht eintritt. Dann nämlich fällt der Gewinn besonders groß aus. Wenn das Ereignis aber nicht nur einmal, sondern häufiger auftritt als kalkuliert, treibt das die Kosten so sehr in die Höhe, dass schnell die Rücklagen aufgebraucht sein können. Gegen solche Risiken schützen sich die Versicherungen selbst bei den sogenannten Rückversicherungen. Die Münchener Rück ist mit knapp 40 Milliarden Euro Umsatz eine der größten Rückversicherungen der Welt und betreut etwa 5000 Versicherungen rund um den Globus. Kein Wunder also, dass sich die Münchener Rück in besonderer Weise mit den Risiken des Klimawandels beschäftigt.

Der Wirbelsturm Katrina war einer der größten Versicherungsfälle der vergangenen Jahre. Die Münchener Rück kostete der Hurrikan 1,54 Milliarden Euro. Nur die Jahrhundertflut an der Elbe 2002 schlug mit etwa 2,5 Milliarden Euro noch teurer zu Buche. Wenn so etwas häufiger passiert, geht selbst ein Marktführer in die Knie. Dabei müssen die internationalen Versicherungskonzerne noch gigantischere Katastrophen in ihre Kalkulationen aufnehmen. Nach Berechnungen des Rückversicherers Swiss Re ist zum Beispiel in Japan statistisch alle 500 Jahre ein Erdbeben zu erwarten, das Zerstörungen von bis zu 60 Milliarden Euro anrichten kann.

Die Versicherungsbranche ergreift also Gegenmaßnahmen. Zunächst steigen die Versicherungsprämien entsprechend den höheren Risiken, und die Versicherten werden zu höheren Selbstbeteiligungen verpflichtet. Manchmal aber verweigert man die Dienstleistung komplett. In bestimmten Regionen am Rhein gibt es zum Beispiel zur Deckung von Überflutungsschäden überhaupt keine Policen mehr. Doch längst sind die Versicherungen aus der Defensive in die Offensive vorgestoßen. Neuerdings bieten sie zunehmend »Catastrophe-Bonds« oder auch »Cat-Bonds« an. Mit solchen »Katastrophenanleihen« lässt sich das Risiko in eine Chance verwandeln und eventuell mit einer Katastrophe sogar Geld verdienen. Im November 2007 etwa platzierte die Allianz eine Katastrophenanleihe am Markt, die Sturmrisiken in sieben europäischen Ländern verbrieft. Auf 200 Millionen Euro belief sich der Gesamtwert dieses Pakets. Das Ganze verläuft im Kern wie eine Wette. Vereinfacht dargestellt, kaufen sich Anleger

Anleihen am Cat-Bond zu einem gewissen Wert, mit einer bestimmten Laufzeit und einem festen, relativ hohen Zinssatz. Tritt die Katastrophe ein, kommt es also im Beispiel der Allianz zu den Stürmen, die im Cat-Bond genau definiert sind, ist das Geld für den Anleger verloren oder zumindest eine Zeitlang eingefroren. Tritt die Katastrophe nicht ein, erhalten die Anleger nach Ende der Laufzeit ihr Geld zurück – plus Zinsen und einer zusätzlichen Prämie.

Cat-Bonds werden seit etwa 1996 an den Kapitalmarkt gebracht, 2007 erbrachten sie einen Nennwert von insgesamt etwa 14 Milliarden Dollar. Nicht gerade eine kleine Summe also, die Investoren mit hoher Risikobereitschaft in die Katastrophen bzw. in ihr Ausbleiben stecken. Cat-Bonds sind wohl eher eine ungewöhnliche Art, mit dem Klimawandel Geld zu verdienen, die nur für Finanzspezialisten oder unerschütterliche Naturoptimisten attraktiv ist, die einen eventuellen Sturmschaden finanziell verkraften können.

Die etwas andere Art der Klima-Anlage

Auch die Banken sehen längst nicht mehr nur Risiken im Klima, sie erkennen auch die Chancen darin. Für sie sind klimabewusste und nachhaltige Unternehmen neuerdings eine positive Geschäftsoption – eine ganz andere Art von »Klima-Anlage«. Auch haben sie den Klimaschutz schon seit geraumer Zeit als lukrativen neuen Markt für sich entdeckt: »Die Umstrukturierung der Weltwirtschaft nach ökologischen Gesichtspunkten bietet eine der größten Investitionsmöglichkeiten aller Zeiten.«

Mit diesem Satz zitiert ausgerechnet eine Bank den engagierten Umweltaktivisten Lester R. Brown, den Gründer und Direktor des Earth Policy Institute und zuvor langjährigen Leiter des Worldwatch Institute in Washington. Die Bank, die ihn zitiert, ist Deutschlands älteste Bank, die Berenberg Bank. Das Traditionsunternehmen aus Hamburg hat die Bedeutung des Klimawandels für die Kapitalmärkte längst erkannt.

Auf der Suche nach überzeugenden Anlagemöglichkeiten haben Finanzdienstleister nicht nur Kriterien zur Beurteilung der Unternehmen, sondern auch Rankings entwickelt.

So entstand 1999 der Dow Jones Sustainability Index (DJSI). Er wurde vom Schweizer Ökonomen Reto Ringger gemeinsam mit dem US-Mediengiganten Dow Jones nach dem Vorbild des amerikanischen Domini Social 400 Index, dem ältesten nachhaltigen US-Index, ins Leben gerufen. In den inzwischen weltweit renommierten DJSI werden nur Unternehmen aufgenommen, deren Geschäftsmodell besonders zukunftsträchtig ist – und zwar unter allen drei Aspekten der Nachhaltigkeit: ökonomisch, ökologisch und sozial. Dabei werden aus den 2500 weltgrößten Konzernen diejenigen ausgewählt, die in ihren Branchen die besten sind. Dieses »Best-in-Class«-System ist allerdings umstritten, gehören doch auch Autounternehmen, Ölkonzerne, Chemiegiganten oder andere als Umweltsünder berüchtigte Unternehmen zum DJSI. Puristen stören sich daran und haben eigene, strengere Indizes entwickelt.

Der zwei Jahre ältere Natur-Aktien-Index (NAI) zum Beispiel gilt als besonders streng. Welche Unternehmen in den NAI aufgenommen werden, entscheidet ein Gremium aus Wissenschaftlern und Vertretern von Umwelt- und Menschenrechtsgruppen. Die Expertenrunde schließt rigoros Unternehmen aus, die mit Gentechnik arbeiten, Frauen oder Minderheiten benachteiligen oder bei einem ihrer Lieferanten Kinderarbeit dulden. Atom- und Rüstungskonzerne, PVC-Hersteller oder Tabakunternehmen sind ebenfalls pauschal ausgeschlossen. Trotzdem müssen fast alle NAI-Unternehmen einen Jahresumsatz von mehr als 100 Millionen Euro erzielen. Derzeit werden nur 30 Unternehmen vom NAI erfasst. Trotzdem ist er überaus erfolgreich. In den zehn Jahren seines Bestehens hat sich sein Wert mehr als vervierfacht und steht damit deutlich besser da als zum Beispiel der DAX. Der Erfolg basiert allerdings auch darauf, dass sich der NAI verstärkt um kleinere Börsenunternehmen bemüht, die stärkere Wachstumsentwicklungen machen als die großen DAX-Unternehmen. Ähnlich streng selektieren auch Pioneer Funds und Ökovision, die beide stärker am Markt sind und zusammen etwa 750 Millionen Euro Kapital versammelt haben.

Auf solchen Indizes, von denen es mittlerweile Dutzende mit unterschiedlichsten Kriterien gibt, basiert eine Vielzahl von Investmentfonds und Zertifikaten, die sowohl für Großinvestoren wie auch für Privatanleger offen sind. DJSI-Gründer Ringger zum Beispiel hat die Sustainable Asset Management (SAM) gegründet, eine Firma, die inzwischen etwa 10 Milliarden Schweizer Franken verwaltet und nach den Grundsätzen des DJSI investiert.

Sogar Heuschrecken denken nachhaltig

Auch die als »Heuschrecken« verschrienen Hedgefonds und Private-Equity-Unternehmen haben den Klimaschutz als Geschäftsfeld entdeckt. Die Kapitalanlagefirma Murphy & Spitz Green Capital beispielsweise verwaltet das Vermögen von etwa 1000 Anlegern, in Summe etwa 8 Millionen Euro. Die Investmentprofis Andrew Murphy und Philipp Spitz stecken das Geld jedoch nicht in solide Traditionsunternehmen, um sie in bester Heuschreckenmanier zu zerlegen und auszuschlachten, sondern in eine Auswahl von Unternehmen, die sich dem Prinzip der Nachhaltigkeit verschrieben haben. In ihren Aktiendepots finden sich Anteile von Unternehmen aus den Branchen »Nachwachsende Rohstoffe« oder »Erneuerbare Energien«.

Längst sind umweltorientierte Finanzdienstleistungen aus

dem Nischengeschäft herausgewachsen. Immer stärker beobachten die großen Geldinstitute, was sich in diesem Segment bewegt – und stellen fest, dass sich hier viel Geld verdienen lässt. Waren es zunächst innovative Schweizer Bankstrategen, die Nachhaltigkeit als Geschäftsfeld entdeckten, wie SAM oder auch die Schweizer Privatbank Sarasin, die eine breite Palette an Nachhaltigkeitsfonds anbietet, so entdecken auch die Schweizer Großbanken UBS und Credit Suisse oder die Deutsche Bank, die Commerzbank und inzwischen auch die Sparkassen und Volksbanken den Klimaschutz als Investmentthema.

Mittlerweile werden von Anlegern solche Milliardenbeträge in Umwelt-, Ethik- und Nachhaltigkeitsfonds investiert, dass es den Fondsmanagern nicht ganz leicht fällt, Anlagemöglichkeiten zu finden, zumal sie bei alledem nicht nur auf die Nachhaltigkeit, sondern natürlich auch auf die klassischen Kriterien wie Wertsteigerung, Risiko und Liquidität achten müssen. Insofern profitieren vom Nachhaltigkeitsboom an den Finanzmärkten derzeit zunehmend Unternehmen mit hohen Börsenvolumen – nur hier kann man überhaupt relevante Geldmengen anlegen.

Unternehmen der Telekommunikations- und Elektronikbranche, Banken und Versicherungen, aber eben auch Energieriesen oder Flugzeugbauer, die sich für Klimaschutz öffnen, rücken ins Blickfeld der Fondsmanager. Für die Puristen unter den Anlegern ist es darum schwierig, das Geld loszuwerden, schließlich muss selbst der New Energy Fund, der sich auf »Erneuerbare und Innovative Energien« spezialisiert hat, in Shell oder BP investieren. Aber auf diese Weise wird es selbst für die schwarzen Schafe in der Wirtschaft immer interessanter, tatsächlich in Klimaschutz zu investieren und zu ökologischen Vorreitern ihrer Branche zu werden. Je schneller immer mehr Unternehmen in den Klimaschutz einsteigen, desto schneller entsteht auch hier ein Wettbewerb. Wer wirklich Gutes tut, wird sich auf allen Indizes schnell an die Spitze vorarbeiten – und dann profitiert nicht nur die Welt, sondern auch das Unternehmen selbst vom Klimaschutz.

Nach einer Studie der Commerzbank wird sich ein Wertewandel in den Unternehmen vollziehen, bei dem Arbeitskosten unwichtiger und Energiekosten wichtiger werden. Das hätte erhebliche Auswirkungen. Bisher war es für westliche Unternehmen wirtschaftlich interessant, ihre Produktion in Niedriglohnländer zu verlagern, weil der Transport von einem Land ins andere günstiger war als die Mehrkosten der heimischen Löhne. Dadurch, dass die Kosten für Energie inzwischen so sehr steigen, lohnt sich die internationale Arbeitsteilung immer weniger. Die Schwellenländer können mit ihren billigen Arbeitsmärkten deswegen vermutlich bald nicht mehr so viel Kapital anlocken wie bislang. Die Produktion wird wieder in die Länder, in denen die Produkte verkauft werden, also nach Europa und in die USA zurückkehren, wobei die Schwellenländer als Absatzmärkte interessant bleiben und insofern auch als Produktionsorte.

Das glückliche Klima-Los

Welche Unternehmen zu den Gewinnern und Verlierern des Klimawandels und des Klimaschutzes gehören, versuchen die Banken in aufwendigen Forschungsarbeiten herauszufinden. Denn je früher man in Wachstumsmärkte investiert, desto mehr Rendite wird man am Ende einfahren. So hat zum Beispiel die Forschungsabteilung der Deutschen Bank, DB Research, im Jahr 2007 untersucht, wie sich der Klimawandel auf einzelne Branchen auswirken wird. Die Wissenschaftler haben nicht nur die Folgen des Klimawandels an sich berücksichtigt, also seine klimatisch-natürliche Dimension, sondern auch die Folgen der gesetzlichen Regelungen, die der Klimawandel mit sich bringt. Denn durch die Einführung gesetzlicher Verbote, Einschränkun-

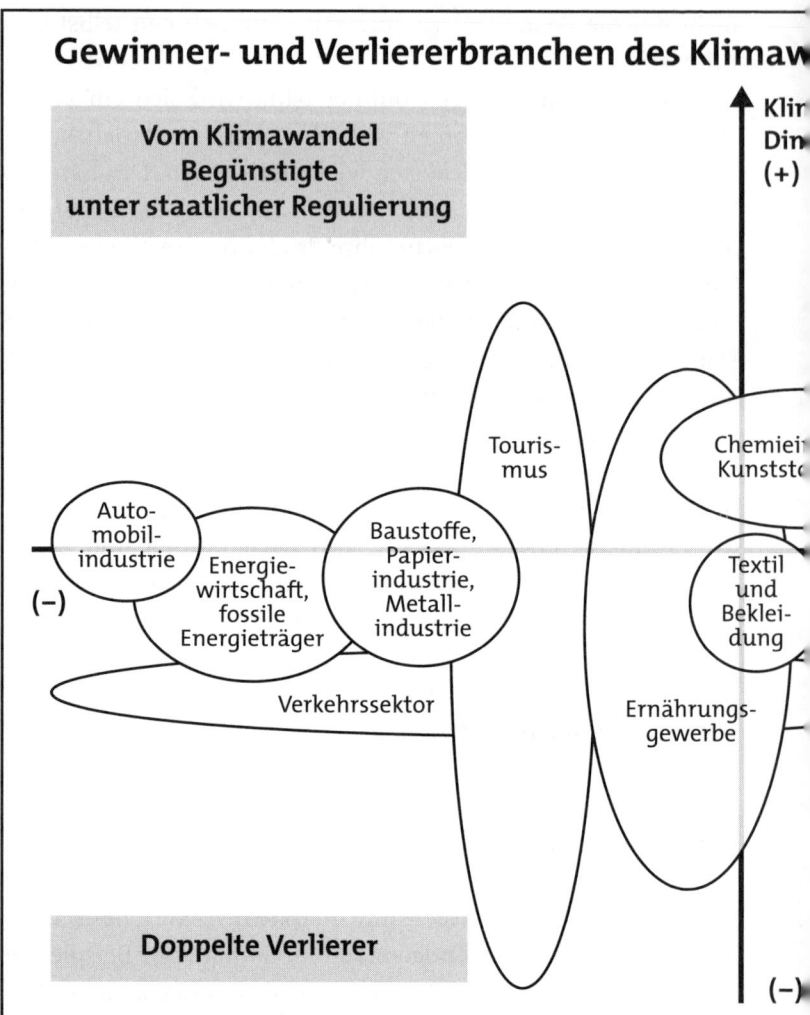

Gewinner- und Verliererbranchen des Klimaw

Vom Klimawandel
Begünstigte
unter staatlicher Regulierung

Klir
Din
(+)

Tourismus

Chemiei
Kunststc

Auto-
mobil-
industrie

Energie-
wirtschaft,
fossile
Energieträger

Baustoffe,
Papier-
industrie,
Metall-
industrie

Textil
und
Beklei-
dung

(−)

Verkehrssektor

Ernährungs-
gewerbe

Doppelte Verlierer

(−)

gen oder steuerlicher Begünstigungen gibt es Verschiebungen im Markt. Alle gesetzlichen Regelungen haben Gewinner und Verlierer, deshalb werden sie auch so vehement diskutiert.

Auch müssen wir damit rechnen, dass der Klimawandel sich auch in anderer Hinsicht in der Rechtsprechung der Gerichte

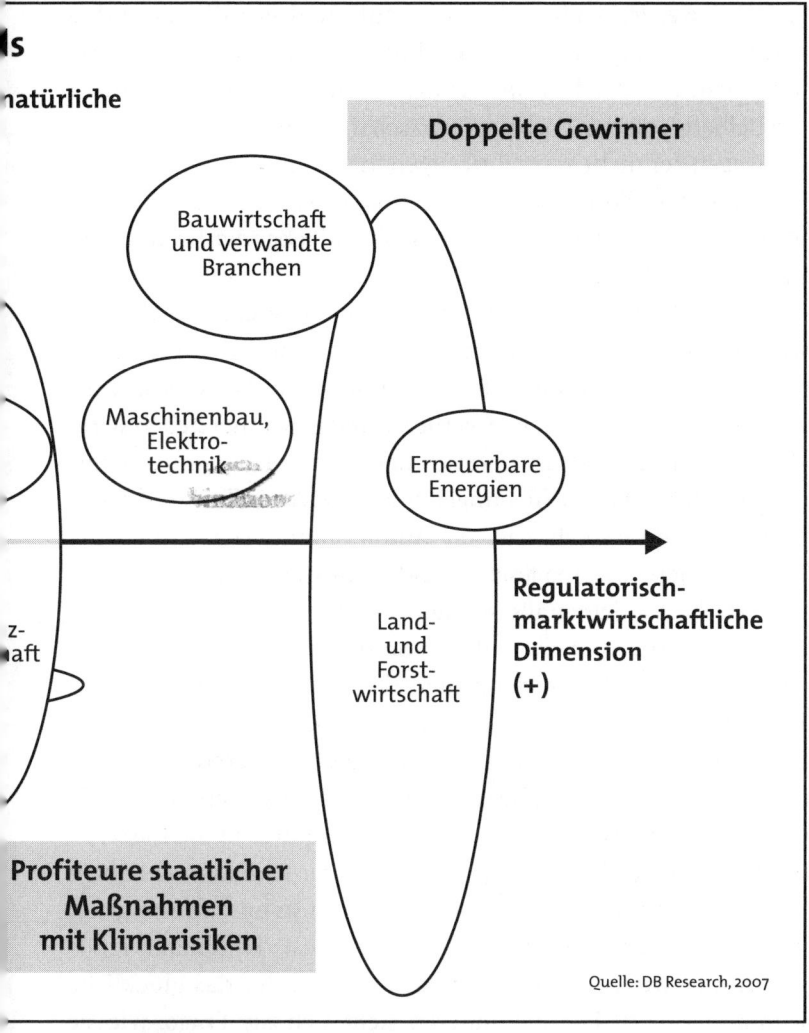

Doppelte Gewinner

natürliche

Bauwirtschaft und verwandte Branchen

Maschinenbau, Elektrotechnik

Erneuerbare Energien

z-
aft

Land-
und
Forst-
wirtschaft

Regulatorisch-marktwirtschaftliche Dimension (+)

Profiteure staatlicher Maßnahmen mit Klimarisiken

Quelle: DB Research, 2007

niederschlägt, was von erheblicher Auswirkung für unser Wirtschaftsleben sein wird. Erst im April 2008 hat ein spanisches Gericht den Bau eines großen Wintersportzentrums in Nordspanien verboten und begründete sein Verbot mit dem Klimawandel. In San Glorio in der Provinz León, wo die Ski-Anlagen errichtet werden sollten, werde es aufgrund des Klimawandels voraussichtlich immer weniger Schnee geben, erklärte der Oberste Gerichtshof der Region Kastilien-León. Es sei daher »höchst zweifelhaft«, ob das Vorhaben wirtschaftlich überlebensfähig sei. Deswegen sei nicht zu rechtfertigen, dass durch die Anlage von insgesamt 55 Kilometer Skipiste ein Naturschutzgebiet gefährdet werde, das einen der letzten Bestände wild lebender Braunbären in Spanien beheimate.

Die grafische Übersicht der Forschungsergebnisse von DB Research verdeutlicht, dass nur wenige Branchen komplett zu Verlierern des Klimawandels werden, sondern dass es selbst innerhalb einzelner Branchen Verlierer *und* Gewinner geben wird. Auch sind es interessanterweise eher die gesetzlichen Regelungen, die zu Marktverschiebungen führen, als der Klimawandel an sich. So wird beispielsweise die Automobilindustrie am stärksten unter neuen Klimagesetzen leiden müssen, ebenso die Energiewirtschaft – jedenfalls solange sie auf fossile Energieträger setzt. Steigt die Branche auf erneuerbare Energien um, gehört sie zu den Profiteuren der neuen Gesetze. Maschinenbau und Elektrotechnik, aber auch die Chemie- und Kunststoffindustrie dagegen können direkt vom Klimawandel profitieren.

In jedem Fall gilt: Der Klimawandel verschiebt Geld, die einen kostet er etwas, den anderen spült er etwas in die Kasse. Es wird glückliche Gewinner geben, denen der Klimawandel einen kleinen Obolus in den Schoß wirft, einfach so und ohne eigenes Zutun. Wer auf sein Glück hofft, kann also das Thema ignorieren und weiter in der Nase bohren – bis ihn das glückliche Klima-Los trifft. Für die anderen stellt sich die Frage, wie sie aktiv mit den Risiken und Chancen des Klimawandels umgehen können – und ob sie den Mut und den Verstand haben, frühzeitig die neuen Märkte zu erkennen und sich auf sie einzustellen. Früher Vogel pickt das Korn! Das gilt auch für den Klimaschutz.

12. Happy End im Klimahimmel

Die neutrale Goldmedaille

Wir stehen in puncto Klimaschutz im internationalen Wettbewerb mit anderen Ländern, die sich zum Teil sehr hohe Ziele gesteckt haben. Neuseeland will bis 2025 mindestens 90 Prozent seines Strombedarfs durch erneuerbare Energien decken. Seit Januar 2008 hat zunächst in der Forstwirtschaft der Emissionsrechtehandel begonnen: Waldbesitzer bekommen Zertifikate, wenn sie neue Bäume pflanzen, wer abholzt, muss zahlen. Ab 2009 soll der Transportsektor in den Handel einbezogen werden, gefolgt von Industrie und Energiewirtschaft 2010 und Landwirtschaft 2013. Letztere produziert in Neuseeland, aufgrund der intensiven Viehwirtschaft mit Rindern und Schafen, vor allem Methan als Treibhausgas und insgesamt etwa die Hälfte der Emissionen. Premierministerin Helen Clark verfolgt mit aller Entschlossenheit das Ziel, das umweltfreundlichste Land der Welt zu werden und alle Emissionen durch Neupflanzungen von Wäldern zu neutralisieren. In diese Strategie fällt auch das 2007 beschlossene Gesetz, mindestens zehn Jahre lang keine neuen Kraftwerke zuzulassen, die zur Energieerzeugung mehr als 20 Prozent fossile Brennstoffe benötigen.

Auch das Nachbarland Australien hat nach dem Regierungswechsel im November 2007 offenbar seinen klimafeindlichen Kurs aufgegeben und nach langer Verweigerung nun das Kyoto-

Protokoll ratifiziert. Immerhin ist hier der Verkauf herkömmlicher Glühbirnen ab 2010 verboten. Ob das Engagement darüber hinausgeht, wird man jedoch abwarten müssen.

Norwegen, das über erheblichen Reichtum aus den jahrelangen Ölgeschäften verfügt, treibt als Pionier Projekte zur unterirdischen Lagerung von CO_2-Emissionen voran und könnte damit für die europäischen Kohlekraftwerke zum wichtigsten Handelspartner werden. Mit der Ankündigung vom April 2007, bis 2050 den Nettoausstoß an CO_2 auf null zu reduzieren, hat Norwegen ein ambitioniertes Ziel vorgegeben, das aber mittlerweile von einer Reihe anderer Staaten schon wieder überboten wird.

Costa Rica zum Beispiel, von manchen immer noch als Bananenrepublik abgetan, von anderen als Urlaubsparadies gefeiert, könnte zum Musterschüler im Klimaschutz avancieren. Das mittelamerikanische Land hat 2007 den Wettlauf um Klimaneutralität eröffnet, als es ankündigte, schon 2021 CO_2-neutral zu sein, also 29 Jahre vor Norwegen. Kohlekraftwerke sollen stillgelegt, Hybridautos dagegen gefördert werden. Dazu will das Land konsequent die Chancen radikaler Energie- und Materialeffizienz, erneuerbarer Energien und der Kraft-Wärme-Kopplung nutzen. Costa Rica fängt beim Klimaschutz nicht bei null an, sondern produziert bereits heute 78 Prozent seiner Energie aus Wasserkraft und weitere 18 Prozent aus Erdwärme – insgesamt also 96 Prozent aus erneuerbaren Energien. Auch der CO_2-Ausgleich wird dem ambitionierten Klimaschützer leichtfallen: 51 Prozent des Landes sind Waldfläche, und statt Brandrodung wie in anderen Ländern Südamerikas und Asiens zu betreiben, wird in Costa Rica lieber aufgeforstet.

Das Rennen um die Goldmedaille als erster kohlenstoffneutraler souveräner Staat der Welt hat aber wohl schon der Vatikan gewonnen. Denn Papst Benedikt XVI. ließ sich vom amerikanischen Zertifikatrechtehändler Planktos bzw. dessen europäischer

Wiederaufforstungstochter KlimaFa die komplette Neutralisierung des CO_2-Ausstoßes von 2007 schenken – und zwar in Form eines 7000 Hektar großen, neu angepflanzten »Vatikan-Klimawaldes« im ungarischen Bukk-Nationalpark. Das Projekt ist als Joint-Implementation-Projekt gemäß Kyoto-Protokoll von der EU anerkannt. Insofern kommt der Papst wohl als Erster in den Klima-Himmel.

Jede Tonne zählt!

Wenn wir wollten, könnte Deutschland es dem Heiligen Stuhl gleichtun und schon morgen ebenfalls klimaneutral sein: Wenn jeder von uns ab sofort alle seine Emissionen durch Klimaschutzspenden ausgleichen würde, wäre diese »Hurra, wir sind klimaneutral«-Medaille leicht gewonnen – und weniger teuer, als man gemeinhin denkt.

Jeder Deutsche produziert durchschnittlich 10,4 Tonnen CO_2 pro Jahr (Heizen: 2,5 Tonnen; Autofahren: 1,4 Tonnen; Elektrogeräte: 0,9 Tonnen; öffentlicher Verkehr: 0,2 Tonnen; Ernährung: 1,5 Tonnen; persönlicher Konsum: 2,7 Tonnen; Flugreisen: 1,2 Tonnen). Im Einzelfall kann der individuelle »Carbon Footprint« natürlich ganz anders aussehen, aber gehen wir einmal von der Durchschnittsbürgerin »Marianne Mustermann« aus.

Derzeit kostet die Tonne CO_2 etwa 23 Euro. Es ist realistisch anzunehmen, dass dieser Wert sich nicht sehr stark nach oben verändern wird. Wenn also Marianne Mustermann CO_2-neutral sein will, muss sie rund 240 Euro pro Jahr für den Klimaschutz spenden, das sind 20 Euro im Monat und knapp 70 Cent am Tag. Ein Schokoriegel pro Tag weniger – und schon wäre die Energiebilanz von Marianne Mustermann klimaneutral! Und selbst wenn sich der CO_2-Preis verdoppeln sollte, lägen die Kosten für den deutschen Durchschnittsbürger mit 40 Euro im Monat noch im verkraftbaren Bereich. Schließlich lag das Durchschnittseinkommen in Deutschland im Jahr 2005 bei etwa 40 000 Euro brutto – Klimaneutralität wäre demnach schon für knapp 0,5 Prozent bis maximal 1 Prozent vom Einkommen zu haben. Das ist weniger als der Gewerkschaftsbeitrag oder die Kirchensteuer.

Die Bundesregierung hat den Anfang schon gemacht: Seit Februar 2007 werden ihre Dienstreisen (ausgenommen Bahnfahrten) klimaneutralisiert. 2008 zog der Bundestag nach, indem alle Flüge von Abgeordneten durch Investitionen in Klimaschutzprojekte bilanziell ausgeglichen werden.

Aber geht es darum? Natürlich ist jeder noch so kleine Beitrag zur Energieeinsparung wichtig und wertvoll, und da jede Tonne zählt, ist es natürlich auch ein Anfang, wenn jeder Einzelne ab sofort klimaneutral leben würde. Zwar stehen derzeit Bionade und Dr.-Hauschka-Kosmetik auf den Hitlisten der CO_2-neutralen Konsumenten als regionale »In«-Produkte ganz oben. Aber ist das schon ein Anzeichen für eine langfristige Marktveränderung, oder ist es doch wieder nur eine kurze Modeerscheinung?

Für die Wirtschaft sind genau das die entscheidenden Fragen. Denn eine fundamentale Umstellung auf umweltbewusste Produktionsformen und die konsequente Herstellung von Bioprodukten erfordert oft hohe Investitionen und eine langjährige Umbauphase. Wenn zum Beispiel konventionelle Bauern auf den aktuellen Biotrend reagieren wollen, brauchen sie mindestens zwei bis drei Jahre, bis die Umstellung auf ökologisch anerkannten Landbau wirklich einwandfrei vollzogen ist. Die Entwicklung eines umweltfreundlichen Autos von der Idee bis zur Marktreife braucht etwa fünf bis sechs Jahre, und wenn ein Energiekonzern wirklich auf alternative Energien umstellen will, dann muss er für ein neues Kraftwerk inklusive Genehmigungsverfahren mindestens zehn Jahre Bau- und Entwicklungszeit einkalkulieren.

Solchen Aufwand treibt niemand, der Zweifel daran hat, ob die aktuelle Nachfrage nicht bloß Ausdruck eines kurzfristigen Booms ist.

Green-Wishi-Washi

Solange sich Manager fragen müssen, ob die neue Klimawelle vielleicht doch nur ein Modethema und morgen schon wieder vergessen ist, werden sie zögern, sich auf den neuen Trend einzulassen. Vor diesem Hintergrund ist es wenig überraschend, dass ausgerechnet die Industrie einer der stärksten Befürworter von klaren gesetzlichen Regelungen im Bereich Umwelt- und Klimaschutz ist. Denn nur die würden dem verunsicherten Verbraucher Orientierung geben und damit über den kurzen Trend hinaus eine langfristige Umstellung ermöglichen.

Was wir brauchen, sind nicht dicke Hochglanzbroschüren mit Tipps, wie sich per wassersparendem Duschkopf ein maximales Duschvergnügen bei minimalem Wasserverbrauch realisieren lässt, sondern klare gesetzliche Regelungen und Klimaschutzvorgaben, die so langfristig angelegt sind, dass sich die Industrie darauf einstellen kann. Natürlich können Appelle an den Verbraucher, sich energiesparend zu verhalten, zum Klimaschutz beitragen. Aber statt des x-ten Hinweises »Wenn alle ihre Stand-by-Geräte richtig ausschalten, spart das x Kernkraftwerke!« wäre es vielleicht endlich an der Zeit, die Herstellung solcher sinnlosen Energieverschwender in Deutschland zu verbieten. Es gibt zahlreiche Möglichkeiten für politische Lösungen, ordnungspolitische Maßnahmen und finanzielle Anreize.

Erst wenn die Wirtschaft politische Sicherheit hat, werden die Unternehmen den Kunden durch klare Kommunikation und Produktdeklaration den klimafreundlichen Konsum erleichtern. Derzeit reiten viele Unternehmen mit alten Surfbrettern, die eigentlich nicht für Klimaschutz geeignet sind, munter auf der Klimawelle mit. Da wird die Öffentlichkeit mit einer Fülle unspezifischer Werbekampagnen überschüttet, die Begriffe aus dem Klimaschutz für ihre produktbezogenen Botschaften verwenden. Dies ruft verständlicherweise Kritiker auf den Plan, die solche Marketingaktivitäten von Großkonzernen als Etikettenschwindel zu entlarven versuchen.

Ölmulti BP (einst British Petroleum) beispielsweise preist seit einigen Jahren in werbewirksamen Aktionen unter dem neuen Namen »Beyond Petroleum« den 2005 gegründeten neuen Geschäftsbereich »Alternative Energy« als Investition in umweltfreundliche Zukunftstechnologien. Das mit viel Aufwand gepriesene Investment wurde von BP mit 8 Milliarden Dollar bis 2015 beziffert, was im Schnitt 0,8 Milliarden pro Jahr ausmacht. Bei einem jährlichen Konzernumsatz von mehr als 200 Milliarden Dollar und einem jährlichen Gewinn von mehr als 20 Milliarden Dollar ist das eher wenig – sehr zum Unmut der Umweltaktivisten.

»Greenwashing« heißt das markige Schlagwort, das den von Umweltaktivisten als halbherzig empfundenen Versuchen der Industrie, umweltbewusst zu agieren, entgegengeworfen wird. Ins Visier geraten dabei vor allem jene Unternehmen, die bislang eher als Umweltsünder galten, wie Ölindustrie, Kraftwerksbetreiber, Fluggesellschaften und Automobilindustrie, und die nun durch besonders engagierte Marketingaktivitäten versuchen, ihren schlechten Ruf zu sanieren. Doch vom Saulus zum Paulus wird man nicht allein, indem man seinen Anfangsbuchstaben ändert.

Besonders umstritten war deswegen auch die Global Climate Coalition, eine amerikanische Lobbyorganisation, die 1989 von der weltgrößten Werbeagentur Burson Marstellers gegründet worden war. Mitglieder dieser Klimakoalition waren ausgerechnet Unternehmen und Verbände aus der berüchtigten Öl- und

Kohle-, Flugzeug- und Automobil- sowie der Chemieindustrie. Einer der wichtigsten Geldgeber der Organisation war Exxon (in Deutschland Esso), als größter Energiekonzern der Welt zugleich einer der Top-Player unter den sogenannten »Klimakillern«. Kritiker brachten die Doppelbödigkeit dieser Klimaorganisation schnell ans Licht. Die Global Climate Coalition war hauptsächlich darum bemüht, klimakritische Wissenschaftler zu finanzieren und eine millionenschwere Kampagne *gegen* das Kyoto-Protokoll zu steuern. Derart plumpe, als Ökoengagement nur schwach getarnte Propaganda zugunsten der eigenen Interessen konnte nicht fruchten, wenngleich so manche Stimme behauptete, der amerikanische Präsident George W. Bush habe sich von der Klimakoalition beeinflussen lassen und deswegen das Kyoto-Protokoll nicht ratifiziert.

So oder so, die Global Climate Coalition war nicht überlebensfähig. Die Aufklärungskampagnen der Umweltverbände führten ab Mitte der 1990er Jahre zum Austritt etlicher renommierter Mitgliedsunternehmen: 1996 verließ BP die Global Climate Coalition, sicher auch, weil sich das Unternehmen keinen Imagevorteil mehr von der Mitgliedschaft versprach. Kurz darauf stiegen auch Ford und Daimler aus. 2002 wurde der Verband komplett aufgelöst. Ob aus Resignation der Mitglieder angesichts der Meinungsvorherrschaft der neuen Ökoavantgarde oder aus der Einsicht heraus, dass Klimaschutz wirklich sinnvoll sein könnte – man weiß es nicht.

Ein ähnliches Schicksal widerfuhr der Greening Earth Society, die offensiv gegen die Thesen der Erderwärmung vorging und sich allen Ernstes als Vorreiter einer Bewegung zur Erhöhung (!) des CO_2-Ausstoßes verstand. Sie machte mit spektakulären Thesen viel Furore, sorgte kurz für Verwirrung in der öffentlichen Diskussion und ist mittlerweile wieder von der Bildfläche verschwunden. Derlei Kommunikationskapriolen verplempern nur Zeit, jedenfalls im Sinne des Klimaschutzes.

Verlierer vor der Niederlage

Für Unternehmen, die als Verlierer eines Maßnahmenkataloges gegen den Klimawandel vom Platz gehen müssten, ist dagegen jeder Tag, den sie weitermachen können wie bisher, ein Gewinn. Aus ihrer Perspektive durchaus nachvollziehbar.

Stellen Sie sich vor, Ihre Geschäftsidee basierte auf einem einzigen Produkt, zum Beispiel Blumentöpfe. Plötzlich sollen Balkonpflanzen verboten werden – aus Gründen, die Ihnen überhaupt nicht einleuchten wollen. Schließlich hat es die letzten hundert Jahre immer Blumentöpfe und Balkonblumen gegeben, und Millionen Menschen waren zufrieden und glücklich mit Pflanzen und Töpfen. Wahrscheinlich würden Sie alles tun, was zur Rettung Ihrer Geschäftsgrundlage beiträgt. Vielleicht würden Sie dafür sogar lügen, betrügen und bestechen. Auf jeden Fall würden Sie um jeden Tag kämpfen, an dem Sie weiter Blumentöpfe produzieren und verkaufen dürfen – es sei denn, Sie wären klug genug, eine andere Geschäftsidee zu entwickeln.

In dieser Phase sind wir zurzeit: Die meisten Klimaverlierer wissen, dass sie verloren haben. Aber noch kämpfen sie gegen die Niederlage an. Es ist wie im Sport, wenn ein Tischtennisspieler mit 3 zu 15 Punkten zurückliegt und trotz der Aussichtslosigkeit seines Kampfes nicht aufgibt. Würde er aufhören, würde man ihm Unsportlichkeit vorwerfen. Die Zuschauer verlassen das Fußballstadion, wenn ihre Mannschaft kurz vor Ende des Spiels hoffnungslos zurückliegt. Aber was wäre, wenn die Mannschaft vorzeitig vom Feld ginge?! Was glauben Sie, wäre los, wenn die Ölkonzerne angesichts der Klimasituation morgen ihre Produktion einstellen und an ihren Tankstellen einfach kein Benzin mehr verkaufen würden? Was wäre los, wenn die Fluggesellschaften den Flugverkehr einstellten und die Autokonzerne keine Fahrzeuge mehr bauten?

Die Ungeduld der Umweltverbände ist verständlich und die

Kritik am bloßen »Greenwashing« aus der Perspektive einer Idealvorstellung heraus berechtigt. Natürlich wäre es schön, wenn sich Erkenntnisse sofort in Taten umsetzen ließen. Doch das ist »Greenwishing«. Ein Umwälzungsprozess in Volkswirtschaften vollzieht sich leider sehr langwierig.

Aus der Geschichte wissen wir, dass selbst unbestrittene Verbesserungen Zeit brauchen, bis sie sich erfolgreich im Markt durchsetzen. Nur ein Beispiel: Nach der Entdeckung des Penizillins durch den englischen Mediziner Alexander Fleming 1928 vergingen dreizehn Jahre, bis das Medikament in einzelnen klinischen Studien getestet und der erste Patient damit behandelt wurde. Und erst 1942 begann die großtechnische Produktion von Penizillin in Europa, und ab 1956 – also 28 Jahre nachdem Fleming das Wundermittel entdeckt und elf Jahre nachdem er dafür den Nobelpreis bekommen hatte – wurde die Medizin auch in den USA und in Kanada in großen Mengen hergestellt. Heute werden weltweit knapp 10 000 Tonnen Penizillin produziert mit einem Anteil des globalen Umsatzes von 10 Prozent aller Antibiotika.

Was neben Öl und Gas wirklich knapp wird, ist eine viel wertvollere Ressource: die Zeit. Verstehen Sie mich nicht falsch: Weder ist es fünf vor zwölf, noch steht die Apokalypse unmittelbar bevor. Die Welt wird nicht untergehen. Aber die Ereignisse überschlagen sich geradezu, in immer rasanterem Tempo. Je länger wir überlegen, was zu tun ist, desto weniger werden wir eine andere Klima-Zukunft gestalten können. Wir sollten also dringend sehen, dass wir endlich in die Puschen kommen – und zwar nicht nur in die gemütlichen Pantoffeln vorm heimischen Sofa.

Denn ernst zu nehmender Klimaschutz geht weit über das schwäbische Sauberkeitsprinzip »Jeder kehre vor seiner eigenen Tür« hinaus. Es geht nicht nur um den Dreck unserer eigenen Industrie, sondern um den der ganzen Welt. Schließlich tragen wir T-Shirts, telefonieren mit Handys und spielen mit Gameboys, die nicht in Deutschland, sondern irgendwo auf der Welt produziert wurden – und deren Produktion sich in den CO_2-Bilanzen anderer Länder niederschlägt. Wenn wir wirklich Klimaschutz betreiben wollen, dann müssen wir zusehen, dass die ganze Welt ihre Treibhausgasemissionen reduziert.

Der Klima-Express

Der Klima-Express ist unterwegs – daran gibt es überhaupt keinen Zweifel! Er steuert mit großem Tempo in eine Zukunft auf hohem technologischem Niveau. Umso verwunderlicher ist es, dass noch längst nicht alle Welt auf den Klima-Zug aufgesprungen ist. China zum Beispiel ist durch sein enormes Wirtschaftswachstum inzwischen das Land mit dem höchsten CO_2-Ausstoß der Welt, mittlerweile vor dem vermeintlichen Klima-Ignoranten USA. Chinas Anteil an den weltweiten Gesamtemissionen wächst. Trotzdem betrachtet das Land den Klimaschutz als nachrangig. Vorrang hat das Wirtschaftswachstum. Auch Indien legt weniger Wert auf Minimierung seines unökologischen Outputs als auf Maximierung seiner ökonomischen Einnahmen.

Nach Ansicht der indischen und chinesischen Regierung haben nicht die Schwellenländer den Klimawandel verursacht, sondern die seit Jahrzehnten verschwenderisch lebenden westlichen Industrienationen. Insofern sollten auch die sich um das Problem kümmern. Diese Sichtweise ist nicht ganz von der Hand zu weisen. Dennoch: Aufgrund des rasanten Wirtschaftswachstums dieser Länder drängt die Frage, wie lange wir dem permanenten Wachstum der Emissionen tatenlos zusehen können und wollen. Politische Appelle an die Kooperationsbereitschaft dieser Länder sind zweifellos richtig, besser aber sind ökonomische Anreize, in ihrem Wachstum von vornherein auf emissionsarme Technologien zu setzen. Die indische Studie »Technologische

Visionen 2036«, die im Jahr 2007 in Absprache mit allen indischen Ministerien entstand, hat gezeigt, dass Indien wirtschaftlich wachsen und trotzdem seine Treibhausgase reduzieren kann. Eigentliches Ziel der Studie war herauszufinden, wie Indien seine Energieversorgung sichern könne. Hierbei spielte die Frage der Energieeffizienz eine große Rolle, insofern wäre die Reduzierung der Treibhausgase gewissermaßen ein automatischer Nebeneffekt.

Gerade Indien bietet zahlreiche Ansätze für effiziente Zukunftsenergien, in denen zudem große Chancen für die deutsche Klimaschutztechnologie liegen: Mit jährlich 2000 bis 3000 Sonnenstunden verfügt Indien über beste Voraussetzungen zur Nutzung der Solarenergie. Wachstumspotenzial gibt es auch in der Windkraft. Denn obwohl das Land bereits heute die fünftgrößte installierte Windkraftleistung der Welt (1700 Megawatt Leistung) besitzt, gibt es noch reichlich Platz für neue Anlagen; bislang werden nach Berechnungen des Bundesumweltministeriums erst 3 Prozent des Potenzials genutzt. Auch für Wasser- und moderne Biomassekraftwerke gibt es insgesamt großes Marktpotenzial. Indien hat die Bedeutung der erneuerbaren Energien frühzeitig erkannt und mit der Indischen Agentur für Entwicklung Erneuerbarer Energien (IREDA) ein Instrument zur Finanzierung der erneuerbaren Energien und sogar ein eigenes Energieministerium geschaffen. Damit ist Indien politisch vielen anderen Ländern – auch Deutschland, wo die Energiezuständigkeit immer noch nicht klar politisch geregelt ist – um einiges voraus.

In China dürften sich vergleichbare Chancen und Möglichkeiten finden lassen, wenngleich sich mit dieser Frage noch keine wissenschaftliche Studie beschäftigt hat. Aber wenn es gelänge, dem chinesischen Wirtschaftswachstum eine auf Effizienz ausgerichtete Strategie zugrunde zu legen, könnte auch hier gleichzeitig eine Reduktion der Treibhausgasemissionen erfolgen. China hat das Kyoto-Protokoll unterschrieben, muss aber keine Sanktionen fürchten, wenn es die selbstgesteckten Ziele nicht erreicht. Das Land will den Ausstoß von Kohlendioxid durch den Ausbau von Wasser- und Atomkraft sowie durch effizientere Kohlekraftwerke reduzieren. China deckt zwei Drittel seines Energiebedarfs mit Kohle und investiert derzeit sehr viel Geld in den Bau der neuen Kohlekraftwerke. Aber auch auf dem Feld erneuerbarer Energien ist China sehr aktiv, weil es – anders als Indien – langfristig nicht auf Atomkraft setzen will. Die aktuell vorhandenen Kraftwerke sollen nur als Brückentechnologie dienen.

Gerade die Schwellenländer sind auf dem Weg zu einer klimafreundlichen Industrienation auf kostengünstige technologische Unterstützung aus dem Ausland angewiesen. Hier liegen Deutschlands Chancen.

Um-Weltmeister Deutschland

Jahrelang war Deutschland weltweit Spitzenreiter in Forschung und Entwicklung von Umwelttechnologien. Doch die »Studie zum deutschen Innovationssystem«, die 2007 gemeinsam vom Niedersächsischen Institut für Wirtschaftsforschung, dem Zentrum für Europäische Wirtschaftsforschung und dem Fraunhofer Institut durchgeführt wurde, zeigte: Deutschland droht den Spitzenplatz im Umweltsektor zu verlieren. Italien hat inzwischen sehr große Stärken im Maschinen- und Anlagenbau, Dänemark, Großbritannien und die USA gewinnen durch Spezialisierung zum Beispiel im Bereich Recycling, Wasser, regenerative Energien, und schließlich haben sich die Schweiz und Schweden unter anderem durch Techniken zur Luftreinhaltung nach vorn gearbeitet.

All diese Länder haben im Wettbewerb um Marktanteile im Umweltbereich längst zu Deutschland aufgeschlossen. In Bezug auf Umweltschutzgüter hat sich Japan inzwischen zum Hauptkonkurrenten gemausert und spielt auf den Weltmärkten eine gewichtige Rolle. Beim Export von verarbeiteten Industriewaren ist Deutschland im Umweltsegment bereits von Japan überholt worden.

Wer glaubt, sich auf den Leistungen der Vergangenheit ausruhen zu können, irrt. Deutschland war zwar 2004 mit einem Welthandelsanteil von 16,4 Prozent größter Exporteur von Umweltschutzgütern und lag damit erstmals seit langem knapp vor den USA. Doch dass Deutschland derzeit auf der Umweltexport-Hitliste ganz oben steht, liegt nicht etwa daran, dass sich die Exportquote Deutschlands verbessert hätte (im Gegenteil: sie ist relativ stabil geblieben, also ohne relevantes Wachstum). Es liegt allein daran, dass sich die Werte der Amerikaner extrem verschlechtert haben: Sie sind von vormals 22 Prozent auf 16,1 Prozent gefallen.

Genau genommen liegt dieser Exporterfolg nicht an der Qualität der deutschen Umwelttechnologie, sondern daran, dass Deutschland ein starkes Exportland ist. Die Umwelttechnologie ist im Vergleich mit sonstigen Technologien, die wir exportieren, nur etwas besser als der Durchschnitt. Schlimmer noch, ausgerechnet die Klimaschutzgüter – die angesichts der Weltklimapolitik der größte Verkaufsschlager sein müssten – verkaufen sich weniger gut als deutsche Durchschnittstechnik. Wenn wir auf Dauer mitspielen wollen, haben wir dringenden Handlungsbedarf und müssen in Forschung und Entwicklung von Klimatechnologie investieren.

Die Zukunft liegt für ein im Weltmaßstab gesehen kleines Land wie Deutschland in Innovationen. Nur wenn wir gute Ideen haben und durch bahnbrechende Produktneuerungen auf dem Weltmarkt auffallen, werden wir als Exportweltmeister auch im Klimaschutz gewinnen.

Zwar lagen wir 2004 mit den Ausgaben für Umweltforschung

weit über dem OECD- und auch über dem EU-Durchschnitt, aber längst holen andere Länder auf. In absoluten Zahlen sind zum Beispiel die Ausgaben von Frankreich und Japan für Umweltforschung mehr als doppelt so hoch. In Portugal und Griechenland, Länder, denen man früher eher ein unterentwickeltes Umweltbewusstsein nachsagte, hat die Umweltschutzforschung inzwischen dieselbe Bedeutung wie in Deutschland. Auch Kanada hat seine Forschungsintensität erhöht und steht im internationalen Wettbewerb mittlerweile auf einem vorderen Rang.

Zwar hat Deutschland in den letzten Jahren seine Forschungsgelder verstärkt in den Bereich Klimaschutz, also regenerative Energien und rationelle Energieumwandlung, investiert. Doch das hat nicht dazu geführt, dass wir uns dadurch irgendeinen Vorsprung hätten erarbeiten können. Offenbar haben auch alle anderen ihre Forschung im Klimaschutz intensiviert. Ausgerechnet im zukunftsrelevanten Teilfeld der regenerativen Energien hat Deutschland an Boden verloren und teilweise anderen Ländern das Rennen überlassen. Dabei hätte man in diesem Forschungsfeld eigentlich erwarten können, dass hier im Musterland der Erneuerbare-Energien-Politik eine gewisse Sensibilität für die Relevanz des Themas besteht.

Das fehlende Engagement spiegelt sich auch in der Zahl der Patentanmeldungen wider. Zwar ist Deutschland weiterhin erfinderisch, auch in der Umweltschutztechnologie, aber statt 34 Prozent wie Mitte der 1980er Jahre sind es jetzt nur noch 23 Prozent aller Patente, die aus Deutschland kommen. Gerade im klimarelevanten Bereich der stark expandierenden erneuerbaren Energien und der rationellen Energienutzung warten neben Deutschland auch Japan, Österreich und Dänemark mit ausgesprochen guten Zahlen auf – und das inklusive aller Brennstoffzellentechnologie, die traditionell ein deutsches Forschersteckenpferd ist.

Auch alle anderen Nationen forschen selbstverständlich nicht ausschließlich für den Eigenbedarf, sondern sind, verstärkt seit

Kosten / Nutzen des Klimaschutzes

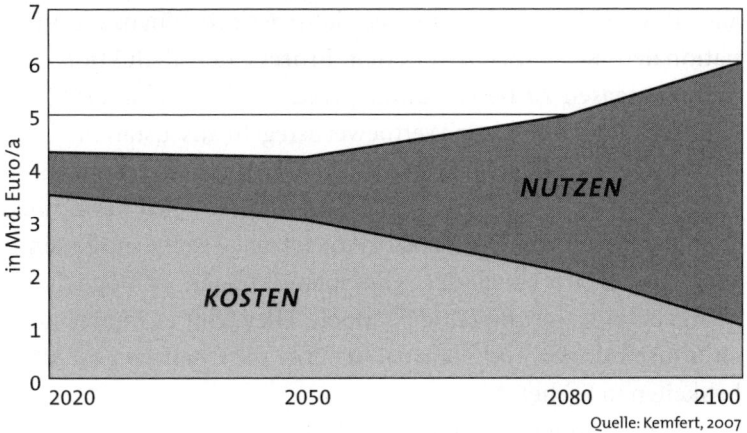

Quelle: Kemfert, 2007

Mitte der 1990er Jahre, an den Ansprüchen der internationalen (Export-)Märkte ausgerichtet. Wenn wir Deutschen also auf die wachsenden Märkte in Asien und Südamerika hoffen, dann sind wir damit nicht allein.

Wir Deutschen, die wir uns immer als Vorreiter in Sachen Umweltschutz gesehen haben, stehen vor einer ungewohnten Herausforderung: Wir müssen die Innovationsmöglichkeiten im Klimaschutz rechtzeitig nutzen. Dann sind wir am Schluss nämlich nicht nur die mit den guten Absichten, sondern auch die mit den guten Geschäften!

Keine grüne Blase

Die Klimamärkte der Zukunft sind schon längst Gegenwart. Die Erdatmosphäre braucht Klimaschutz. Der Konsument will Klimaschutz. Es gibt grüne Märkte, sei es im Bereich Immobilien, Mobilität oder Finanzdienstleistungen. Wer als Unternehmer über den nächsten Quartalsbericht hinausdenkt, handelt mit Blick auf den Klimawandel. Sogar die Politik arbeitet – trotz aller Rückschläge – über die Legislaturperiode hinaus an internationalen Regelungen, um den Prozess der Reduktion von Treibhausgasen zu beschleunigen und die Zukunftsmärkte des Klimaschutzes mit fairen Wettbewerbsregeln auszustatten.

Zugegeben, es hat lange gedauert. Seit der Konferenz von Rio sind fast zwei Jahrzehnte vergangen. Und es wird vermutlich auch noch eine Weile dauern, bis die letzten Zweifel ausgeräumt sind, dass es sich bei all den Klimabemühungen womöglich um nichts als eine »grüne Blase« handelt. Hier fehlt es immer noch an Informationen und Transparenz über die Chancen und Möglichkeiten in Sachen Klima.

Nicht zu unterschätzen ist auch die Trägheit der Masse, die zutiefst menschlich reagiert, indem sie zwar theoretisch längst weiß, worum es geht, aber nicht den wichtigen Schritt in die Praxis macht. Bis heute gibt es Berichte, dass das messbar gestiegene Klimabewusstsein der Bevölkerung sich nicht in gestiegenem Klimaengagement niederschlägt, im Gegenteil: Erst vor kurzem warteten zwei Wissenschaftler von der Texas A&M University mit dem überraschenden Ergebnis einer Umfrage bei 1093 Amerikanern auf, dass steigendes Wissen über die Erderwärmung zu Apathie führe. Je mehr die Befragten über Klimawandel wussten, desto weniger taten sie dagegen.

Insofern könnte man mit Sorge auf Al Gore schauen. Der ehemalige amerikanische Präsidentschaftskandidat hat zwar 2007 mit seinem Dokumentarfilm »Eine unbequeme Wahrheit« – zumindest in den USA – einen Kinohit produziert, für den er sogar einen Oscar bekam. Aber der Film hinterließ bei den Kinobesuchern eher das schale Gefühl des drohenden Weltuntergangs denn die Euphorie, man könne noch irgendetwas retten. Wenn Al Gore jetzt eine Umweltwerbekampagne für den Klimaschutz ankündigt, in die er in den nächsten drei Jahren 300 Millionen Dollar investieren will, um die amerikanische Öffentlichkeit für den Klimawandel zu sensibilisieren, dann kann man nur hoffen, dass seine Botschaft eine optimistischere ist.

Vielleicht aber liegt die Zurückhaltung der Konsumenten auch daran, dass sie schlau genug sind, Dinge erst in Ruhe zu hinterfragen. Denn auch in Deutschland machen wir die Erfahrung, dass das Wissen um den Klimawandel allein noch nicht zur Verhaltensänderung ausreicht. Ob Verbraucher, Unternehmen oder Politiker aktiv werden, hängt offenbar von anderen Kriterien als dem Kenntnisstand ab. Verhaltenstherapeuten wissen, dass Menschen sich nur dann aufraffen, etwas zu tun, wenn ihnen das Ziel erreichbar scheint. Ist die Lage eher schwierig bis hoffnungslos, ziehen sie sich resigniert zurück. Ein zu 90 Prozent wahrscheinlicher Klimawandel scheint viele Menschen eher zu deprimieren als zu motivieren.

Es ist aber wohl weniger der Klimawandel an sich als die unübersichtliche Informationsmenge, die apathisch macht. Selbst der bemühte Verbraucher verwickelt sich ob der vielen Ziele, die es zu verfolgen gilt – Klimaschutz, fairer Handel, gesundes Leben, soziale Gerechtigkeit –, schnell in Widersprüche. Nicht ohne Häme werden ihm von allen Seiten immer wieder neue Studien unter die Nase gerieben: Ökokarotten aus dem Bioladen? Sind teurer, aber nicht besser. Die konventionellen Möhren enthalten genauso viele Vitamine wie die Ökoware, schmeckten im Blindtest genauso gut und waren aufgrund der höheren Verkaufsfrequenz sogar frischer.

Biobananen aus Uganda? Sind weder gesünder noch klimafreundlich, denn sie werden genauso grün geerntet wie die konventionelle Konkurrenz und im Containerschiff um den halben Globus kutschiert, weswegen die CO_2-Bilanz unterm Strich gleich ausfällt. Duschen statt baden, das Haus voller Energiesparlampen, Fahrrad statt Auto? Alles Peanuts! Sobald man einmal nach Gomera fliegt, ist die Klimabilanz ruiniert.

Hier muss die Politik schneller für Abhilfe sorgen, indem sie mit klaren Vorgaben und Vorschriften dem Verbraucher dabei hilft, sich klimafreundlich zu verhalten, wenn er es denn will. Tatsächlich reagiert die Politik auf die wachsende Verunsicherung, indem sie Regelungen zur Kennzeichnung der Produkte einführt. Ob »Blauer Engel«, »Grüner Punkt« oder EU-Bio-Zertifikat – durch gesetzlich geregelte Zertifizierungen versuchen die Gesetzgeber das Vertrauen der Konsumenten in Produkte wiederherzustellen. Sie brauchen nur so schrecklich lange dafür.

Wenn die Politik zudem ihre Möglichkeiten ausnutzte, durch Steuerpolitik die Preispolitik der Wirtschaft so zu beeinflussen, dass Klimaschutz günstiger wird als Erderwärmung, gäbe es weitere Anreize für Unternehmen, sich auf klimabewusste Geschäftsmodelle einzulassen. Und die weltweite Einführung eines konsequenten Emissionshandels wäre sicher die effizienteste Form von Klimaschutz.

Das Klimakarussell

Doch darauf zu warten, dass von irgendeiner mächtigen Seite alles geregelt wird, scheint ein Warten auf Godot zu sein. Denn die – naturwissenschaftlich oder moralisch auch noch so berechtigten – radikalen Forderungen der Umweltutopisten führen leider nur dazu, dass (fast) alle weitermachen wie bisher und wider besseres Wissen das Thema Klimawandel links liegen lassen. Oder schlimmer noch: Sie steigen einfach ins Klimakarussell und singen das Klima-Ene-mene-muh.

■ Die Verbraucher zeigen mit dem Finger auf die Industrie – »Die müssen endlich klimafreundliche Produkte anbieten!« – und auf die Politik: »Solange die uns das Rasen auf der Autobahn nicht verbieten, kann es so schlimm nicht sein!«

■ Die Industrie zeigt mit dem Finger auf die Verbraucher – »Die wollen den Klimaschutz ja nicht bezahlen!« – und auf die

Politiker: »Solange die keine einheitlichen Regelungen schaffen, sind engagierte Unternehmen im Wettbewerbsnachteil!«

- Und die Politik zeigt auf die Bürger – »Die wählen uns nicht, wenn wir ihnen das Rasen verbieten!« – und auf die Industrie: »Die wandern ins Ausland ab, wenn wir hier strenge Regeln einführen!«

Wenn keiner den Anfang macht, dauert es eben, bis die Reise richtig losgeht. Dabei könnte alles so einfach sein.

13. Drei offene Briefe für eine andere Klima-Zukunft

Ich wünsche mir, dass wir alle gemeinsam aus dem Klimakarussell aussteigen, in dem wir uns seit Jahren im Kreis drehen, während wir von klimaneutralen Utopien träumen oder immer bedrohlichere Klimaszenarien fantasieren. Es bringt niemanden weiter, wenn wir uns wechselseitig die Schuld für steigende Emissionen von Treibhausgasen zuweisen oder uns im Streit um ideologisch aufgeladene Details aufreiben. Jeder von uns, ob als Verbraucher, als Unternehmer, Manager oder als Politiker, kann seinen Beitrag leisten. Deswegen ist es eigentlich ganz leicht, etwas zu tun.

Es ist nicht meine Art, pathetische Schlussworte zu finden. Als Wissenschaftlerin neige ich dazu, Fakten nüchtern abzuwägen und mich für die Lösung zu entscheiden, die mir die vernünftigste zu sein scheint. Insofern werden Sie jetzt kein schwungvolles Plädoyer für eine andere, bessere und glücklichere Klima-Zukunft zu lesen bekommen. Lieber möchte ich Ihnen einige konkrete Handlungsempfehlungen mit auf den Weg geben, die Ihnen ein klimafreundlicheres Leben und Arbeiten ab sofort ermöglichen können.

In drei offenen Briefen möchte ich Sie deswegen um Ihren persönlichen Beitrag zum Klimaschutz bitten und jedem von Ihnen eine ganz simple Klimamarke setzen, an der Sie sich und Ihr Verhalten messen können. Niemand soll sagen können,

Klimaschutz sei ihm zu kompliziert oder Klimaschutz könne man nur global und im Kollektiv beginnen. Nein, Klimaschutz beginnt hier und heute! Sie können jetzt damit anfangen, und je eher Sie damit anfangen, desto mehr werden Sie davon profitieren!

Liebe Verbraucher!

1. Konsumieren Sie klimabewusst!

Stecken Sie eine fiktive »CO_2-Card« in ihr Portemonnaie und legen Sie los! Bedenken Sie: Wenn Sie CO_2-arme Produkte kaufen, sparen Sie nicht nur Emissionen, sondern fördern zugleich eine zukunftsorientierte, klimabewusste Wirtschaft. Es gibt inzwischen zahlreiche Bücher, Broschüren und Internet-Foren, in denen Sie Informationen über den CO_2-Ausstoß von Produkten, Lebensweisen und Mobilitätsformen erhalten. Jeder von uns sollte wissen, wie groß der persönliche CO_2-Fußabdruck ist. Ermitteln Sie Ihren »Carbon Footprint« – genauso wie Sie prüfen, wie viel Gewicht Sie auf die Waage bringen, wie hoch Ihr Blutdruck ist und wie hoch Ihre Lebenshaltungskosten sind.

2. Geben Sie jeden Tag bewusst 70 Cent für den Klimaschutz aus!

Ganz gleich, ob Baby oder Rentner – 70 Cent ist der Betrag, den uns die durchschnittlichen CO_2-Emissionen pro Kopf in Deutschland kosten würden, wenn wir sie bezahlen müssten. Noch dürfen wir gratis das Klima belasten. Aber fangen Sie schon heute an zu zahlen, damit wir nicht morgen das Doppelte bezahlen müssen. Beziehen Sie Ökostrom, abonnieren Sie eine Biokiste, fahren Sie Straßenbahn oder Fahrrad, kaufen Sie einen neuen Hybridwagen, ein Solarmobil oder einen Elektrowagen, überreden Sie Ihren Vermieter, dass er das Haus dämmt, und wenn es Ihnen selbst gehört, tun Sie es. Mit 70 Cent geht das nicht? O doch! Vielleicht nicht alles auf einmal, aber nach und nach das eine und das andere. Bedenken Sie: 70 Cent sind 250 Euro im Jahr, bei einem Vierpersonenhaushalt also schon 1000 Euro. Ein neues Familienauto hält etwa zehn Jahre – macht 10 000 Euro. Für so viel Geld gibt es schon heute eine Menge Fahrzeuge, die klimafreundlicher sind als Ihr alter Klimakiller in der Garage. Denn, Achtung: Relevant ist nicht der Kaufpreis, relevant sind die Mehrkosten, die entstehen, weil das Auto CO_2-arm ist.

3. Bleiben Sie am Ball!

Mit der Zeit werden Sie es immer schwerer haben, Ihre 70 Cent loszuwerden – denn je mehr Menschen klimabewusst konsumieren, desto billiger wird es für alle. Und bei steigenden Energiepreisen kann es sogar sein, dass Sie statt 70 Cent *mehr* 70 Cent *weniger* für Klimaschutz ausgeben. Denn 250 Euro im Jahr zusätzlich muss man im Klimaschutz, der gleichzeitig auch Geld spart, erst loswerden. Ihr neues Solarmobil zum Beispiel bringt Ihnen nicht nur Mehrkosten bei der Anschaffung, sondern eben auch steuerliche Ersparnisse und erhebliche Einsparungen im täglichen Energieverbrauch – wenn Sie auch dieses Geld wieder für den Konsum klimafreundlicher Produkte oder Dienstleistungen ausgeben, bringen Sie die Wirtschaft richtig in Schwung!

Ihre Klimamarke ist etwa so groß wie eine Kugel Eis:
70 Cent pro Tag!

Liebe Unternehmer!

1. Nutzen Sie Ihren versteckten »Energie-Investment-Topf« – etwa ein Zehntel Ihres Gewinns!

Im Schnitt machen Energiekosten etwa 10 bis 20 Prozent der Unternehmenskosten aus, in manchen energieintensiven Branchen sogar 40 Prozent und mehr. Davon sind bis zu 70 Prozent nichts als Verschwendung! Das Einsparpotenzial ist riesig, darin sind sich alle einig; bislang war fossile Energie nur zu billig, als dass Sparen nötig gewesen wäre. Jetzt wird fossile Energie immer teurer, und Effizienz lohnt sich immer mehr.

Erwirtschaften Sie Geld, indem Sie (fossile) Energie sparen – erhöhen Sie die Effizienz Ihrer Maschinen und Ihrer Prozesse. Je früher Sie anfangen, desto schneller und größer wird das Budget sein, das Sie sich ohne große Mühe, ohne neue Absatzmärkte, komplizierte Vertriebsnetze und teure Werbekampagnen erwirtschaften können – einfach, indem Sie es nicht zum Fenster, Schornstein oder Auspuff hinausblasen! Reduzieren Sie Ihre Energiekosten zum Beispiel durch effizientere Produktionstechniken, durch Gebäudedämmung oder durch Umstellung Ihres Fuhrparks. Wenn ein durchschnittliches Unternehmen seine Energieeffizienzpotenziale ausschöpft, sind Gewinnsteigerungen von 10 Prozent und mehr möglich – ohne einen Cent mehr Umsatz. Reduzieren Sie Ihre Energiekosten und machen Sie lieber mehr Gewinn!

Diese 10 Prozent Ihres Gewinns sind Ihr versteckter Energie-Investment-Topf: Verdoppeln Sie fortan dieses Geld, indem Sie das so leicht Erwirtschaftete gleich wieder investieren – und zwar ins Richtige. Zukunft hat Klimaschutz! Machen Sie mit. Investieren Sie in die neuen Märkte! Gehen Sie den Dreischritt der visionären Unternehmer. Verwandeln Sie Kosten in Gewinn, Gewinn in Investitionen und Investitionen in noch mehr Gewinn! Denn der Umsatz der Klimaschutzbranche wird sich in den kommenden zwanzig Jahren verdoppeln.

2. Reduzieren Sie Ihre Emissionen!

Einen Teil Ihrer Emissionen vermeiden Sie vielleicht schon durch die gesteigerte Effizienz. Wo keine Effizienzsteigerung mehr möglich ist, steigen Sie um auf erneuerbare Energien. Mag sein, dass dadurch kurzfristig höhere Kosten entstehen (was allerdings langfristig unwahrscheinlich ist, denn schon heute ist Ökostrom fast auf demselben Preisniveau wie Strom aus fossilen Energiequellen). Decken Sie diese Mehrkosten aus dem Energie-Investment-Topf, also durch Effizienzsteigerung. Wenn es Ihnen gelingt, konsequent klimabewusst zu produzieren und zu agieren, öffnen sich Ihnen komplett neue Marktchancen. Klimabewusste Kunden werden begeistert sein. Bieten Sie gezielt CO_2-freie Produkte und Dienstleistungen an, das verschafft Ihnen nicht nur ein Imageplus, sondern auch mehr Umsatz in den neuen Trend-Konsumgruppen der Lohas. Erobern Sie neue Märkte! Werden Sie Teil des Klimaaufschwungs! Sehen Sie die Marktchancen und gehen Sie in den Markt!

3. Investieren Sie in Forschung und Entwicklung zum Klimaschutz!

Langfristig klug ist es, die Gelder aus Ihrem »Energie-Investment-Topf«, also jene 10 Prozent Ihres Gewinns, in die Erforschung und Entwicklung klimaschutzrelevanter Produkte und Dienstleistungen zu stecken. Dann sind Sie nicht nur heute, sondern auch in Zukunft ganz weit vorne. Sie verwandeln Ihre Investitionen in Marktchancen und multiplizieren womöglich Ihren Gewinn mit dem entscheidenden Zeitvorsprung!

Ihre Klimamarke ist genauso groß wie Ihre bisherige Energieverschwendung: etwa 10 Prozent Ihres Gewinns!

Liebe Politiker!

Vorab: Am besten wäre ein *globaler Emissionsrechtehandel,* das Klimaschutzinstrument erster Wahl! In Bezug auf Wirtschaftlichkeit und Versorgungssicherheit ist der globale Emissionshandel unschlagbar. Dann wäre alles andere gelöst. Aber zugegeben: Der Weg dahin ist steinig und schwer, er führt von Rio über Kyoto in unzählige Klimakonferenz-Kongresshallen voller Streit, Missgunst und politischer Unvernunft. Deswegen verharren Sie nicht in der Utopie. Fangen Sie einfach an. Jede erdenkliche Klimaschutzmaßnahme ist sinnvoll – am besten sofort!

1. Läuten Sie die Energiewende ein, statt Kohle zu verplempern!

Sicher, Sie und Ihre Vorgänger haben bereits mit diesem oder jenem Klimaschutzpaket angefangen, zum Beispiel mit der Förderung von Entwicklung, Einrichtung und Nutzung CO_2-freier Energietechniken wie alternative Kraftstoffe von nachhaltigem Biodiesel bis Wasserstoff, aber auch CCS-Technologien oder erneuerbare Energien. Doch Sie wollen nicht ernsthaft behaupten, dass diese Aktivitäten angesichts der globalen Klimaerwärmung mehr waren als ein lauer Tropfen auf den heißen Stein, oder? Dagegen gießen Sie gern teures Öl ins Klimafeuer und fördern nach wie vor fossile Energien, angeblich, um Arbeitsplätze zu sichern. Hören Sie auf, den Arbeitsplätzen von gestern nachzutrauern, investieren Sie lieber in die von morgen. Investieren Sie in Klimaschutz. Die Branche der erneuerbaren Energien beispielsweise wird schon bald genauso viele Arbeitskräfte benötigen wie heute noch die Automobilindustrie. Wir brauchen dringend die Energiewende, innovative, klimaschonende, sichere und bezahlbare Energien. Diese Techniken müssen erforscht werden. Anstatt die wichtigen Ausgaben für die Erforschung zu senken, sollten sie gesteigert werden. Dafür brauchen Sie kein frisches

Geld, nehmen Sie einfach das alte: zum Beispiel die 2,7 Milliarden Euro, die derzeit noch in die Kohlesubvention fließen. Für den Anfang reichen vielleicht 1,3 Milliarden, dann gäbe es eine Verdreifachung der aktuellen Ausgaben für die Erforschung innovativer Energien, ohne dass irgendeine Steuer erhöht werden müsste.

2. Verbieten Sie unsinnige Klimakiller!

Es ist so einfach, Sie müssen es nur tun. Konventionelle Glühbirnen sind nicht nur klimaschädlich, sondern auch teuer. Geräte mit Stand-by-Schaltung sind bequem, aber Geräte ohne Ausknopf sind idiotisch. Energieschleudern und Klimakiller dieser Art gibt es in Hülle und Fülle. Selbst die Vertreter der Industrie verstehen nicht mehr, warum sie derlei immer noch produzieren dürfen – aber bitte: Solange man damit Geld verdienen kann …?! Deswegen, bitte, beenden Sie diese Dummheiten, so wie es viele andere Länder bereits vormachen. Helfen Sie dem Konsumenten, aber auch der Wirtschaft durch klare langfristige Regeln, die frühzeitig die richtigen Signale setzen. Klimaschutz ist politisch gewollt. Sie können darauf vertrauen, dass die Wirtschaft, sobald die Regeln klar sind, in Windeseile Lösungen finden wird, wie sich in der neuen Situation wieder Geld verdienen lässt – egal, wie sehr die Lobbyisten heute jammern und klagen. Schaffen Sie einfache und anspruchsvolle Klimaschutzgesetze. Für solche Maßnahmen brauchen Sie noch nicht einmal Geld, sondern nur etwas Mut! Und ich bin sicher: Die Wähler werden es Ihnen danken – wenn nicht bei dieser, dann bei der nächsten Wahl!

3. Schaffen Sie ein Energieministerium!

Deutschland hat keine Stromlücke – noch nicht. Aber Deutschland hat eine Politiklücke. In unserem Land befassen sich 13 unterschiedliche Bundesministerien mit Fragen der Energieversorgung. Insbesondere zwei Ministerien – das Wirtschaftsministerium und das Umweltministerium – streiten sich häufig und ringen um die aus ihrer Sicht richtige Energiepolitik. Schlimmer noch: Selbst im Umweltministerium ist man sich nicht mehr einig, welche Energiepolitik wirklich Sinn macht – ein solcher Zustand ist untragbar. Deutschland braucht dringender denn je ein Energieministerium, welches federführend alle Interessen zusammenbringt, das für eine einheitliche Energiepolitik sorgt und die Ansprüche von Versorgungssicherheit, Klimaschutz und Wettbewerbsfähigkeit des Energiemarkts verbindet. Dieses Energieministerium muss letztendlich die Entscheidungshoheit haben, notfalls Kraftwerksneubauten oder den Ausbau der Infrastruktur anzuweisen. Deutschland muss die Politiklücke schließen. Und zwar schnell. Reden kostet nichts, nur Zeit – deshalb reden Sie bitte nicht zu lange!

Ihre Klimamarke ist nicht ganz so groß
wie Ihre bisherigen Kohlesubventionen: 1,3 Milliarden Euro
sowie eine kräftige Portion Mut und Entschlossenheit!

Liebe Verbraucher, Unternehmer, Manager und Politiker,
ich freue mich auf Ihre Taten!
Herzlichst und mit optimistischen Grüßen
Prof. Dr. Claudia Kemfert

Danksagung

An der Entstehung dieses Buches war eine Reihe von Personen aus den verschiedensten Bereichen beteiligt, denen ich an dieser Stelle danken möchte.

Zunächst und vor allen anderen gilt mein Dank Jackie Manne, die mich an der Seite meines Mentors Professor Allan Manne all die Jahre ideell gefördert und auch nach dem Tod ihres Mannes den Kontakt zu mir gehalten und meine Arbeit begleitet hat.

Mein Dank gilt auch dem Vorstand des Deutschen Instituts für Wirtschaftsforschung DIW in Berlin, namentlich Prof. Dr. Klaus F. Zimmermann, Prof. Dr. Georg Meran und Dr. Alexander Fisher, für das Vertrauen in meine Leistungsfähigkeit und Kompetenz, das sie mir seit Jahren uneingeschränkt zuteilwerden lassen. Für die langjährige Zusammenarbeit möchte ich ganz besonders Dr. Jochen Diekmann danken, meinem stellvertretenden Abteilungsleiter, der mir in allen DIW-internen Angelegenheiten stets eine fachliche und verwaltungstechnische Stütze ist.

Danken möchte ich ausdrücklich dem 20-köpfigen Dream-Team in der Abteilung Klima, Energie und Verkehr am DIW, also allen meinen Mitarbeiterinnen und Mitarbeitern, für ihre immer wieder herausragenden wissenschaftlichen Arbeiten, die letztlich – und sei es manchmal nur in einer unscheinbaren Zahl – auch diesem Buch zugutekamen. Für ihr Organisationstalent und die tagtägliche Unterstützung bin ich meinen beiden Sekretärinnen Eva Tamim und Anja Garbe ausgesprochen dankbar. Sie haben mir beide vor allem in der hektischen Schlussphase erfolgreich den Rücken freigehalten, damit ich kurz vor Drucklegung den letzten Feinschliff am Manuskript vornehmen konnte. Danken möchte ich auch der Humboldt-Universität Berlin, die mir das Forum gibt, meine Forschung voranzubringen, ohne die dieses Buch nicht möglich gewesen wäre.

Zu danken habe ich auch den Bücher-Frauen Claudia Cornelsen und Christine Gräbe, die mich mit ihrer Erfahrung fachkundig und engagiert bei der Verlagssuche, der Konzeption des Buches und den zahlreichen Textarbeiten für und rund um das Buch unterstützt haben. Für ihr gutes Auge, die souveräne Regiearbeit beim Fotoshooting und die Gestaltung des Buchcovers danke ich der Grafikdesignerin Gaby Hellwig.

Danken möchte ich auch meinen Nichten Johanna und Helen, die mich durch ihre erfrischende Neugier und offenen Fragen immer wieder aus dem Elfenbeinturm der Wissenschaft auf den Boden der Verständlichkeit bringen, sowie meiner Familie und der meines Mannes und allen Freunden, die mich alle während meines beruflichen Weges und in den oft mühsamen Jahren meiner wissenschaftlichen Karriere unterstützt haben. Ganz besonders danken möchte ich meinem Mann Jürgen, dass er sich so schnell für die Idee, ein solches Buch zu machen, begeistern ließ. So war er nicht nur von Anfang an an der Entwicklung der Idee, sondern bis zum Ende als Ratgeber und allererster Leser an der Entstehung dieses Buches beteiligt. Vor allem aber danke ich ihm für seine Geduld, wenn ich mal wieder länger am Schreibtisch saß als verabredet, und die vielen der Wissenschaft geopferten Wochenenden, die uns doch beiden so kostbar sind.

Über die Autorin

Claudia Kemfert ist Professorin für Volkswirtschaftslehre an der Humboldt-Universität Berlin und leitet die Abteilung für Energie, Umwelt und Verkehr am Deutschen Institut für Wirtschaftsforschung (DIW Berlin). Sie ist Wirtschaftsexpertin auf den Gebieten Energieforschung und Klimaschutz. Die Energieexpertin berät unter anderem den EU-Kommissionspräsidenten Barroso, die Weltbank sowie die Vereinten Nationen und ist offizielle Gutachterin des Intergovernmental Panel of Climate Change (IPCC), das 2007 mit dem Friedensnobelpreis ausgezeichnet wurde. Sie ist Preisträgerin des DAAD und wurde im Jahr 2006 als Spitzenforscherin im Rahmen der Elf der Wissenschaft von der DFG, der Helmholtz- und der Leibniz-Gesellschaft ausgezeichnet.

Siehe *www.claudiakemfert.de*